근질거리는 나의 손

근질거리는 나의 손
적정기술·수공예·원시기술을 찾아서

초판 발행일 | 2015년 11월 11일

지은이 | 김성원
펴낸이 | 유재현
책임편집 | 장만
편집 | 강주한
디자인 | 박정미
인쇄·제본 | 영신사
종이 | 한서지업사

펴낸곳 | 소나무
등록 | 1987년 12월 12일 제2013-000063호
주소 | 412-190 경기도 고양시 덕양구 대덕로 86번길 85(현천동 121-6)
전화 | 02-375-5784
팩스 | 02-375-5789
전자우편 | sonamoopub@empas.com
전자집 | http://cafe.naver.com/sonamoopub

ⓒ 김성원, 2015

ISBN 978-89-7139-828-9 03500

근질거리는 나의손

김성원 지음

적정기술·수공예·원시기술을 찾아서

소나무

뒤로 걷는 자의 탐색

발터 벤야민Walter Benjamin은 '역사의 천사'였다. 질풍 같은 시간 속에서 과거의 한 시대를 기점으로 역사의 잔해들을 살피며 현대로 뒷걸음치며 걸어왔다. 정반대로 이반 일리치Ivan Illich는 그 자신의 말대로 '뒷걸음치는 게'였다. 그는 현재로부터 과거의 시간 속으로 뒷걸음치며 역사의 풍경들을 살폈다. 뒷걸음치는 이들은 모두 지난 시간들 속에서 미래를 향한 지혜를 길어낸다.

이들에게 속도는 미덕이 아니다. 뒤로 걷는 이들은 천천히 조심스럽게 온 신경을 곤두세우고 지나온 길과 앞으로 닥칠 일을 예감하고 살필 수밖에 없다. 앞만 보며 나가는 이들은 쉽게 속도를 미덕으로 여긴다. 앞에 놓인 길을 볼 수 있고 잘 안다고 생각하기 때문이다. 이들이 지나온 발걸음을 되돌아보는 일은 좀처럼 없다. 하지만 생각해 보라. 인생은 길과 달리 좀처럼 미래를 전망할 수도, 확신할 수도 없다. 속도는 미덕이 아니라 종종 악덕이 된다. 아찔한 속도를 뽐내며 기술의 미래를 욕망하는 사회에서 인간은 점점 불안해진다.

과학과 기술의 발전은 이전으로 되돌릴 수 없고, 경제적 비전은 언제나 성장을 말한다. 바이오테크와 전자기술, 항공우주과학, 그리고 또 다른 하이테크는 미래의 경쟁력과 풍요를 보장하는 원천으로 추앙받아

왔다. 그 결과가 지금 우리가 사는 사회다. 장밋빛 미래의 전망에도 불구하고 앞으로 걷는 일은 하루하루가 불안이 되었다.

미래는 이반 일리치의 말대로 단지 희망일 뿐이다. 나 역시 기술의 흔적을 살피며 뒤로 걷는 탐색에 나섰다. 미래를 희망하고 현재를 조망하며 과거의 기술을 탐색한다. 지금 이곳에서 인간성을 회복할 수 있는 기술은 무엇일까? 과거에서 찾아낸 기술들을 현재로 가져와서 모사하고 변형하고 전파하고 있는, 뒤로 걷는 탐색은 때로 조용하고 때로 참 부산스럽다. 내가 탐색하고 싶은 길은 과학과 기술의 성전으로 향하지 않는다. 기술과 기계의 낡은 사진첩이 나의 지도다. 사진첩을 펼치는 누구나 추억에 빠지거나 되돌아본다. 그동안 생태건축, 적정기술, 수공예에 관심을 두고 다양한 활동을 해왔다. 그러자 기술과 기계에 대한 질문들이 꼬리를 물고 점점 더 많아졌다. 기술과 기계의 과거, 그리고 현재를 바라보며 질문하고 답을 찾아보고자 했다. 기술과 기계는 어떻게 인간과 관계를 맺어 왔는지, 위축된 인간을 일으켜 회복하는 기술은 무엇이어야 하는지, 현재의 기술이 빚지고 있는 과거의 기술은 인간에게 어떤 영향을 끼쳤는지 질문을 계속하며 그 지도를 따라 걸어가 본다.

전통에 뿌리를 둔 흙건축, 아미쉬 공동체와 카우보이들이 지닌 생활

기술, 기술의 신화와 비극을 예언하고 있는 영화, 아버지에 대한 존경과 함께 시작한 직조와 공예, 꼭 하고 싶었던 철 공예 대장 작업의 경험들. 어설프고 뒤떨어져 보이는 18세기의 복고적 기술들과 그보다 더 근원적인 숲 속 야생의 기술, 시골에 와서야 알게 된 도시의 위기, 자급자족과 기술의 공동체를 채우고 있는 삶의 기술들. 수레와 바퀴로 만든 기계들이 일군 대단한 성취의 흔적을 따라가 보고, 끊어질 듯 엮이고 묶인 밧줄과 매듭을 풀었다 묶어 본다. 사나운 전동 드라이버 대신 손 도구를 사용하는 마니아들의 이야기를 들어본다. 따뜻한 감성과 창조적 접근성을 높이는 나무기계와 오토마타automata를 보며 미래의 기계를 생각해 본다.

잡다한 기술과 기계의 미로 속으로 기꺼이 들어가 지금 내가 살고 있는 공간과 시간 속으로 다시 끄집어낼 것들을 찾아 모으고 있다. 그런 와중에 과거의 기술을 현재화한 사례들을 발견하며 조심스레 한 발을 더 내디딜 수 있었다. 과거 기술의 현재화. 나는 그것이 인간 회복의 열쇠일지 모른다는 기대를 놓을 수 없다. 인간이 인간다울 수 있고, 자연과 인간이 공생하는 세상은 분명 과거, 현재, 미래가 공존하는 사회일 것이다. 검증되지 않은 미래의 기술 판타지만 선동하는 사회나 첨단의 기계들만 들어찬 세상보다 과거, 현재, 미래의 기술이 공존하는 사회가 더 인간답고 풍요로운 사회가 될 것이다.

다만 이 책은 뒤로 걸으며 질문하는 악취미의 결과이다. 탐색은 오래 계속될 것이다. 함께 이 길을 걸어준 아내의 자리가 너무나 크다. 그리고 이 초대에 응해 준 소나무출판사 식구들에게 감사드린다.

목차

III. 근원적인 기술들

IV. 절망의 시대, 희망의 기술

1부

손의 기억과
오래된 기술

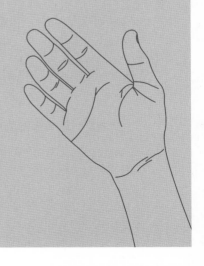

1장 부스러지지 않는 삶과 수공예

호소하고 싶다. 모든 것을 공장에 맡겨 그로부터 제조된 물건으로 생활을 때우고, 기기의 스위치를 누르는 것만으로 일생을 보내서는 안 된다. … 현대인들도 만들지 않으면 안 된다. 만들고 생각하고 꾸미고, 그리고 창조하지 않으면 안 된다. 왜냐하면 그것이 인간이며, 인간의 자연스러운 모습이기 때문이다. … 공예는 이제 아무것도 만들어 내지 못하는 오늘날의 인간에게, 본래부터 지니고 있는 인간성의 한 측면인 '만들고', '창조하는' 기쁨을 고양시키는 역할을 갖고 있다. 직접 공예를 체험하고 있는 사람들은 자연에 대한 경외와 마음과 환경을 배려하는 마음을 지니게 된다. … 또한 대부분의 공예는 전통에 닿아 있어 자연히 지역의 특질, 역사, 민족성을 배워 익히며 다음 세대에 이를 전할 수도 있다.

- 이데카와 나오키 『인간부흥의 공예』

30년 전 얼마 동안 취업했던 공장의 컨베이어 벨트 라인에서 기계의 부품이 되어야 했던 노동의 기억이 빠르게 지나간다. 고도로 분업화된 산업기술과 거대기계의 틈바구니 속에서 노동자든 소비자든 삶에 필요한 물건들과 물질에 대한 지식과 이해를 상실해가고 있다. 나의 주변을 둘러싼 물건이 무엇으로, 어떻게 만들어졌으며 어떤 원리로 움직이는지 알 길이 없다. 어떻게 하면 이런 상실을 겪지 않고 온전한 이해에 도달할 수 있을까. 조금도 부스러지지 않은 인간다움은 어떻게 회복할 수 있을까.

기계지심과 기술적 게토

'기계지심機械之心'은 교활하고 간사하게 속이거나 책략을 꾸미는 마음을 일컫는다. 이 말과 관련된 중국 고전 『장자』의 「천지天地」편에는 기계에 대하여 다음과 같이 경계하고 있다.

공자의 제자 자공子貢이 길을 가다 한 노인이 항아리로 채마밭에 물을 대고 있는 것을 보았다. 효율은 낮고 힘들어 보였다. 자공은 용두레라 불리는 물 대는 기계를 써보지 않겠느냐고 권한다. 노인은 일을 쉽고 빠르게 하려고 기계를 만들어 쓰고자 하면 반드시 기심機心이 생기게 되어 순진하고 소박한 생명력을 잃게 된다고 한다. 기심으로 인해 정신과 마음이 안정되지 않으면 위대한 도를 체험하고 살필 수 없다며 거절했다.

사실 기계라고 부르기 민망할 정도로 용두레는 나무로 된 단순한 농기구에 지나지 않는다. 요즘 기준으로 따지면 용수 효율도 떨어진다. 이런 용두레로 물을 푸는 데 적지 않은 힘이 들지만 항아리로 물을 퍼 나르는 일에 비하면 상당히 효율적일 것이다. 그럼에도 노인이 기계를 꺼려했던 깊은 뜻을 이해하기란 쉽지 않다. 기계를 선택하고 다루는 데 현대인들은 효율과 편리를 꼼꼼히 따진다. 이에 반해 옛 선인은 애써 몸 쓰는 노동을 마다하지 않으며 인간 본성과 위대한 도를 말한다. 기계의 도움 없이는 하루의 삶이 불가능할 정도로 수많은 기계에 둘러싸여 있는 우리는 과연 노인처럼 기계를 절제하며 살 수 있을까.

세계적인 IT기업 애플의 신상품을 구매하기 위해 수많은 젊은이들이 밤을 세워가며 줄을 서고 있는 뉴스를 보았다. 그들은 가장 최신의 전자기계를 남보다 앞서서 선택하고 있다고 착각한다. 이것은 사실 매스미디어를 통한 세뇌의 결과이다. 나는 지금도 폴더 폰을 사용하고 있다. 비싼 기기 값을 지불해야 하는 스마트폰이 아니라 구식 핸드폰만 있으면 충분하다. 음성통화와 문자 송수신 기능만으로도 충분하기 때문이다. 하지만 이런 구식 핸드폰은 이제 구하기 어렵게 되었다. 이처럼 기술, 기계에 대한 선택권은 산업적 이유로 제한되어 있다. 에너지 이용에 대해서도 시민에겐 선택권이 없다. 치명적인 위험을 가지고 있는 핵 발전이 경제적인 이유로 강요된다. 소비자로서의 선택 권리는 이처럼 주어진 조건 속에서만 가능하며 자유로운 선택은 착각에 불과하다.

우리는 기술 선택권이 제한된 기술사회에 살고 있다. 그렇다면 우리를 절대 자유롭게도 편리하게도 만들어 주지 않는 갇힌 기술의 울타리로부터 벗어나 보는 건 어떨까. 그리고 현대 과학과 기술의 사용이 통용되지 않는 공간과 시간을 의도적으로 만들어 보면 어떨까. 일종의 '자발적인 기술 게토ghetto' 공간 말이다. 어떤 공간, 이를테면 마을, 지역, 건물, 방을 기술적 게토 공간으로 설정해 놓고 그곳에 어떤 기계, 기술을 가지고 들어갈지 말지를 '검문'해 보고 선택하는 절차를 거치게 한다. 그런 다음 현대 기술에서 벗어나 자신의 몸과 머리로 마음껏 상상하고 필요한 것을 만들어 보자. 그런 곳이라면 현대 기술이 만든 시공간 속에서 짓눌리거나 퇴화된 몸의 감각을 되살리고 통찰력을 키워낼 수 있다. 이런 경험을 할 수 있다면 새로운 시대를 위한 기술이 어떠해야 하는지 그 답을 구할 수 있을 것이다.

기술 게토의 아이디어는 태풍 볼라벤의 피해로 4일 동안 집에 전기가 끊겼던 나 자신의 시간과 공간의 경험에서 출발한다. 전기가 끊기자 집 안을 채우고 있던 전동음, 전자음, 기계음, 차가운 빛이 모두 자취를 감췄다. 사용할 수 없는 수세식 변기, 더 이상 나오지 않는 식수, 급격한 변화에 대응한 임기응변의 경험들. 단전과 동시에 작동을 멈춰버린 현대적 기기에 의존한 생활의 취약함이 그대로 모습을 드러냈고 칠흑 같은 어둠 속에서 새롭게 살아오는 풀벌레 소리, 풀 사이를 스치는 바람 소리, 마당을 밟는 강아지 소리, 어떤 답답함과 모순되는 깊은 평안함, 잊어버렸던 감각들이 일제히 각성되면서 한꺼번에 몰려들었다. 물론 현대인들이 살아가는 모든 공간이 기술적 게토가 될 수는 없다. 하지만 현대적인 기계와 기술이 과잉 편재된 기술사회 속에서 기술을 일부러 제거한 공간이 있다고 상상해 보자. 마치 건강을 위해 금식, 단식, 소식을 하듯 우리 삶의 온전성을 위해서 기술과 기계를 의도적으로 회피하는 공간과 시간은 어딘가에 꼭 필요하다.

기술적 게토는 기술과 인간다운 삶을 근원적으로 묻기 위한 공간이다. 기술적 게토에 허용되는 기술이 있다면 손으로 구현되는 기술일 것이다. 손을 통해 우리는 진짜 세상을 이해할 수 있기 때문이다. 현대인들, 특히 청소년들은 지나치게 간접적인 정보를 통해 세계를 받아들인다. 인터넷과 미디어를 무한정 흡수하면서 가상 세계 속에서 허우적거리고 머릿속에 관념적 물질세계를 재구성하는 것이다. 서울 백병원 정신과 우종민 교수는 "인간의 뇌는 현실과 언어, 현실과 생각을 구분할 능력이 없다. 수많은 실험 결과가 증명하고 있는 사실이다"라고 지적했다. 대부분의 인식 오류는 언어를 듣는 귀의 한계이자, 뇌의 오류 때문이다. 눈은 더 말할 나위 없다. '착시'는 너무나 흔한 현상이고 뇌는 시각 정보를 선별해서 보고 싶은 것만 본다는 점은 이미 널리 알려진 사실이다. 리처드 세넷은 『장인—현대문명이 잃어버린 생각하는 손』에서 'catch잡다'가 '이해하다'의 의미로도 사용된다는 점을 환기시킨다. 그는 "사물을 구체적으로 알기 위해서는 눈이 아닌 손이 필요하다"고 역설한다. 우리의 언어 습관에서도 '이해하다'란 의미로 사용되는 '파악把握'의 본뜻은 '손으로 잡아 쥐는 것'이다. 세상을 이해하려면 머리만 가지고는 안 된다. 손으로 만지고 보듬고 일해야 진짜real 현실을 알게 된다. 직접 농사를 지어보면 논의 충만한 생명력을 경험할 수 있다. 손으로 김을 매고, 밭을 갈고, 직접 집을 짓고, 화덕을 만들면 그제야 책이나 컴퓨터의 정보로 알 수 없는 진정한 세상을 이해할 수 있다. 이러한 체험은 말로 표현될 수 없다. 이것은 감동과 통찰로 다가오는 그 무엇이다. 우리가 진정으로 물질세계를 긍정하며 알고자 한다면 마지막 남은 희망의 기술은 무엇일까. 그것은 '손의 기억 속에 남는 기술'이다.

전통기술과 공예부흥운동

리 호이나키는 『정의의 길로 비틀거리며 가다』에서 무한한 존경과 애정을 담아 '무엇이든 자신의 손으로 직접 만들어 사용하는 자립적인 농부였던 아버지'를 회고한다. 자립적인 농부에게 필요한 생활기술의 보고는 전통기술이다. 요시다 타로는 『농업이 문명을 움직인다』에서 "전통기술 가운데는 보전할 가치가 있는 많은 기술이 있다. 근대적인 진보를 거절하지 않지만 고대의 방법이 더 알맞다면 그걸 활용해야 한다"라고 말한다. 최근 UN은 전통기술의 가치를 새롭게 주목하고 '전통기술 세계은행'을 설립했다. 전통기술 세계은행이 설립되면서 발표한 글은 전통기술의 가치를 분명하게 밝히고 있다.

전통기술은 우리 과학과 문화를 발전시켜온 가장 근원이 깊은 인류 고대의 지식과 생활상의 필요를 해결하면서 지구의 지표 위에 이루어진 모든 문화적 전경과 환경을 관리하고 창조해 온 토착기술들로 이루어져 있다.
전통 지식과 기술들은 적은 에너지와 자원을 사용하면서 발전할 수 있게 하는 해결책이자 환경 변화와 위기, 재앙에 유연하게 대응할 수

있는 다기능의 대안이다. 환경 파괴와 전 지구적 위기에 직면한 오늘
날 전통 지식과 기술은 자원을 고갈시키지 않으면서 그 잠재성을 확
장할 수 있는 방식으로 우리가 어떻게 환경과 관계를 만들어 가야
할 지 알려주고 있다.

기술지배문명에 대해 극단적일 정도로 비판적인 아나키스트이자 문
명비판가인 데이비드 왓슨의 통찰 역시 귀 기울여볼 필요가 있다. 기술
지배사회에 반대하며 폭넓은 다양성과 개인적 삶에 의해 변주되는 사
회를 만들어 갈 새로운 전통기술은 무엇일까? 그의 말은 이렇다.

토착기술은 제한되고, 다각적이며 그 기술이 등장한 문화와 개인들
의 특성이 새겨져 있다. 그러나 현대기술은 모든 토착적이고 개인적
인 조건을 기술 자체의 이미지로 바꾼다. 그것은 점차 획일화되고 거
대해진다. 개성적이었던 토착사회에 소외와 박탈을 낳고 사람들을
원자화시키며 기술을 상실한 단조로운 기술문명의 이미지로 바꾼다.

'반복되는 리듬'이 없다면 안정감을 가진 인간으로 성숙될 수 없다는
생각을 종종 한다. 일상은 때때로 단조롭게 느껴지지만 깊이 있는 변화
를 만들어 낼 근력을 키우는 단련의 시간이자 공간이다. 안정되고 충만
한 일상 속에서 사람은 살과 뼈가 단단해지고 마음이 본디 자리로 깃든
다. 온갖 활동으로 바쁘게 돌아다니다 오랜만에 집으로 돌아오면 일상
의 리듬을 바로 되찾기란 쉽지 않다. 몸과 마음의 기력을 회복하는 데
시간이 걸린다. 집중력을 다시 모으는 데도 어려움을 느낀다. 단잠을 푹
자거나 며칠을 뒹굴 거리며 긴장을 풀 때 간신히 몸의 힘을 되찾을 수

있다. 하지만 번잡해진 생각은 쉰다고 해서 쉽게 가라앉지 않는다. 이럴 때 반복되는 리듬을 가진 일을 해야 잡다한 생각이 잦아들고 마음의 기운을 채울 수 있다. 나는 시간이 지날수록 반복되는 리듬을 가진 시간과 공간, 그러한 일이 주는 충만함 없이 새로운 일을 시작할 수 없다는 것을 체감하고 있다. 작년 봄부터 손베틀 직조를 시작하면서 공예에 대한 생각을 이리저리 엮고 짜고 있다. 대부분의 수공예는 끝없는 반복 작업을 특징으로 하지만 작업자의 창조적인 손길을 반영한다. 나로선 농촌에 들어와서 사는 처지에 나름 아주 오랜 전통을 가진 공예부흥운동을 하는 셈이다.

산업혁명으로 전통 사회가 파괴되기 시작한 후 1890년에서 1940년대 사이 공예부흥운동은 절정기를 맞이했다. 공예부흥의 뿌리는 산업혁명 시기로 거슬러 올라간다. 석공의 아들로 태어나 『과거와 현재Past and Present』를 지은 영국의 역사가이자 사상가인 토머스 칼라일Thomas Carlyle은 "모든 일, 하물며 물레질조차 고귀하다" 라고 공예부흥의 철학을 제시한 바 있다. 칼라일의 영향을 받은 옥스퍼드대학교의 교수였던 존 러스킨John Ruskin과 그의 제자 윌리엄 모리스William Morris는 산업혁명의 물결에 저항하며 공예부흥의 이념을 전파했다. 존 러스킨은 무엇보다도 "진실을 말하건대 노동을 분할하면 사람일 수 없다. 갈가리 쪼개어진 사람은 조각나 버리고 삶은 부스러기가 된다"며 공장제 분업노동의 등장을 강력하게 비판했다. 20세기 벽두에 세상을 떠난 러스킨의 예언처럼 100년이 지난 이 시대는 산업과 자본이 더욱 철저히 우리의 노동을 분할하고 시간과 삶을 쪼개는 시대, 자동화와 고용 조정으로 직업을 가질 기회조차 박탈하는 시대가 되었다.

애초 기술의 본질은 인간 노동의 확장이었다. 그 확장이 아직 인간의 손에 쥐어져 있고 수공예적 도구에 제한되었던 시기에 인간은 행복할 수 있었다. 하지만 자본화된 산업과 거대기계는 창조적 노동이라는 인간 본성과 창조적 능력을 거세했다. 이 세계와 만나는 순간 인식하는 감각조차 분리되어 버리고 있다. 과거 기술의 특징이 '확장'이었다면 오늘날 산업사회에서 기술의 특징은 '박탈', '제거', '분리'가 되었다. 거대기계의 가장 큰 폐해는 인간의 창조적 기능과 작업을 기계로 완전하게 이전시키는 경향이다.

공예부흥운동은 이미 오래전에 끝나버린 단지 낡고 빛바랜 저항일까. 한국은 일제 식민통치와 6·25 전쟁, 새마을운동을 거치며 무참하게 고유의 공예전통과 단절한 채 자본주의적 성장과 현대성만을 추구해 온 단절된 사회다. 또한 어떤 산업사회보다 노동을 분할하고 철저하게 삶을 분절시키는 사회다. 자동화와 고용 조정, 취업난, 비정규직, 청년실업, 장기불황. 듣기만 해도 아찔한 위기가 일상화되어 있는 사회. 이런 사회에서 공예부흥은 아름다운 저항일 수밖에 없다.

세계의 민속학교와 농민예술학교

러스킨과 모리스의 공예부흥운동은 현대에도 끊어지지 않고 계속되고 있다. 노스하우스 민속학교Northhouse Folk School, 캠프벨 민속학교John C. Campbell Folk School, 애디론댁 민속학교Adirondack Folk School와 같은 북미와 유럽의 대안학교들은 산업혁명 이후 지속되어 온 공예부흥운동의 영향을 받았다. 이들 학교들은 아동, 청소년, 성인 모두를 위한 개방형 학교로 운영된다. 주로 지역의 전통기술과 공예에 근거해 자급자족을 위한 삶의 기술, 전통공예, 예술과 문화를 가르치고 있다. 이처럼 북미와 유럽에선 농촌의 생활기술과 공예를 대중적으로 교육하고 보존하기 위한 다양한 노력을 기울이고 있다. 농촌생활기술 과정을 교과목으로 개설하고 있는 지역 대학들도 있다. 우리나라 대학들이 과연 이런 분야나 지역에 관심이나 가질지 모르겠다. 우리나라의 농업기술센터와 달리 북미와 영국 곳곳의 농촌생활기술센터는 유기농업은 물론 지역의 오랜 전통이 깃든 수공예와 농촌에 필요한 생활기술들을 보존하고 체계적으로 보급하고 있다. '농업기술센터'와 '농촌생활기술센터'라는 이름에서 나타나는 차이가 무엇을 의미하는지 곱씹어봐야 한다.

장흥 공공도서관에서 볼 만한 책을 찾다가 우연히 일본의 저명한 공예연구가 이데카와 나오키의 『인간부흥의 공예』를 발견했다. 몇 장을 훑어보자마자 세월을 넘어 이 책의 저자와 깊이 공감하게 된다. 생태건축과 적정기술을 지나 생활기술, 전통기술에 관심을 두게 될 즈음 이데카와 나오키를 만난 것은 내게 어떤 의미일까. 20세기 초의 일본은 서구화에 몰입하여 산업화에 속도를 더하고 제국의 야망의 숨기지 않고 드러내던 시대였다. 이런 동원체제 속에서 일본 미술계의 이단적 흐름을 쫓아서 책 속으로 빠져들었다.

공장 굴뚝이 하나 세워지면 장인 열 사람의 솜씨가 사라진다.
– 이와무라 도오루(일본의 도예가)

공예의 미를 부흥시키는 최상의 방책은 개인주의나 기계 생산을 물리치고 자본주의를 대신해 수공업 길드를 조직하는 것이다.
– 야나기 무네요시(일본의 미술평론가)

일본 전국 농민 여러분들의 손으로 산업 미술의 일대 종족을 끌어

내리자.

– 야마모토 가나에(일본의 미술교육가)

농촌에 뿌리내려 살고자 하는 나로선 야마모토 가나에가 주축이 되었던 농민예술운동을 주목하지 않을 수 없다. 화가였던 그는 러시아에서 유학하며 농민예술을 접하게 된다. 일본에 돌아온 그를 중심으로 1920년대 농한기 일본 농민들의 예술적 창작 활동을 촉진하기 위한 예술운동이 활발하게 전개된다. 이 운동의 결과 농촌 곳곳에 농민미술관과 농민예술학교가 건립되었다. 전국적으로 조직된 농민예술운동은 농민들에게 회화, 판화, 도장 기술, 목공, 직조, 목조 건축, 염색, 자수 등 다양한 생활 공예와 기술을 가르쳤다. 그 영향으로 일본 전역에 풍부한 토산품, 민예품이 부흥기를 맞았고 그 자산이 오랫동안 축적되었다. 급격한 고령화를 맞고 있는 농촌, 한편으로 귀농·귀촌이 급증하는 농촌에서 베틀을 짜며 100년이나 지난 일본의 오랜 이야기를 뒤적이고 있다.

수공예의 현대적 가치

과연 한반도의 남쪽 끝 변방인 장흥에서 열 명의 장인으로 하나의 공장 굴뚝을 대신할 수 있을까. 이 각박한 자본주의 사회에서 자신의 손으로 짓고 만들며 행복하게 먹고 살아갈 수 있는 소박한 농민의 꿈은 이뤄질 수 있을까.

롱거버거Longaberger는 이 질문의 답이 될 수도 있다. 미국 오하이오주의 드레스덴에는 수공예 바구니 생산과 유통으로 연 1조 원 이상의 매출을 올리는 롱거버거라는 회사가 있다. 롱거버거는 바구니 모양으로 지은 사옥으로 유명한데 1만 명의 생산 직원을 고용하고, 7만 명의 직판

아내와 함께 만든 종려나무 솔

　원을 통해 자사의 제품을 직접 판매하고 있
다. 창업주의 아버지인 J. W 롱거버거는 1919년 도제식 바구니 공장에
취업하여 바구니 마스터가 된다. 세월이 지나 1976년 그의 다섯째 아들
인 데이브 롱거버거는 수공예 바구니 공장을 창업했다. 모든 바구니 제
품에는 일일이 정성스런 서명을 남겼다. 롱거버거의 성공 요인 중 하나
는 수공예로 포장된 조잡한 관광공예품과는 질적으로 다른 우수한 디
자인이다. 롱거버거는 수공예의 사업적 가능성을 성공적으로 보여주고
있다.

　지금 거대기업이 되어버린 롱거버거는 어쩌면 독립적인 공방에 속해
있는 수공예 장인들의 창조성과 개성의 무덤일 수 있다. 그럼에도 이 회
사를 주목하는 이유가 있다. 미국인의 집집마다 롱거버거에서 만든 수
공예 바구니가 사용되고 있다. 산업적으로 양산된 공산품들이 진열대
를 장악하고 있는 현대에도 수공예품의 가치를 인정하고 사용하는 소
비자들이 엄청나게 많음을 반증하고 있는 것이다. 이제는 쇄락한 시골
집 부엌에 뽀얗게 먼지 낀 채 걸려 있는 대바구니조차 무시할 수 없다.
이것은 누군가 직접 만들고 사용하기 편하고 아름답기까지 해서 가족
의 행복을 담을 수 있는 기물이 되기에 충분하다.

　또 다른 차원에서 수공예의 가치는 새롭게 조명될 수 있다. 나는 섬
유산업과 인연이 깊다. 부모님이 직조업에 종사했고 나도 잠깐 패션 회

사에 일하면서 제법 굵직한 섬유 관련 프로젝트에 참여했다. 귀농한 지금은 취미로 직조를 하고 있다. 섬유의 도시 대구에서 프로젝트에 참여했을 때 귀가 따갑게 듣던 얘기가 있었다. "한국의 섬유산업은 경쟁력이 없다", "화학섬유밖에 만들 줄 모른다", "염색도 제대로 할 줄 모른다", "경쟁력 있는 창조적인 섬유는 유럽이나 일본에서 나온다" 등등.

전통 직조를 하고 있는 마을을 찾아가봐도 문양 직조를 하는 곳은 찾아보기 힘들다. 흰 실을 평직으로 짜고 나중에 후염하거나 수를 놓는 것이 전부다. 조선 영조시대 이전까지는 염색된 천에 화려한 문양 직조가 유행했고 그 기술이 뛰어나 청나라에 수출할 정도였다. 하지만 청빈을 강조하던 성리학의 영향으로 영조시대에 이르러 화려한 천을 사용하지 못하도록 법으로 금했다고 한다. 그때부터 문양 직조와 염색술이 쇠퇴하게 되었다. 반면 유럽이나 일본은 화려한 섬유 염색과 문양 직조의 전통이 단절되지 않았다. 유럽에선 섬유 생산이 산업화된 이후에도 수공예 직조는 사라지지 않고 섬유산업 경쟁력의 원천이 되고 있다. 섬유 디자이너들은 디자인한 섬유를 손베틀로 먼저 짜고 그 결과를 직조 소프트웨어에 입력한다. 이렇게 입력된 디자인 파일을 이용하여 자동화 기계에서 섬유를 양산한다. 사람의 손에서 창조력이 먼저 나온 다음 기계가 생산할 뿐이다. 요즘은 남도에서 회화적 기법과 염색을 결합한 직조를 시도하는 장인들이 속속 등장하고 있어 참으로 다행이다.

우리는 기계와 기술을 수공예로부터 너무 멀리 떼어 놓아서는 안 된다. 아이러니하게도 기계의 뿌리는 사람의 손에 닿아 있다. 기계의 생산 효율과 실용적 장점이 인간의 자율성과 창조성을 무시하거나 배제할 때 가장 근본적인 가치와 경쟁력을 상실하게 된다. 급속한 산업화와 초고속 성장 속에서 한국 사회가 등 뒤로 내던져 버린 근본적인 가치와 경쟁력의 원천은 다름 아닌 손의 기술과 예술이다.

　전남 장흥에 처음 내려왔을 때 놀라웠던 것은 이곳 어르신들의 구체적인 언어 표현과 풍부한 비유들이었다. 서울내기인 내가 그동안 익숙했던 언어들은 논리성과 정확한 주제에 초점을 맞추고 있었다. 동네 어르신들의 말은 거친 나뭇결처럼 투박하고 곳곳에 보푸라기처럼 일어난 곁가지 말들로 정신없지만 이 다채로운 언어의 성찬에 감탄하고 만다. 문득 떠오르는 말이 있다. 아흔 살 가까이 된 오산 아짐은 돌아가신 오산 양반을 생각하며 그 양반 '품 자리 사랑'이 그립다 말씀하신 적이 있다. 이보다 육감적이고 따뜻한 표현이 어디 있을까. 만약 언어에 품 자리가 있다면 그것 중 하나는 분명 수공예이다. 수공예 속에는 너무나 풍부한 언어들이 실타래처럼 풀려나온다. 직조에 대해 찾아보고 간단한 수직을 해보면서 많은 단어들을 알게 되었다. 재료인 실의 종류에 대해, 베틀의 세부 구조에 관해, 도구를 이용한 작업 동작에 대한 표현들이다. 잉아, 무늬, 걸대, 북, 씨실, 날실, 뱁댕이, 도투마리, 바디, 돗재비…. 지역마다 부르는 이름도 다르다. 이처럼 어느 정도의 기술과 기능을 요구하는 공예는 '언어의 실타래'다. 만약 좀 더 많은 사람들이 자신의 삶에 필요한 수공예를 익히게 된다면 우리 삶의 언어는 더욱 풍성해질 것이다. 자연스럽게 공예 언어들은 일상적인 언어로 스며들어와 은유와 비유의 다채로운 문양을 엮어낸다.

　직조를 시작하고 주변에 생활 공예 장인들을 조직하기 시작한 지 벌써 두 해가 지났다. 간신히 배움을 얻을 수 있는 스승을 만났지만 아직 제대로 성에 차는 직물 한 장 짜내지 못했다. 하지만 어설픈 솜씨로나마 지역에 크고 작은 수공예 강좌를 열고 있다. 귀농한 지인 몇몇이 뜻을 모아 바구니와 빗자루를 짜는 이, 직조와 자연 미장법과 흙건축을 배우는 사람들도 생겼다. 또 다른 이들이 일상으로부터 멀어진 공예를 자신의 곁으로 가져간다면 좋겠다. 누군가 나에게 '장인과 예술가 수집자'라는 별명을 지어주었다. 감사하며 기쁘게 받아들일 별명이다. 직조를 거꾸로 하면 조직이다. 나는 공예와 기술이라는 화두를 들고 일인 듯 일 아닌 듯, 세상을 엮어나가고 있다. 틈나는 대로 베틀을 꺼내 직물을 짜며, 틈틈이 사람들을 씨줄날줄로 엮고 싶다.

2장 직조하는 그 남자의 사정

나는 예술이라는 말이 그림이나 조각 혹은 건축물만 의미한다고 여겨지지 않는다. 그러한 것들은 단지 예술의 한 부분에 지나지 않는다. 나에게 예술이란 훨씬 많은 것을 내포한다. 그것은 인간의 정신노동과 육체노동에 의해 생겨나는 아름다움이며, 인간이 대지 위에서 환경 전체와 더불어 살아가는 생활 속에서 얻는 감흥의 표현이다. 삶의 기쁨이 내가 말하는 예술이다.
-윌리엄 모리스(1834~1896)

"요즘 직조에 빠져 있다며?" "적정기술 한다더니 웬 간디의 물레 흉내?" "직남? 베틀남? 남자도 베를 짜나?" 나에게 직조하는 이유를 묻는 질문에는 야릇한 호기심과 비아냥거림이 종종 뒤섞여 있다. 길쌈이나 베 짜는 일이 어찌 여성만의 일인가 말이다. 중동이나 동남아시아, 아프리카에선 의외로 많은 남성들이 직조를 직업으로 삼고 있다. 나의 아버지 또한 오래전 대한모방의 기계 수리공이자 직조공이었다.

직조하는 남자의 이유

아버지의 그 시절을 되돌아본다. 아버지는 1960년대 부여의 시골마을에서 상경하여 대한모방의 기계공이 되었다. 집에서 영등포에 있던 대한모방까지 출근하기 위해 위험을 무릅쓰고 당시 공사 중이던 제2한강교를 건너야 했다. 멀리 마포대교까지 돌아가야 하는 버스 차비와 시간을 아껴야 했기 때문이다. 당시 제2한강교는 아직 상판을 얹지 않은 채 교각과 철골만 걸쳐져 있던 상태였다. 근면하고 성실한 아버지였지만 공장 직공의 박봉으로는 도저히 가족을 먹여 살릴 수 없었다. 임신한 어머니는 고기 사 먹을 돈이 없어 돼지비계로 대신해야 했다. 시골에 혼자 남아 계시던 할머니마저 서울로 올라오셨고, 그 후 나와 동생은 쌍둥이로 태어났다. 그리고 두 명의 동생이 더 생겼다. 박봉으로는 도저히 생활이 어렵게 되자 아버지는 대한모방을 그만두고 가내수공업을 시작했다. 다양한 베틀로 바닥 깔개를 만드는 일이었다. 대한모방에서 나온 자투리 실을 가져다 직조해서 만든 바닥 깔개는 한때 남대문시장과 동대문시장에서 불티나게 팔리는 인기 상품이었다. 아주 잠깐 일본으로 수출하기도 했다. 적지 않은 동네사람들이 그 일을 함께하며 먹고살았으니 정확히 말하면 '동네'수공업이었다. 1980년대 이전까지도 천을 재활용한 제품이 보편적으로 이용되었다. 아버지와 이웃들이 만든 재활용 직물은 현관 앞의 매트가 되고, 콩나물시루를 덮는 덮개가 되고, 마루에 까는 러그rug가 되고, 택시의 자동차 시트가 되었다. 아버지는 당신이 디자인한 재활용 바닥 깔개를 자랑스러워 하셨다. 나와 형제들은 그 덕분에 대학까지 다닐 수 있었다. 내 어릴 적 기억 속엔 온갖 천 자투리와 색색의 실과 보푸라기, 재봉틀 소리와 베틀의 리드미컬한 울림이 남아 있다.

그런 이유 때문일까. 나는 한때 제법 유명한 온라인 패션 쇼핑몰과 패션 트렌드 컨설팅을 함께하던 회사에서 일하기도 했다. 또 대구와 서울에서 정부 사업으로 추진된 크고 작은 패션 프로젝트에 참여했던 적도 있다. 그리고 귀농한 지 9년이 지나 중년이 된 지금 다시 직조를 하기 시작했다. 지금 내가 다시 낡은 천과 실, 직조에 관심을 갖게 된 것은 우연이 아니다. 이것은 가난했지만 위대한 두 손을 가진 내 아버지에 대한 찬사이며 그 가난한 시절의 역설적인 풍요와 아름다움을 현재로 불러

오기 위한 노력이다.

　또 다른 이유는 왜 없겠는가. 수년간 심혈을 기울여 헌신했던 전환기 술사회적협동조합 일을 정리하고 다시 장흥으로 내려올 수밖에 없게 되었다. 나카자와 신이치는 '반복되는 리듬을 가진 작업'이 없다면 안정감을 가진 인간으로 성숙될 수 없다고 하지 않았던가. 몸과 마음이 너덜너덜해진 나에게는 위로와 치유가 필요했다. 그때 시작하게 된 것이 직조였다. 씨줄과 날줄을 반복해서 엮는 작업은 단조롭지만 깊이 있는 변화를 만들어 낼 근력을 키워 주었다. 그러는 사이 이 단순한 작업은 머릿속 잡다한 생각과 감정의 찌꺼기들을 몰아내 주었다. 공황 상태로 아무 일도 할 수 없었을 때 다시 집중력을 되살려 주는 힘이 되었다. 치유와 위로를 주는 직조 명상이라고 불러야 할까. 북미, 유럽, 일본 등 세계 곳곳에서도 직조는 이미 치유의 수단이 되고 있다. 아픈 이에게는 명상과 치유를, 장애인과 노인에게는 일자리를, 다른 이들에게는 취미이자, 예술과 공예, 감성 교육의 일환으로 손 직조가 부활하고 있는 것이다. 산업화, 기계화에 밀려 사라졌던 손 직조는 산업의 영역이 아닌 개인과 사회, 문화의 영역에서 다시 주목 받고 있다.

　직조를 하게 되면서 수공예에 대한 생각을 조금씩 엮어가고 있다. 기술의 본질은 인간 노동의 확장이다. 기술의 확장이 손 도구에 제한되었던 시기까지 인간은 행복할 수 있었다. 산업화와 기계화는 창조적 노동이라는 인간 본성과 능력을 서서히 지워 왔다. 기계화는 세계와 물질을 만나며 인식하는 직접적인 감각조차 인간에게서 분리시키고 있다. 이런 기계화에 대한 회의와 함께 공예부흥운동이 되살아나고 있다. 기술이 인간에게서 박탈하고 있는 창조적 즐거움과 세대를 이어온 전통기술, 물질세계에 대한 직접적 이해의 감각을 복원하고자 하는 공예부흥운동은 산업혁명 이후부터 지금까지 면면히 이어져 왔다. 최근 관심이 급격히 높아진 덴마크의 애프터 스콜레에서 직조는 중요한 교육 주제이기도 하다. 에프터 스콜레는 영어로는 After School, 즉 정규 공립학교 과정을 마치기 전 학생의 관심사에 따라 다양한 전문분야를 1년 동안 체험하며 사회 경험을 쌓고 자신의 진로를 스스로 결정하게 돕는 청소년 교육제도이다. 이뿐 아니다. 전 세계 400여 곳에서 전개되고 있는 전환마을운동transition town의 활동 중 '재기능화reskilling' 분야의 주요한 주제이기도 하다. 기계와 산업에 삶에 필요한 물건의 생산을 맡겨버리면서 개인과 지역은 삶의 필수적인 기술과 기능, 생산 능력을 잃어버렸다. 이 운동은 삶의 기술과 수공예를 개인과 마을로 되돌리고자 한다. 당연히 이 운동이 되살리고자 하는 기술 중에는 직조가 포함되어 있다. 삶의 기본은 의식주라 하지 않았던가. 이렇게 실을 엮고 짜는 일은 인간성 회복과 행복의 근간이 되고 생태적 전환의 기본적인 과정으로 다가왔다. 농촌에서는 자급자족하기 위한 생활기술이 되고, 다음 세대에게 힘써 전해야 할 유산이자, 미래 교육의 필수적인 커리큘럼으로 절실히 느껴졌다고 말해야 할까. 직조하는 남자의 사정은 대략 이렇다.

베틀 없다고 직조 못할까?

이론을 알게 되면 주변의 많은 것들을 도구로 활용할 수 있다. 맨 처음 사용한 베틀수직기은 액자 베틀이었다. 버려진 액자를 주워다가 양쪽 끝에 촘촘히 못을 박아 만든 초간단 베틀이었다. 여기에 날실을 건 후 박스 종이로 만든 나비 모양의 북에 씨실을 감아 날실과 교차하며 아주 간단한 직물을 만들어 보았다. 박스 종이나 하드보드지 양 끝에 촘촘히 홈을 파고 여기에 날실을 걸어 직조를 할 수도 있다. 그 다음은 사각의 나무틀을 만들고 여기에 촘촘히 못을 박아 핀 베틀pin loom을 만들었다. 이것으로 작은 컵 받침을 만들어 보았다. 호주 원주민들을 본 따 대나무로 활 베틀을 만들고 모자 띠를 짜기도 하고 남미의 직조기법 중 하나인 빗 문양comb pattern을 짜 보았다. 헌 옷을 잘라 재활용한 실을 훌라후프에 걸어 나무의자 덮개도 만들어 보았다. 훌라후프뿐일까. 자전거 바퀴도 베틀로 쓸 수 있다. 버려진 화장품 상자를 오려서 카드 직조 tablet weaving도 시도해 보았다. 도면대로 카드에 구멍을 내어 날실을 끼우고 돌리며 씨실을 교차하면 화려한 문양이 짜진다. 일단 직접 내 손과 몸을 써서 해보니 모든 것이 확실해졌다. 몸의 경험을 통해 갖게 되는 확신이야말로 진정한 이해와 자신감의 원천이 된다. "손에 익는다" 는 말이 있다. 손이 동작을 기억하고 특정한 감각을 갖게 되는 것이다. 손의 기억은 반복된 감각이다. 이런 반복은 마음을 열고 생각을 부드럽게 펼쳐준다.

허리띠 베틀backstrap loom이라고 부르면 적당할까? 대나무와 나무젓가락과 줄을 이용해서 남미 마야 전통 베틀도 만들어 보았다. 현대에 와서는 판 형태의 고정 잉아를 활용해서 보다 단순하게 만든 허리띠 베틀도 등장했다. 버려진 허리띠, 튼튼한 실, 대나무나 PVC 파이프, 우드락, 박스 종이나 플라스틱판, 합판 등 판재만 있으면 쉽게 베틀을 만들 수 있다. PVC 파이프에 각도가 엇갈린 홈을 순차로 내고 여기에 날실을 걸고 돌리며 교차하는 굴림 잉아도 만들어 직물을 짜보았다. 등산 가방에 넣고 다닐 수 있다고 해서 유목민을 위한 노마드 수직기nomad loom 라고도 부르는데 이 파이프 굴림 잉아만 있으면 어디서나 직조를 할 수 있다. 2년 전 태풍에 날아간 테라스 지붕 자재로 쓰였던 폴리카보네이트 패널을 재활용해서 서양식 띠 베틀inkle loom도 만들어 가방끈을 짜

보았다. 근래 들어 본격적인 베틀 제작에 나섰는데 해남의 이세일 목수와 손을 잡고 소형 베틀인 줄 잉아 베틀, 탁상용 고정 잉아 베틀을 제작했다. 이것을 가지고 폭이 넓은 깔개와 목도리를 짜 보았다. 앞으로 이세일 목수와 함께 중대형의 베틀 제작에 도전할 계획을 가지고 있다. 수공예의 부활은 관련된 손 도구의 복원과 함께 시작된다.

베틀베틀, 직조를 배우다

2013년 겨울 일본 히로시마에서 열린 '나는 난로다' 행사에 초청 강사로 불려가 열흘간 그곳에서 머물게 되었다. 그때 초청자인 게이조 이시오카 씨의 여든네 살된 노모를 만날 수 있었다. 노인은 오랜 세월 직조를 해온 직녀였고 후츠시민속박물관에서 직조를 가르치는 강사이자 연구 회원이었다. 고맙게도 체류하는 동안 매일 자신의 직조실로 나를 초대해 직조를 가르쳐 주고 실습을 할 수 있도록 배려해 주셨다. 후츠시 박물관의 학예사로부터는 물레를 돌려 목화 실을 뽑는 기본적인 방법을 배울 수 있었다. 히로시마에는 일본의 직조기 현대화를 이끈 사오리 숍이 있어 방문할 수 있었는데 사오리는 일본의 유명 직조전문 학원의 브랜드이자 시민단체이기도 하다. 일본말로 사오리麻織り(あさおり)는 삼으로 짠 피륙, 삼베를 말한다. 또 하룻밤 묵을 곳을 제공해 준 사카모토 시게오 씨의 소개로 사오리의 스텝이었던 재일교포 도고모 씨를 만날 수 있었다. 그녀는 자신의 직조실에서 기본적인 사오리 자유 직조술을 가르쳐 주었다. 한국에 돌아온 후에는 『수직』이라는 책을 쓴 조선대학교 한선주 교수님과 제자들을 만났다. 『수직』은 우리나라 최초로 세계의 여러 직조기술을 체계적으로 다룬 책인데 아쉽게도 현재 절판되었다. 이 책과 함께 일본과 유럽의 직조기술 서적들을 어렵게 구해 보며

독학을 하던 내게 한선주 교수님은 직조를 보다 전문적으로 배울 기회를 허락해 주셨다. 아름다움은 노인과 여성에 의해 보존된다. 그분들을 만난 것은 내게 큰 행운이었다.

　무엇이든 함께 배우고 익히면 재미나다. 2014년 6월 23일 전국에 흩어져 알음알음 직조를 배워오던 이들과 모자란협동조합, 제주 기적공방 회원을 포함하여 30여 명이 녹색당 당원인 쌈지농부 천호균 사장, 정금자 고문의 도움으로 쌈지농부 논밭예술학교에 모여 제1회 직조 상호교육 행사인 '베틀베틀'을 개최하였다. 2회 베틀베틀은 강진도예학교에서 2015년 2월에 개최했다. 2014년 8월 11~16일에는 삶을 위한 교사대학, 대안교육연대, 지속가능한순환사회협의회, 전환기술사회적협동조합이 공동 주최하여 강화도 산마을고등학교에서 전국의 대안학교 교사들과 활동가 40여 명이 모여 생활기술연수과정을 진행했다. 같은 해 11월 7~9일까지 '목화연애중'이라는 행사를 하자센터에서 개최했다. 이때도 삶을 위한 교사대학, 대안교육연대, 지속가능한순환사회협의회, 하자센터가 공동 주최했다. 40여 명이 모였는데 유럽의 띠 베틀과 남미의 허리띠 베틀 직조법, 목화씨 빼기, 목화 실 잣는 법을 해남의 이세일 씨와 함께 교사들에게 가르쳤다. 자연물을 이용한 바구니 직조법은 장흥의 손형진 씨가 가르쳤다. 대안교육에 있어 생활기술, 수공예를 확산하기 위한 시도였다. 처음엔 직조에 대해 사람들이 관심을 가질까 걱정했는데 기우였다. 많은 사람들이 참여했고 직조를 교육과정에 포함하는 대안학교들이 나타나기 시작했다. 작은 직조 상호교육모임은 지리산 아래 하동 평사리 정회옥 씨 집에서 한선주 교수님을 모시고 2015년 6월에 진행했다. 4축 종광을 가진 베틀로 좀 더 복잡한 문양 도면을 보며 문양 직조와 테피스트리 직조법을 배웠다. 이 모임에 참여한 천안의 조혜경 씨와 해남의 윤용신 씨, 성남의 조회은 씨가 각각 중부권과 남도, 수도권에서 지역주민들과 단체 회원을 대상으로 직조 강의를 해나가고 있다. 워낙 여러 가지에 관심이 많은 나는 조금 느리지만 꾸준히 직조법을 익혀가며 필요한 직물을 만들고 예전 아버지가 만드시던 바닥 깔개를 만들어 쓰고 있다.

빈곤을 풍요로 재활용하는 직조법

아쉬울 것 하나 없는 이 풍요로움 속에서 느끼는 허기의 정체는 무엇일까. 내가 떠올릴 수 있는 40년 전 가난의 기억과 비교해 본다. 참으로 요즘은 부족할 것 하나 없는 시절임이 분명하다. 그럼에도 불현듯 스치는 이 비천함의 정체는 무엇일까. 역설적으로 가난과 궁핍의 시대를 감싸고 있던 그 어떤 풍부함이 사라진 때문이라는 생각이 든다. 무엇 하나도 소중한 마음으로 다룰 수밖에 없었던 그 시절, 자연스러운 삶의 지혜와 소소하지만 창조적이었던 일상의 작업들이 사라져 버린 까닭이 아닐까.

일본 이시오카 씨의 노모로부터 배운 직조법은 단계적인 옷감의 재활용 직조법인 사키오리裂織り(ちきおり)였다. 사키오리는 '재직조'라는 뜻이다. 이 직조법은 한마디로 낡고 오래된 헌 옷을 찢어 실을 만들어 재활용하는 직조다. 헌 옷으로 섬세하게 직조해서 옷, 가방, 지갑, 깔개, 포대기 등을 만든다. 사키오리는 혹독한 겨울을 지내야 하는 일본 토호쿠 지방의 삶의 방식을 보여주는 공예 전통에 뿌리를 두고 있다. 옷을 귀하게 여기던 가난한 서민들이 추위를 막기 위해 작업복을 만들 때 이용된 직조법이라 한다.

면으로 된 헌 옷으로 사키오리를 짜고 사키오리로 직물이나 작업복을 만들었다. 그 작업복이 낡으면 다시 이를 꼬아 아이 포대기를 만들었고, 이 또한 낡으면 논밭에서 태워 해충의 훈연 소독용으로 사용했다. 자원의 단계적 재활용을 생활 속에서 충실히 구현하는 직조법이다. 21세기 들어 사키오리의 독특한 아름다움과 멋에 대한 재평가, 헌 옷의 단계적인 재활용 등 공생과 환경적 가치가 인정되면서 사키오리 장인들의 직조 공방이 두각을 나타내기 시작했다.

사키오리 장인 스미코 이노우에가 그중 한 명이다. 그녀는 1935년 홋카이도에서 태어나 전통 직조와 서양 봉제를 배운 후 1971년 옷 가게 주인과 결혼했다. 2002년에 홋카이도의 남부 사키오리 보존협회로부터 자격증을 취득한 후 수공예 직조학교를 시작했고 그 후 아오모리 전통 공예 장인으로 인정받았다. 2005년에는 홋카이도 남부의 하치노헤에 사키오리 공방 'CHOU'를 만들고 2011년부터는 하치노헤항구 하치미술관에 공예숍을 열고 있다. 일본의 사키오리는 실크로 만든 기모노나 넥타이와 같이 비록 낡고 구식이라 할지라도 매우 귀한 천을 재활용하기도 한다. 이러한 고급 천을 실로 만들어 재직조하면 고급스런 가방이나 지갑, 두터운 외투 등 새로운 옷이나 소품들을 만들 수 있다.

섬유산업이 발달하고 화학섬유가 개발되기 이전까지 옷이나 옷감은 매우 귀했다. 그래서 옷은 당연히 형제나 세대를 거쳐 대물림하며 입어야 했다. 더 이상 입을 수 없을 정도로 닳았을 때는 재활용되었다. 아직도 처갓집 장모님의 서랍엔 수십 년 모아온 자투리 천이 켜켜이 쌓여 있다. 그렇게 모은 천 조각들은 조각보가 되거나 누비이불의 속 재료가 되었다. 천 조각을 이어 붙인 패치워크patchwork나 꿰맨 듯이 덧붙이고 이어 누빈 퀼트quilt, 큰 천에 작은 천 조각들을 붙여 무늬를 만드는 아플리케applique, 헌 옷이나 천으로 실을 만들어 바닥 깔개를 직조하는 래그러그rag rug 역시 천이나 옷의 단계적 이용의 산물이다. 래그rag는 헌 천이나 옷, 걸레란 뜻이고, 러그rug는 깔개, 깔판을 말한다. 래그러그는 헌 옷을 잘라 꼬아서 굵은 띠나 줄을 만들어서 바느질이나 뜨개질을 하고, 꼬고 엮거나, 직조하거나 염색하여 다양한 용도로 재활용한다. 이것들은 헌 옷이나 옷감에 새로운 생명을 불어넣는 작업이라 할 수 있다. 서양에서는 이렇게 만든 래그러그를 집 안 바닥에 깔아 따뜻하게 만들 뿐 아니라 다양한 색상의 직물로 집 안을 장식하는 데 사용하고 있다. 래그러그로 생활 소품을 만드는 작업은 일상 속에서 창조의 기쁨과 즐거움을 갖게 하고 미적 감수성을 높인다.

래그러그는 기억의 직물이기도 하다. 재활용된 러그를 보면서 누구의 옷인지 언제 입었던 옷인지, 때로 어떤 역사적 사건을 기억할 수 있고, 의도적으로 이야기를 담을 수도 있다. 영국에는 1815년 워털루 전투에서 입었던 군복을 재활용한 래그러그가 아직도 남아 있고 미국 펜실베이니아 해버포드에는 다양한 수공예 작가들과 래그러그 장인들의 길드가 건재하다.

래그러그도 디자인과 패턴을 다양하게 변주하면 훌륭한 작품이 된다. 현대에 와서는 과거의 전통적인 방식과 현대적인 디자인을 결합한 래그러그 예술가들이 속속 등장하고 있다. 버려진 헌 옷으로 고급스런 러그를 만들거나 예술 작품들을 만들어 전시하기도 한다. 스웨덴의 브리디티스와 에반스, 스테파니 모톤 같은 작가는 래그러그를 예술의 수준으로 높였다. 이 작가들은 옷감의 단계적 재활용은 환경적 차원이나 전통기술의 보존, 탈소비 창조문화를 확산시키기 위해서도 중요하다고 말한다. 이들이 만든 작품은 래그러그 전문 매장에서 판매를 할 뿐 아니라 별도의 전시회까지 개최하고 있다. 마트에 팔고 있는 래그러그가

5~6만 원 수준인 데 비해 이 작가들이 만든 래그러그는 작품당 1~2백만 원 정도의 가격으로 팔리고 있다니 놀라지 않을 수 없다.

래그러그를 짜는 협동조합과 사회적기업

현대인들은 너무 많은 옷을 소유하고 있다. 장롱 속의 많은 옷들, 이제는 입지 않는 옷을 떠올려 보면 얼마나 많은 돈을 옷을 사 입는 데 쓰고 있는지 쉽게 알 수 있다. 크게 농사를 짓지 않더라도 시골 살림을 살다 보면 웬만한 옷은 죄다 금세 작업복이 되고 만다. 장흥으로 귀농한 후부터 '아름다운 가게'에서 헌 옷을 사 입거나 도시의 친척들이 바리바리 싸주는 헌 옷들을 구해 입다 보니 여전히 옷들이 넘쳐 난다. 값싸게 구해 험하게 입다 보니 쉽게 닳고 너무 쉽게 버리는 게 왠지 죄스럽다. 환경을 위해서도 한 번 더 재활용할 필요를 느껴오던 차에 일 년 전부터 래그러그를 짜기 시작했다. 래그러그를 짜면서 아름다움을 위해 진정으로 필요한 것은 소비되는 패션이 아니라 아름다움을 짜고 엮는 우리 자신의 손이라는 생각을 갖게 되었다. 이미 주변에 너무 많은 재료가 있다. 이러한 재료를 활용하여 래그러그를 만드는 협동조합이나 사회적기업은 없는 걸까. 이런 생각을 실천하고 있는 사람들이 있다.

재직조운동을 표방하는 리룸Re:loom이라는 단체가 있다. 래그러그 직조로 노숙자와 빈곤층에게 일자리를 주는 미국 조지아주 스콧데일에 근거를 두고 있는 사회적운동 단체이다. 노숙자와 빈곤층에게 직조기를 빌려주고 직조 교육을 하고 그들이 만든 래그러그 직물을 판매하고 이들을 돕기 위한 사회적 기부를 조직하는 사업모델을 갖고 있다. Re:loom의 'Re'는 '재활용', '재기', '재도전' 등의 의미를 담고 있다. 기부자들은 직기loom, 도구, 재료, 재정, 물품 구입 등 다양한 방식으로 직조를 통해 재기하고자 하는 노숙자와 빈곤층을 후원하고 있다.

라트비아의 사회적기업 루드 러그Lude Rug도 래그러그를 생산·판매하고 있다. 이곳은 조지 소로스 재단이 후원하고 있는데 주로 나이 든 여성들에게 새로운 기술과 일자리를 제공한다. 이들은 틈나는 시간에 자유롭게 작업장에 나와 래그러그용 실을 만들고 베틀을 이용해서 래그러그를 짠다. 여가를 즐기며 기술을 익히고 용돈도 버는 셈이다. 의류 소비를 줄이고 재활용이 늘수록 우리의 환경은 더 나아지고 틈새 일자리를 만들어 낼 수도 있다. 우리나라에도 이러한 협동조합이나 마을기업 또는 사회적기업이 만들어진다면 어떨까.

집의 토방을 가로막아 거실 겸 베틀실을 만들었다. 한선주 교수님께 소개받은 경기도 광주 성분도복지관으로부터 15년 이상 방치되었던 십여 대의 베틀과 직조공구들을 선물로 받았다. 사람이 뜻을 세우고 노력을 하면 돈이 없어도 펼쳐지는 일이 있다. 몇 대의 직기만을 남기고 그동안 직조에 열심을 내며 배우던 직조모임의 회원들과 나누었다. 체험마을의 보여주기 위한 관광용 직조가 아니라 일상 속에서 철컥철컥 소리를 내며 삶을 직조하는 베틀소리가 여기저기 들리길 바란다. 이렇게 헤진 삶과 사람과 세상을 엮어 가고 싶은 바람이다.

3장 현대의 대장장이와 '철든 사람들'

거기 언덕 꼭대기에 서서
소리치지 말라.
물론 네 말은 옳다.
너무 옳아서
말하는 것이 도리어 성가시다.
언덕으로 올라가
거기 대장간을 지어라.
거기 풀무를 만들고,
거기 쇠를 달구고,
망치질 하며 노래하라!
그걸 듣고,
네가 어디 있는지 알 것이다.

          - 울라브 H. 하우게 〈언덕 꼭대기에 서서 소리치지 말라〉

    사라지는 것들에 대한 연민과 애도가 무슨 쓸모가 있을까. 다만 낭만적인 허구로 치장한 과거를 흐릿하게 떠올리게 할 뿐. 대장간이 사라지는 것을 안타까워하는 사람들은 많지만 제 손으로 망치를 찾아드는 사람들은 적다. 드디어 애도와 연민을 걷어치우고 망치를 들고 대장간 워크숍에 모인 '철든 사람들'은 하우게의 시를 함께 읽었다.

대장간 워크숍을 준비하며
    모루를 두들기는 망치 소리가 들렸다. 그 망치는 겨우 열 살쯤으로 보이는 키 작은 아이의 손에 들려 있었다. 북미의 민속학교에 다니는 그 아이는 대장 작업을 배우고 있었다. 귓전에 아이가 두들기는 쇠망치 소리가 다시 들렸다. 연민이나 애도의 소리가 아니었다. 노는 아이의 웃음 소리였고, 축제의 역동적인 장단이었다. 그것은 사람들의 손이 창조하는 세상을 여는 징 소리였다. 나는 그 동영상을 보며 부러움과 질투와 시샘을 감당할 수 없었다. 우리도 당장 대장간 워크숍을 열어보고 싶었다. 삶을 위한 교사대학과 대안교육연대가 호응하고 전국귀농운동본부와 전환기술사회적협동조합이 거들었다. 남도의 장흥과 해남의 농민들도 한번 해보자며 손을 잡았다. 그렇게 2015년 1월, 3박 4일 동안 해남 생태문화학교에서 첫 번째 대장간 워크숍 '철든 사람들'을 열었다.

꿈꾸는 것에 대해 제대로 알지 못한 채 낭만으로만 현실을 기획할 수 없다. 대장장이 한 명 제대로 알지 못하는 처지에 이런 용기를 낼 수 있었던 까닭은 젊은 철 공예가인 이근세 작가와 그의 후배 정효경 작가가 있었기 때문이다. 낯선 일을 벌이자니 왜 걱정이 생기지 않았을까. 날이 가까워질수록 어찌할 바를 몰라 불안하고 두려워졌다. 숙식은 물론 자재와 공구, 대장간 화덕까지 지역에서 준비할 일이 산더미였다. 준비도 뭘 알아야만 할 수 있다. 철을 불로 달궈 모양을 내고 단련하는 시꺼먼 대장간을 알기 위해 인터넷을 뒤지고 책을 펼쳤다. 그리고 워크숍으로 펼쳐질 대장간의 모습을 머릿속에 그려보았다. 워크숍을 위해 준비할 일도 적지 않았다. 어떤 망치들이 필요할까. 집게, 정, 모루는 어떤 걸 골라야 할까. 불꽃 튀는 쇳덩어리를 식힐 물통은 얼마나 커야 할까. 알면 알수록 궁금증은 더해갔고 선명하게 떠올라야 할 대장간의 모습은 뿌연 연기 속으로 꽁꽁 숨어버렸다.

단단한 무쇠마저 녹이는 시뻘건 불꽃이 이글거리는 대장간 화덕을 만들 자신이 없었다. 사실 대장간 화덕의 구조는 단순하지만 처음 해보는 것에 대한 두려움이 앞섰기 때문이다. 인터넷으로 대장간 동영상들을 찾아보고 최소한의 대장 작업을 위한 공구들과 대장간 화덕의 구조를 파악하며 직접 만들었다. 서울에서 남도 장흥까지 오는 작가들에게 그런 준비까지 부탁할 수 없는 노릇이기 때문이다.

기술이 뛰어난 장인이나 작가라도 교안을 만드는 데 능숙한 이는 드물다. 게다가 워낙 준비기간이 짧다보니 철 대장 작업에 대한 교육자료 역시 지역에서 일부를 준비해야 했다. 대장 작업blacksmithing에 대한 국내 서적이 드물어 해외 서적을 구해서 읽고, 인터넷에 공개된 전자책을 내려받아 거칠게 번역하며 교안을 만들었다.

인문학의 열풍 속에서 기술은 자주 간과되고 있지만, 최진석 교수의 말처럼 기술도 '인간이 그리는 무늬'의 일부다. 그리고 아는 만큼 보인다. 워크숍을 준비하며 찾아본 자료들 속에서 대장장이 신들이 신화와 전설 속에서 걸어 나왔다. 그리스신화의 헤파이스토스와 로마의 불카누스, 동양에는 화덕신군과 치우천왕이 있다. 대장 작업의 특성상 관절병에 걸리거나 거친 환경 탓에 대장장이들은 제대로 성장하지 못했다. 이들은 신화 속에서조차 힘은 세지만 못생긴 절름발이 거인이거나 교활한 난쟁이로 묘사되고 있었다. 하지만 생각해 보라. 인류에게 불이란 얼마나 소중한 것이었는지, 철로 만든 도구가 문명을 얼마나 바꾸어 놓았는지를….

불은 소멸과 생성을 의미한다. 이글거리는 불꽃은 영혼을 사로잡고 다른 세상으로 가는 통로를 열었다. 그 때문일까. 이 땅에 살던 대장장이의 아내들은 무녀인 경우가 많았다. 대장 작업에 대한 공부는 기술에 대해 이해하기도 전에 끝도 없는 신화와 이야기 속으로 나를 끌어들였다. 대장장이들의 노래와 음악을 알게 되고 대장간의 시를 읽게 되었다.

그뿐이랴. 철의 물성을 파악하게 되고 열처리의 기본을 조금씩 이해하게 되었다. 그리고 대장 작업 공구들의 이름과 기본 작업에 대해 파악하게 되었다. 3개월 정도 대장 작업에 대해 공부하면서 뒤늦게 두 작가와 제대로 소통할 수 있었다. 그제야 본격적인 워크숍 준비에 들어갈 수 있게 되었다. 길지 않은 3박 4일 워크숍 하나를 준비하는 데 그랬다. 그동안 학교에서 인문적 기술교육이 꼭 필요하다고 생각해 왔었는데 이것을 실현하려면 어떡해야 할까. 교사들은 학교 밖의 여러 장인들과 꾸준히 소통하며 기획하고, 철저한 준비를 위해서 국내외의 다양한 자료를 수집하고, 기술에만 편중되지 않는 인문적 주제들을 폭넓게 공부해야만 한다.

대장간의 현대적 가치와 변용

대장간 워크숍을 열어서 도대체 어떻게 하겠단 말인가. 산업사회에서 괜히 대장간들이 없어졌겠나. 귀농인들은 그렇다손 치더라도 대안학교 교사들을 불러 모아 어쩌겠다는 말인가. 그 교사들이 학교로 돌아가 아이들에게 대장 작업을 가르쳐서 어찌하겠다는 말인가. 대장간 워크숍을 준비하면서 스멀스멀 의구심이 일어났다. 사라져가는 것들을 현재로 다시 불러올 때는 이 시대에 맞는 가치를 찾아야 하며 우리에게는 새로운 해석과 변용이 필요했다. 서구의 현대적인 대장간들을 살펴보며 그 해답을 조금씩 더듬어 가보기로 했다.

대장장이 존 니먼John Neeman은 간디의 말을 빌려 산업사회 속에서 살아가고 있는 대장장이의 철학을 말해 주었다.

수많은 사람들이 자신의 손으로 손의 사용을 중단시키고 있다는 사실은 가장 큰 비극이다. 자연은 우리에게 손이란 위대한 선물을 주었다. 손은 신이 우리에게 준 살아있는 기계이다. 불행하게도 우리는 손 기술을 망각하는 저주를 우리 스스로에게 퍼붓고 있다. 손의 이용을 배제하는 기계화의 광기가 계속된다면 인류는 더할 나위 없이 무력하고 무능한 존재가 되어버리는 시대가 올 것이다.

— 마하트마 간디

나 역시 이러한 철학과 가치에 동의하여 자신의 손으로 자신과 지역의 삶에 필요한 도구와 기물들을 만드는 젊은 장인들을 고대하고 있었다. 그런 마음으로 대장간 워크숍 '철든 사람들'을 준비했다. 그러나 가치와 철학의 강조만으로 부족하다. 현대의 대장장이들은 어떻게 살아가는지 알고 싶었다. 그런 자료를 찾아보니 의외로 많은 곳에서 새로운 시도를 하고 있는 모습을 볼 수 있었다.

대장장이가 등장하는 한 장의 사진 속에 '불과 대장간의 쇠붙이와 놀아보자Play with Fire, Forge Iron'라고 쓴 현수막이 눈에 들어왔다. 그 현수막 앞에서 중세시대 복장을 한 영국의 대장장이가 공원에 모인 많은 사람 앞에서 대장 작업을 시연하고 있었다. '현대의 대장장이들Modern Days Blacksmith'이라는 유튜브 동영상은 2명의 대장장이가 고객에게 의뢰받은 철물을 제작하면서 겪는 에피소드를 보여주고 있었다. 미국 동부 델라웨어의 오클랜드에 있는 브로큰 해머 포지Broken Hammer Forge에서는 대장간 교육 과정을 개설하여 활발하게 운영되고 있었다. 대장간에서 수업을 하다니. 옛날 대장간에선 상상도 못할 일들이다.

대장장이들은 이제 힘만 센 거인들이 아니었다. 생활 기물뿐 아니라 철로 공예 작업을 하는 예술가들이었다. 쿠바 아바나의 대장장이와 철

공예작가들은 협회를 만들어 작품을 전시하고 대장 작업의 가치를 높이고 있다. 산업사회 속에서 현대의 대장장이들은 때로는 공원에서 대장간 퍼포먼스를 보여주거나, 드라마에 등장하는 예능인이 되고, 대장기술을 가르치는 교사가 되고, 대장 작업에 대해 글을 쓰고 책을 내는 작가가 된다. 또 미디어를 만드는 감독이 된다. 그들은 예술 작품을 만드는 작가이면서 여전히 철을 다뤄 생활의 기물을 만드는 장인임에 분명하다. 그렇게 현대의 대장장이들은 여전히 이 오래된 기술을 지키는 대장간의 거인이거나 시대에 적응한 꾀 많은 난쟁이들로 살아가고 있다. 아직까지 이 땅 구석구석에 남아 있는 몇몇 대장간들과 서울에서 명맥을 유지하고 있는 수색 형제대장간에 관한 기사는 대장간이 그리 쉽게 사라지지 않고 여전히 존재할 만한 이유를 알려주고 있다.

어떻게 대장장이가 될까

요즘 같은 고도의 산업사회에서는 대장장이가 되고 싶어 하는 사람들이 드물 뿐 아니라 막상 배우려 해도 제대로 배울 곳이 없다. 얼마 남지 않은 대장장이들도 고령이라 해가 갈수록 점점 줄어들고 있다. 우리나라에서 대장 작업을 가르치는 대학은 좀처럼 찾을 수 없다. 충남 부여의 한국전통문화학교에서 전통건축에 들어가는 철물을 제작하기 위해 대장장이를 길러내고 있다니 그나마 다행이다. 서양에는 대장 작업에 대한 책들이 적지 않게 출판되어 있어 기본적인 지식을 얻을 수 있었다. 책 외에도 대장장이들이 제작한 동영상들을 쉽게 발견할 수 있다. 도대체 이들은 어떻게 대장장이가 되었을까. 관심은 여기부터 시작되었다. 여기저기 자료를 찾아보니 학생들은 와일드 와이즈Wild Wise 같은 숲학교나 캠프벨 민속학교, 그 밖의 많은 대안학교에서 여는 대장간 체험

프로그램이나 초보 과정에 참여할 수 있다. 본격적으로 대장장이의 기술을 배우고 싶은 이들은 애로우헤드Arrowhead 대장간, 사르킷Sarqit 대장간과 같은 개별 대장간에서 여는 대장간 수업에 참가할 수 있다. 이뿐이 아니다. 메릴랜드 대장장이 길드와 같은 곳에서 운영하는 전문 과정이 개설되어 있고, 테네시 과학기술대학교 애팔래치아 공예센터와 같이 대학교에서도 대장간 수업을 연다. 파워 해머 학교Power hammer School 같은 대장장이를 길러내는 전문학교들도 있다. 다양한 층위에서 대장장이를 길러낼 수 있는 기반을 갖추고 있는 서구의 사례들을 살펴보며 우리의 현실을 되돌아보게 된다.

우리의 대안학교들이 만약 대장 작업을 실기로 가르친다면 어떤 형태여야 할까. 대부분의 대안학교에서는 아마도 체험 교육이나 초보적인 대장 작업을 가르치는 정도에 머물게 될 것이다. 좀 더 전문적인 과정을 개설하는 기술학교가 등장한다면 좋겠다. 이곳저곳 농촌 지역마다 젊은 대장장이가 여는 대장간들이 생겨나면 좋겠다. 검고 어두운 대장간이 아니라 깨끗하게 단장되어 때론 체험이, 때론 작업이, 때론 교육이, 때론 전시가, 어떤 때는 멋진 대장장이 퍼포먼스가 벌어지는 대장간이면 좋겠다. 그런 상상을 해본다. 상상은 자유고 힘이다. 나는 상상의 대장간을 그려본다.

철든 사람들의 풍경

대장간 워크숍 '철든 사람들'이 드디어 장을 펼쳤다. 외진 남도의 끝에서 개최하는 이런 워크숍에 과연 몇이나 참석할까 걱정이 앞섰지만 기우였다. 전국 곳곳의 대안학교 선생님들과 남도의 지역민들, 귀농인을 합쳐 오십여 명 이상이 모였다. 철공 작업에 대한 이론 수업과 유토油土를 이용한 모형 제작에 이어, 드디어 실습에 들어갔다. 다섯 개의 대장 화덕이 둥글게 배치되었다. 갈탄을 얹고 불을 붙이고 송풍기를 돌리자 검은 먼지와 메케한 연기, 가스 냄새가 번져나갔다. 족히 1,300도 이상으로 보이는 노심의 불꽃은 사람들의 영혼을 사로잡기 시작했다. 이근세, 정효경 작가가 먼저 시범을 보인 후 사람들은 각자 쇠붙이를 들어 불에 달구고 모루 위에 얹은 후 쇠망치로 두들기기 시작했다.

처음엔 녹을 듯이 시뻘겋게 달아오른 쇠붙이가 무서워 주저하던 이들이 어느새 집게와 망치를 들고 각자의 쇠붙이로 작품을 만들어 나갔다. 움직이는 품새가 더 이상 주저함이 없었다. 어떤 이는 칼을 만들고, 어떤 이는 촛대를 만들고, 어떤 이는 도마뱀을 만들고, 낫을 만들고, 도끼, 옷걸이 등 각종 기물과 장식을 만들었다. 모두 그 강하고 차가운 쇠가 뜨거워져서 붉게 빛나고 물러지고 자신의 망치질에 따라 형상이 만들어지는 것을 경험하며 마치 도가니 속으로 녹아들듯 대장간의 대장장이들이 되어갔다.

얼굴에 시꺼먼 그을음이 묻었는지도 모르고, 머리에 시꺼먼 재가 앉는 줄도 모르고, 팔이 아픈 줄도 잊고, 밤 11시까지 쇠망치를 두들겼다. 한쪽에서는 장구와 꽹과리를 치며 조를 이뤄 모루 위에 쇠붙이를 얹고 장단을 맞춰 망치질을 했다. 직업으로 철 공예를 해왔던 정효경 작가는 이 힘든 작업들을 하면서 모두 웃고 있다니 놀랍고 도무지 이해되지 않는 감격스런 경험이라 말했다. 내가 보아도 그랬다. 모두가 미친 듯 불춤을 추고 있는 것 같았다. 창작 본능이라 해야 할까. 제작 본능이라 해야 할까. 불과 쇠, 근원적인 두 가지가 만났으니 그 무엇인들 끄집어내지 못할까. 현대 사회의 틀 안, 각자의 생활 속에 단단히 봉인되었던 본능들이 기어코 뛰쳐나오나 보다. 이런 본능과 흥분을 워크숍에 참석한 교사

들이 학교로 돌아가 다시 아이들로부터 끄집어낼 수 만 있다면 얼마나 좋을까.

3박 4일의 일정이 끝나고 각자가 만든 철 공예 작품을 한자리에 펼쳐 놓고 설명하는 자리, 또 다시 우리들은 놀라지 않을 수 없었다. 한 번도 대장 작업을 접해 보지 못했던 사람들이 이런 작품들을 만들어 낼 수 있다니…. 어떤 참가자는 매년 한두 번 대장간 워크숍을 열자고 말했다. 한 선생님은 아이들과 왜 대장 작업을 해야 하는지, 어떻게 해야 할지 직감하게 되었다 말했다. 그의 말대로 얼마 후 강화도에 있는 산마을고등학교에는 작은 미니 대장간이 만들어졌다. 군 입대를 앞둔 청년은 큰 기대를 갖지 않고 참석했는데 대장 작업이 이렇게 재미있고 신나는 일인 줄 비로소 알았다고 고백한다. 예산에서 온 지역 활동가는 돌아가 곧바로 협동조합이 운영하는 대장간을 짓겠다고 했다. 그는 약속을 지켰다. 강원도로 돌아간 농부는 자신이 만든 칼을 카페에 올려 자랑한다. 적잖은 우려에도 불구하고 감히 엄두를 내어 대장간 워크숍을 개최하기를 참 잘했다 싶다. 힘은 들겠지만 다시 한 번 대장간 워크숍을 펼쳐도 되겠다. 워크숍을 준비하며 알게 된 지식들, 배우게 된 대장 기술, 좀 더 늘어난 자신감, 창조의 흥분과 기쁨….

대장간 워크숍 철든 사람들의 기억을 떠올려보며 인문적 기술교육과 교사의 역할에 대해 질문을 시작해 본다. 또 어느 곳에선가 이런 교육의 풍경들이 더 많은 선생님들에 의해 훨씬 다채로운 모습으로 펼쳐지기를 기대한다.

4장 복고기술과 기술의 과거성

우리를 인간답게 하는 것은 과거성이라는 그림자 속의 삶입니다. … 과거는 떠올릴 때마다 다른 옷차림으로 나타납니다. … 과거는 뜻밖으로 다가옵니다. … 현재란 과거를 형성하는 틀입니다.
— 이반 일리치 『과거의 거울에 비추어』

　어릴 적 독실한 기독교 집안에서 자라 온가족이 거의 매일 한 차례 성경을 읽고 묵상하고 기도하는 시간을 가졌다. 성경은 이스라엘 역사에서 불러내온 과거의 소리였다. 이십 대 중반 교회를 떠나기 전까지 성경 속에 담겼던 과거는 나의 정신과 영혼과 일상을 지도하는 성스러운 목소리였다. 비단 기독교뿐만이 아니다. 여타의 종교와 인문적 영역에서 과거의 소리는 한 번도 사라진 적이 없다. 지금도 성전과 고전으로 존중받고 있다. 전설과 민담과 동화들 역시 오래된 구술과 낭송의 메아리들이다. 이렇게 우리는 종교적이거나 정신적인 영역에서 과거의 소리에 귀 기울이지 않은 적이 없다. 그러나 기술의 영역만큼은 과거성이 가장 무시되거나 천대받는 영역이다. 오로지 최첨단과 하이테크만이 추앙받는다. 낡은 기술은 버려지거나 박물관에 가두어 버린다. 종교와 인문적 영역에서 현재의 삶을 위해 과거는 끊임없이 현재화된다. 그러나 기술의 영역에서 과거의 기술을 현재화하려는 노력은 턱없이 부족하다. 만약 기술의 과거성을 현재화한다면 지금 삶을 위해 우리는 무엇을 길어 올릴 수 있을까. 이 궁금증을 가지고 기술의 과거와 현재를 오간다.

올드 이즈 골드old is gold

기술의 과거를 돌아본다. 현재의 기술은 과거 기술의 축적이란 걸 우리는 종종 잊어버린다. 기술의 역사를 거슬러 올라가다 보면 앞서간 이들의 상상력과 성취에 경이와 존경을 동시에 느끼게 된다. 만약 진정으로 진취적인 사람이라면 겸손한 눈으로 과거를 돌아볼 것이다. 과거로부터 켜켜이 쌓아올린 기술의 피라미드 위에, 어쩌면 우리가 새로운 돌을 쌓을 공간은 더 이상 남아 있지 않을지도 모른다.

오랫동안 관심을 가지고 연구해 오던 화목난로 기술의 역사를 살펴보며 이러한 생각은 더욱 굳어졌다. 화목난로는 20세기 초에 이미 핵심적인 구조의 발전이 완성되었다. 다만 내구성을 높이기 위한 새로운 재료의 적용과 배기오염을 줄이기 위한 개선이 계속되고 있다. 그리고 디자인의 변주가 계속되고 있을 뿐이다. 종종 미국이나 유럽의 특허기술정보 사이트를 검색하곤 한다. 그럴 때마다 특허 제도가 가장 빛나는 지점은 '독점적 권리'의 보장에 있기보다 오히려 '기술의 대중적 공개와 기록'에 있다고 확신하게 된다. 특허기술정보 사이트의 기술정보와 기술참조 목록을 살펴보며 기술의 과거를 거슬러 가보곤 한다. 기술의 과거를 돌아보면 그것은 박물관의 낡은 전시품이 아니라 시간 속에 감춰진 신천지이자 보물섬이다. 환경 파괴, 기후 변화, 에너지 위기, 자원의 고갈로 성장의 한계에 직면한 우리에게 아직 허락된 기술이 있다면 도대체 무엇일까. 만약 기술의 과거로 돌아간다면 어디쯤으로 돌아가야 할까 생각해 보곤 한다.

영국의 『텔레그래프지』에 윌리엄 랭글리가 '로우테크low tech'라고 표현한 '복고 기술'에 대해 한 번쯤 음미해 볼 만한 기사가 실렸다. 이 기사를 간단히 요약하면 이렇다.

전자책에 대한 마케팅과 극찬에도 불구하고 영국국립도서관의 이용자는 10%가 늘었다. 많은 사람들이 온라인 서점을 이용하지만 여전히 많은 사람들이 책 냄새나는 진짜 서점에 가길 좋아한다. 종이 책의 판매가 오히려 증가하고 있다. 하루가 멀다 하고 속속 등장하는 최신 스마트폰에도 불구하고 2G폰을 사용하는 이들이 늘어나고 있다. 가수 리한나, 배우 스칼렛 요한슨은 구식 폴더폰을 과시한다. 더 나아가 사생활 보호를 위해 구형 전화를 사용하는 유명 인사들도 나타나고 있다. 온라인에 연결된 컴퓨터는 보안이 취약하고, 비밀이 보호되지 못한다고 생각하는 사람들은 다시 타자기를 찾기 시작했다. 단지 이런 이유뿐 아니라 타자기를 칠 때 느끼는 물리적 촉감과 소리 자체를 즐긴다. 디지털 카메라의 대중화 속에 파산 직전까지 갔던 네덜란드 회사의 폴라로이드 사진기 판매는 최근 60%까지 성장했다. 거침없는 기술적 진보에 겁먹은 사람들이 이제 기술적 돌진을 거부하기 시작한 것이다.

윌리엄 랭글리는 자신의 기사에서 시대에 뒤처진 듯 보이는 기술의 결함이 오히려 세상을 이해하도록 돕는다고 지적한다.

기술적 결함은 오히려 우리가 세상을 이해하도록 돕는다. …하이테크는 완벽함을 추구하게 되면서 그 매력을 잃었다. 사람들은 사물이 작동하는 방식에 대한 감각을 갖고 그것에 대해 궁금해 하며 이야기하기를 좋아한다. (전자적) 장치들은 우리를 실제로부터 가로막는다. 단지 유행일 뿐이다. 구식 라디오는 채널을 바꿀 때 반송파 소음이 들린다. 이 소리는 파장을 갖는 전자기 물리를 떠올리게 한다. 그러나 새로운 모델의 라디오는 소음을 제거했다. 물리적 실제의 불완전한 특성을 거스르는 첨단 기술은 수치다. 근대적 장치들은 물리적 불완전성을 배반하지 않도록 디자인되었다. 기술적 결함은 오히려 우리가 세상을 이해하도록 돕는다.

백과전서파에 주목하며

유럽의 르네상스가 고대 그리스와 로마문명을 새로 인식하고 수용했던 것처럼 우리는 과거 어디쯤을 돌아보며 생태적 전환의 지혜를 얻을 수 있을까. 18세기 계몽과 산업혁명의 시기, 중세와 결별하며 전혀 새로운 기계와 산업문명의 세계로 달음박질치기 시작할 즈음 프랑스에는 백과전서파가 등장했다. 디드로를 주축으로 볼테르, 몽테스키외, 루소 등 수많은 집필진이 포함된 이른바 프랑스 백과전서파는 『백과전서 혹은 과학, 예술, 기술에 관한 체계적인 사전』이라는 긴 이름을 가진 백과사전을 편찬했다. 이들이 편찬한 백과전서는 과거의 유산과 급격한 변화가 뒤섞인 당시의 과학, 예술, 기술을 수천 장의 도표와 함께 체계적으로 정리했다. 디드로는 민중이 자신의 일상생활에 적용할 수 있는 '유용한 지식과 기술'에 쉽게 접근할 수 있어야 한다고 생각했다. 1751년에 첫 번째 책이 나온 이후 1772년까지 모두 서른다섯 권이 나왔으며 7만 1,818개 항목, 3,129개의 그림과 도표가 포함된 대작이다. 이 책에 담긴 그림과 도표의 일부만 봤을 뿐이지만 경탄하지 않을 수 없었다. 디드로의 백과전서에 주목한 이유는 18세기 중반 유럽의 전통공예 도구와 제작 과정을 자세히 설명하고 있기 때문이다. 당시에는 새로운 기계와 기술이 급부상하고 있었지만 아직 본격적으로 화석에너지를 동력원으로 사용하지 않았던 대부분의 기계와 그 제조 공정을 아주 자세하게 설명하고 있다. 이런 이유로 디드로의 백과전서는 여전히 우리에게 유용한 지식과 기술을 전해 주고 있다.

조선 후기 청나라를 통해 서양 문물을 주체적으로 수용하고자 애쓴 실학파 학자들 가운데 안정복, 정약용, 박제가, 이덕무, 유득공 등은 조선의 백과전서적 지식인이라 할 수 있다. 이들에 의해 많은 백과사전류의 저서가 편찬되었다. 이수광의 『지봉유설』, 이익의 『성호사설』, 이덕무의 『청장관전서』, 서유구의 『임원경제지』, 이규경의 『오주연문장전산고』, 성해응의 『연경재전집』 등이 있다. 실학자들은 당시의 농업 기술에 많은 관심을 가졌다. 신속의 『농가집성』, 박세당의 『색경』, 홍만선의 『산림경제』, 서호수의 『해동농서』 등이 대표적인 농서이다. 특히 조선 말기 서유구가 편찬한 『임원경제지』는 농업과 농촌 생활에 필요한 기술을 종합한 일종의 농촌 생활 백과사전이었다. 이 책을 특히 주목하는 이유는 농법뿐 아니라 당시의 건축을 비롯한 다양한 생활 기술들을 담고 있기 때문이다. 다산 정약용의 저술 가운데도 당시의 다양한 기술들이 소개되어 있다. 이들도 디드로처럼 지식과 기술을 민중들이 쉽게 접근하고 사용할 수 있어야 한다고 생각했을 것이다.

기술에 대해 물어야 할 것들

과거의 백과사전적 지식인들이 기록한 기술은 산업화된 기계문명이 한계에 직면한 지금 반드시 펼쳐보아야 할 기술의 고전이다. 이 시대의 위기를 넘어서기 위해 다시 현재로 불러와 하나하나 검토하고 질문해야 할 생태적 전환기술인 것이다. 우리는 과거와 현재의 기술들에 대해 어떤 질문들을 해야 할까? 어떤 기준을 가지고 선별해야 할까? 랭던 위너는 『길을 묻는 테크놀로지』에서 기술에 대해 질문해야 할 것들을 말하고 있다.

기술에 대한 가장 중요한 물음은 우리가 '물건을 작동시킬 때' 어떤 종류의 세상을 만들고 있는가 하는 것이다. 즉, 물리적 도구나 과정을 만드는 데에만 관심을 기울일 것이 아니라 모든 중요한 기술적 변화의 한 부분이 되는 심리적·사회적·정치적 조건들을 만드는 데에도 신경을 써야 한다. 인간의 자유, 사회성, 지성, 창조성, 자치를 확대시키는 환경을 만들고 디자인할 것인가? 아니면 전혀 다른 방향으로 나아갈 것인가?

랭던 위너가 같은 책에서 소개한 1970년대 미국의 적정기술 활동가들의 희망처럼 기술의 기준을 세워 선택해야 하는 것일까.

생태적으로 건전하고, 에너지 소모가 적으며, 공해 발생 수치가 낮거나 없고, 재생 가능한 원료와 에너지 공급원을 사용하고, 언제나 기능적이며, 수작업에 기반한 산업이고, 전문 지식을 많이 요구하지 않으며… 자연과의 융합, 민주정치, 자연이 정한 기술적 한계, 지역의 물물교환 등과 양립 가능하고, 지역 문화와 조화를 이루고, 오용 가능성이 없으며, 다른 생물 종의 복지에 의존하고, 필요와 안정적인 국가 경제에 따라 혁신이 규제되며, 노동 집약적이고… 분산적이고, 소형으로 운영되지만 전체적으로 효율적이고, 누구나 이해할 수 있는 작동 형식을 가지는 것….

아니면 시골에서 농사를 지으며 현대 산업기술문명에 비판적 입장을 취해 온 농부철학자 웬델 베리가 제시한 다음과 같은 기술의 기준을 따라야 할까.

첫째, 새로운 도구는 이전 것보다 경제적이어야 한다.

둘째, 규모에서 이전 것에 비해 작아야 한다.

셋째, 이전 것보다 분명하고 명백하게 더 작업 효율이 좋아야 한다.

넷째, 이전 것보다 에너지 소비가 적어야 한다.

다섯째, 가능하면 인간의 노동력이나 자연 에너지를 이용해야 한다.

여섯째, 보통 사람들이 기본적인 도구들을 가지고 수리할 수 있어야 한다.

일곱째, 가능하면 집 가까운 곳에서 구입할 수 있고 수리할 수 있어야 한다.

여덟째, 수리를 맡길 수 있는 작은 개인 가게나 상점에서 생산되어야 한다.

아홉째, 가족이나 공동체 관계 등을 포함한 기존의 어떤 좋은 것들을 대체하거나 파괴하지 않아야 한다.

과거 기술의 수집가들

오늘날 과거의 기술을 수집하는 곳이 있다. 벨기에 그림베르겐 Grimbergen의 '옛 기술 박물관Museum of Old Techniques'이 그런 곳이다. 이곳은 현대의 거의 모든 전기 기계와 석유로 구동되는 기계들은 인력, 축력, 수력, 풍력을 이용했던 과거의 기술로 대체될 수 있다고 믿는다. 이 박물관은 현대 기술의 대안이 될 만한 과거의 기술들을 수집하고 연구하는 목적으로 세워졌다. "혁신이 반드시 진보는 아니다. 원시적 도구들이라고 여겼던 것들은 종종 전혀 원시적이지 않다"라고 말하며 2천여 개의 간단한 수공구 그림과 1950년대까지의 무역 카탈로그 일러스트를 수집해 놓고 있다. 이 무역 카탈로그 속에서 당시에 거래되었던 기계와 도구들을 발견할 수 있다.

과거의 기술은 이 시대의 대안을 찾는 이들에게 마치 보물섬과 같다. 적정기술자들과 농부철학자 웬델 베리, 랭던 위너처럼 지속가능한 사회를 위한 기술의 선택 기준을 세우고, 18세기 프랑스의 백과전서파나 조선의 실학자들 또는 벨기에의 박물관처럼 보다 명확한 목표를 갖고 과거 또는 현대의 기술을 집대성할 각오와 사명감을 가진 이들이 이 땅 어디에 있을까. 언젠가 기술의 진행 방향을 바꾸어 세상을 바꾸는 초석을 놓는 이들은 누구인가.

나무기계의 시대

다재다능한 천재 레오나르도 다빈치. 그는 화가, 조각가, 그리고 발명가였다. 발명가로서 그의 구상을 담은 스케치는 너무나 매력적이다. 다빈치의 스케치를 담은 책이 출간되고 그의 발명을 미니어처로 구현한 키트가 판매되고 있다. 다빈치 머신Davinch Machine이라 알려진 그의 기계 제작 구상은 여전히 수많은 재현 마니아와 추종자들을 거느리고 있다. 미니어처에 만족하지 못하는 이들은 실물 크기의 다빈치 머신을 제작하고 있다. 왜 이렇게 다빈치 머신에 열광하는 것일까. 다빈치가 워낙 유명해서일까. 그의 구상이 탁월하고 기발해서일까. 그의 발명은 15~16세기에는 시대를 앞선 구상이었겠지만 현대의 과학기술과 기계 지식에 비할 바는 못 된다. 얼마나 더 기발하고 놀라운 기계들이 많은가. 그렇다면 많은 이들이 다빈치 머신에 열광하는 이유는 과연 무엇일까. 그것은 다빈치 머신이 바로 '나무기계'이기 때문이 아닐까.

현대 기술사회가 직면하는 수많은 문제의 중심에는 정밀한 전자기계에 대한 환상이 자리 잡고 있다. 하지만 정밀 기계가 반드시 전자 제품일 이유는 없다. 전자 제품이 아닌 나무기계로도 얼마든지 정밀 기계를 만들 수 있다. 오토마타는 그러한 가능성을 보여준다. 오토마타는 거의 2,000년 전부터 만들어졌으며 대부분 나무로 만들어진 자동 장치이다. 현대의 오토마타 장인들은 극단적으로 복잡하게 만들 수도 있는데 놀라울 정도로 폐해가 없다. 주로 나무를 소재로 사용하지만 부분적으로 금속이나 재활용 부품을 사용하며 대부분 손으로 작동시키지만 종종 바람이나 물을 사용하며, 전기를 거의 사용하지 않는다. 단순한 재료로 정밀 기계를 만들 수 있을 뿐 아니라 화석에너지를 사용하지 않는 이러한 특성은 화석에너지 이후 시대에 필요한 기술의 조건을 충분히 갖추고 있다. 오토마타의 기술적인 가능성은 중세의 수차와 풍차, 거중기 등에 적용된 기술을 통해서 충분히 증명되었고 현대의 장인들은 더더욱 발전된 기술을 구현하고 있다.

어릴 적 최초의 장난감은 아버지가 만들어 준 나무 장난감이었다. 좀더 커서는 스스로 나무를 이용해 좀 더 복잡한 구조의 장난감을 만들었다. 수천수만 년 그래 왔을 것이다. 나무는 쇠나 플라스틱에 비해 주변에서 쉽게 구할 수 있고, 다루기 쉬워서 제작이 수월하다. 기계의 주재료가 '나무'라는 사실은 개인들의 창의력과 제작 욕구를 가로막아 왔던 현대적 재료의 많은 장벽과 장애들을 일거에 사라지게 만든다. 레오나르도 다빈치가 살았던 15세기부터 산업혁명 직전까지 대부분의 기계는 나무기계였다. 산업혁명 초기에도 내연기관이나 마모되기 쉬운 부분만 쇠를 사용했고, 그 나머지는 대부분 나무를 사용했다. 세상에는 나무로 기계를 만드는 엔지니어와 장인들이 넘쳐 났다. 마을의 솜씨 좋은 남자들은 나무로 도구와 기계를 만들었다. 그들은 현대의 대중들보다 기술과 기계의 작동 원리와 구조를 더 깊게 이해하는 사람들이었다. 세상은 나무와 함께 창의력과 제작 열정으로 가득 차 있었다. 그 바탕 위에서 산업혁명은 시작되었다.

그러나 너무 빨리, 너무 멀리 와버렸다. 금속과 플라스틱은 높은 내구성과 양산 가능성에도 불구하고 필연적으로 산업화된 공장의 기계 설비를 필요로 한다. 삶의 도구를 만드는 주재료가 달라지면서 사람들은 점점 더 창조적인 작업과 기술에 대한 이해로부터 멀어져 갔다. 개별화되고 분업화된 작업으로 인해 인간의 창의적 본성조차 부품으로 전락했다. 창조성은 최초의 구상과 분절되지 않은 작업을 거치며 성숙된다. 쇠와 플라스틱이 기계와 도구의 주재료가 되면서 세상에 가득 차 있던 나무기계 엔지니어들은 점점 줄어들었고, 그나마 기업과 공장에 고용된 노예가 되어 갔다. 마을의 남자들도 더 이상 도구와 기계를 만들기를 멈추었다. 그 옛날 숲 속에서 시작된 지혜와 창의력과 제작 본능은 위축되고 말았다. 다시 나무의 시대를 꿈꾸는 까닭은, 그 시대가 만드는 사람들의 창조력으로 가득했던 시대이기 때문이다. 만약 인류가 금속과 플라스틱을 아주 제한적으로 사용하고 나무를 도구와 기계의 주재료로 사용해 왔다면 세상은 지금과 많이 달랐을 것이다. 내가 꿈꾸는 마을엔 나무기계를 만드는 목수가 산다.

요사이 구호로 등장한 창조경제는 무한경쟁을 전제한 엘리트주의적 발상이다. 바이오산업, 항공우주산업, 모바일 앱… 이러한 산업적 환상에 많은 젊은이를 뛰어들게 만들고 있다. 과거 IT산업 붐일 때도 그랬다. 과연 그렇게 만들어진 결과의 수혜자는 누구였을까. 인터넷 업종은 사실 극소수를 제외하고 이 시대의 3D업종으로 전락했다. 르네상스가 고대 그리스문명을 되돌아보았던 것처럼 오늘을 위해 우리는 '미래 산업'을 추구하기보다는 창의성으로 가득했던 백과전서의 시대, 임원경제의 시대를 뒤돌아보아야 한다. 그 시대는 '나무기계의 시대'였다. 예컨대 당신이 목수라면 가볍고 단단한 나무로 사진기 삼각대부터 만들어 보길 바란다. 당신만의 삼각대 말이다. 누군가 분명 그것을 원할 것이다.

사람들은 이제 금속과 플라스틱에 질려 하고 있다. 부드럽고 따뜻하고 생명의 흔적을 느낄 수 있는 물건을 갈망하기 시작했다. 나무기계는 산업화된 금속기계, 전자기계의 과도한 효율성 추구 때문에 우리가 잃어버린 것들을 회복시킨다. 나무기계는 효율이나 내구성보다 정서적이고 환경적 가치를 추구한다. 이뿐 아니라 에너지 위기 이후 미래 기술의 가능성을 보여준다. 박물관에 전시된 과거의 오토마타와 달리 현대의 오토마타는 내부의 기계 구조와 동작을 숨기지 않고 드러낸다. 나무 자동 장치의 목적은 더 이상 인형이나 현실의 모사가 아니다. 오토마타 장인들은 감흥을 불러일으키고 우리가 꿈꿀 수 있도록 자극한다. 톱니바퀴와 줄의 조합과 나무기계의 부드러운 작동 소리는 이제 오토마타의 중요한 요소가 되었다. 현대의 오토마타 제작자들은 노동력이 지나치게 들어가게 만들거나 과도하게 복잡하게 만들지도 않는다. 오히려 현대적 기술을 적극 활용한다.

수동 공구의 귀환

인류 역사상 어떤 재료에 구멍을 뚫는 일은 상당한 노력과 시간을 필요로 하는 작업이었다. 가장 원시적이며 거칠게 구멍을 뚫는 도구는 날카로운 돌이나 동물의 뼈를 나무에 잡아 맨 송곳일 것이다. 마치 현대의 드라이버처럼 송곳을 누르면서 돌려 구멍을 뚫었다. 좀 더 개선된 도구는 양 손바닥 사이에 넣고 돌리는 막대 축 드릴이었다. 이 원시적인 드릴을 사용할 때는 좀 더 구멍이 잘 뚫릴 수 있도록 모래를 연마재로 사용했다. 나무 막대로 나무에 구멍을 뚫는 일은 보통 힘든 일이 아니었을 것이다. 그것은 아마도 구멍을 뚫는다기보다는 마찰을 이용해 나무를 태우는 일에 가까웠을 것이다. 만약 재료가 돌이라면 하루 이틀 안에 끝날 수 있는 일이 아니다. 남겨진 고대의 유물을 보면 팔찌나 귀걸이, 목걸이의 옥 장식에 구멍을 뚫는 것은 흔한 일이었다. 이처럼 아주 오랫동안 인류는 단단한 물체에 구멍을 뚫는 일의 개선을 위해 보다 효과적인 도구를 끊임없이 개발해 왔다.

19세기 이전까지는 로마시대 때 개발된 확공기가 구멍을 뚫는 주요한 도구로 여전히 남아 있었다. 다소 작은 구멍을 뚫는 드릴은 이미 중세에 중요한 혁신이 일어났다. 직선의 드릴 막대 중간에 'ㄷ'자 형의 손잡이가 달린 것이다. 기존의 활 드릴이나 확공기는 수직으로 압력을 주면서 끊어짐 없이 계속 회전할 수 없었다. 이 문제를 해결한 것이 손잡이였다. 한 손으로 손잡이를 돌려서 드릴을 회전시키면서 동시에 다른 손으로 압력을 주거나 가슴에 판을 대고 압력을 가할 수 있었다. 이것은 초기엔 고정 드릴 촉이었지만 나중에는 드릴 촉을 교체할 수 있도록 개선되었다. 중세의 손 드릴은 거의 나무로 만들어졌는데 부분적으로 쇠를 이용하여 보강했다. 물론 드릴 촉은 금속으로 만들어졌다. 나중의 개선된 모델들은 나무가 아닌 쇠를 주재료로 사용하기 시작했다. 대부분의 손 드릴은 거칠었지만 종종 손잡이 부분을 예술적으로 가공한 드릴이 만들어지곤 했다.

수천 년 동안 꾸준히 사용되어 오던 손 도구는 특히 19세기 말 혁신적으로 개선되었다. 현대적 손 도구들은 대량 생산이 가능했고, 부속품을 이용해서 조립이 가능했다. 이전의 나무로 된 공구나 기계에 비해 월등히 뛰어난 재료, 즉 금속을 사용해서 만들어졌다. 아쉽게도 손 도구의 전성기는 지나갔다. 하지만 인간 동력 도구들은 이전의 도구들에 비해 상당한 개선이 이뤄졌을 뿐 아니라 오늘날 우리가 사용하고 있는 도구들과 비교해서도 절대 뒤지지 않을 많은 이점들을 가지고 있다. 19세기 들어서야 드디어 손 드릴에 톱니바퀴gear가 부착되었다. 주재료로 나무 대신 금속이 사용되었고, 양산될 수 있는 부품으로 부분부분 교체할 수 있게 되었다. 이 모든 성과는 산업혁명의 결과였다. 증기기관의 등장으로 광산업의 효율이 높아졌고, 그 결과 값싼 철이 공급되기 시작했다. 양산된 부품 또한 싸게 공급할 수 있게 되었다.

하지만 효율이 좋은 현대적인 손 드릴의 성공은 곧 잊혀졌다. 곧바로 전동 드릴이 등장했기 때문이다. 그러나 전동 드릴은 플라스틱 외장, 전동 모터에 들어가는 구리와 희토류, 전지나 전기 공급을 전제로 하고 있다. 전동 드릴은 내부에 강력한 모터가 들어 있어 빠른 회전력과 힘을 갖고 있다. 무엇보다 한 손으로 구멍을 뚫거나 나사못을 박을 수 있다. 하지만 종종 플라스틱 외장 케이스가 파손되거나 모터가 타버려 못 쓰게 된다. 전동 드릴을 자주 쓰는 목수라면 십 년 이상 사용하기란 불가능하다. 내구성! 내구성이야말로 현대에 양산된 전동 도구들이 갖추지 못한 미덕이다.

화학 전지는 주기적으로 교체해야 하거나, 핵 발전이나 화석에너지로 발전되어 수백 km를 송전한 전기를 이용해야 한다. 많이 팔기 위해 내구연한이 지나면 고장이 나도록 만들어진다. 반면 손으로 돌리는 손 드릴은 어떤가. 양손을 이용해야 하는 불편함과 압력을 주면서 드릴을 빠르게 회전시키는 데 한계가 있다. 하지만 매우 단순한 구조로 고장이 거의 없다. 기름칠만 잘하면 몇 세대를 이어 사용할 수 있다. 전기도, 전지도 필요 없다. 무엇보다 회전 소음이 없다. 시끄럽고 사나운 전동 드릴에 비해 손 드릴은 조용하다. 구멍을 뚫는 재료의 질감이나 천공 정도를 감각적으로 느낄 수 있다. 시간을 아끼며 최대한 효율적으로 일해야 하는 목수가 아니라면, 어쩌다 한 번씩 드릴을 사용하는 나 같은 사람들에게 적합한 도구는 손 드릴이다. 회전 속도는 느리고 조금 불편할지 몰라도 고장이 나지 않고, 조용하고, 안전하고, 좀 더 편안하게 작업할 수 있다. 게다가 직관적으로 도구의 구조와 작동 원리를 파악할 수 있다. 더욱이 오랜 세월 기름 치며 사용하다 보면 익숙해진 도구는 손에 딱 들어맞아, 마치 피가 도는 듯 손이 확장된 것처럼 느껴진다.

도구와 기계의 가치는 속도와 효율, 편리함, 완전함에만 있는 것이 아니다. 도구의 내구성과 함께하는 오랜 시간의 흔적, 도구를 사용할 때의 감각적, 심리적 안정감이나 편안함, 친숙함, 심지어 불완전함이 주는 뜻밖의 가치도 따져보아야 한다. 나는 이 같은 이유로 집에서 소소한 일을 할 때면 사납고 무서운 전동 톱을 사용하기보다 다양한 수동 톱을 사용하곤 한다. 수동 톱을 사용하면 손가락을 벨 수는 있어도, 손가락이 잘릴 일은 없다. 작업을 하다보면 나무의 목질을 느끼고, 불어오는 바람 소리까지 들을 수 있다.

2부

정주하는
삶의 기술

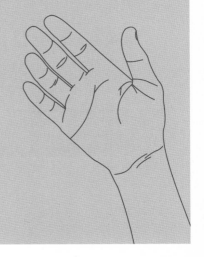

5장 계획할 수 없는 삶과 자급의 기술*

> 미래 따위에는 관심이 없습니다. 그건 사람을 잡아먹는 우상입니다. 제도에
> 는 미래가 있지만, 사람에게는 미래가 없습니다. 오로지 희망만이 있을 뿐입
> 니다.
>
> — 이반 일리치 『과거의 거울에 비추어』

　　'삶을 디자인하는 대안적 진로교육'이라는 주제에 대해 곰곰이 생각
해 보자. 디자인design이라는 말은 넓은 의미로 계획, 설계의 뜻으로 쓰
이고 있다. 고등학교 때부터 대안학교 교사가 되리라 삶을 디자인했던
사람이 있을까. 또는 지금까지 자신이 세운 계획 그대로 살아왔다 자부
할 수 있는 사람이 있을까. 나 역시 돌이켜 보니 몇 번인가 세웠던 인생
의 계획대로 살지는 못했다. 삶이란 수많은 우연과 인연, 무수한 기회와
욕망과 희망, 기대와 동기를 가지고 주어진 환경의 변화에 따라 그때그
때 어떤 '선택'을 하며 살아가는 것 아닐까. 그래서 '삶이란 계획대로 살
수 없는 것'이라는 생각을 하게 된다.

　　이반 일리치가 근대적 언어인 '계획plan'에 대해 설명하고 있는 것처럼
삶을 디자인하고 설계하기보다는 오히려 '계획할 수 없는 삶의 경이로
움'을 향한 대안적 교육으로 주제를 바꾸어도 좋을 것 같다.

---

* 2014년 1월 3~4일 서울특별시교육청이 주최하고, 하자센터와 대안교육연대가 주관이 되어 서울 영등포
하자센터에서 진행한 대안교육시설 관계자 권역별 연수 "삶을 디자인하는 대안적 진로 교육"에서 강연한
내용을 다듬은 글이다.

'진로' 교육: 불가능

"너의 진로 계획은 무엇이냐?" 조선시대 서당의 훈장님이 제자들에게 이런 질문을 했을까. 조선의 양반 자제들은 서당에서 공부해서 과거를 보고 관료가 되는 것을 당연한 수순으로 받아들였다. 농업사회일 때 부모는 자식의 진로에 대해 묻지 않았다. "막동아, 나가서 논에 물꼬 터라!" 그저 일을 시켰다. 한편 우리가 쓰는 '진로'라는 말은 최근 들어 '진학', '취업', '직업'이라는 뜻으로 사용되기 시작했다.

내가 대학을 다니던 1980년대만 해도 취업은 그다지 어렵지 않았다. 당시에는 '난 이 사회가 써준 시나리오대로 살지 않을래' 이런 말을 하며 취업과는 다른 길을 가는 친구들이 정말 멋있게 보였다. 그런데 요즘 그런 말을 하면 어떨까? 정해진 시나리오대로 살고 싶어도 이제는 사회가 청년세대들에게 어떤 '시나리오'를 보장할 수 없게 되었다. 첨단 기계와 공장 자동화로 인한 고용 없는 성장과 노동의 종말, 노동 유연화를 위한 비정규직화, 장기 불황, 저성장, 고령화, 산업사회의 지속 불가능성…. 이러한 사회경제적 변화를 직시해야 한다. 지금은 '진로' 교육 불가능의 시대다.

아르바이트 상담이 중요해지는 시대

교사인 여러분들은 학생으로부터 종종 '진로'에 관한 곤혹스런 상담 요청을 받을 것이다. 오 년 전 전직 교사였던 아내의 옛 제자가 찾아왔다. 아직 대학생이었던 그는 두 가지 일 중 어떤 일을 선택할지 아내와 나에게 조언을 구하고자 했다. 그런데 실망스럽게도 그 학생이 고민하는 진로는 어떤 '아르바이트'를 선택할 것인가에 대한 것이었다. 나름 인생 선배라고 폼 잡고 조언을 하려 했는데. 기껏 아르바이트라니!

그러나 듣고보니 청년실업이 문제인 요즘에는 이런 '아르바이트' 상담이 꽤 중요한 의미가 있는 것이었다. 그 제자가 선택하고자 하는 아르바이트 중 한 가지는 암센터에서 각 병실로 약을 배달하는 '꽤 보수가 높은 일'이었다. 또 다른 일은 보수는 훨씬 적지만 자신이 평소 하고 싶어 하던 사진과 관련된 '사진관 아르바이트'였다. 그는 홀어머니와 함께 살고 있고 가난한 살림에 학비와 생활비를 스스로 해결해야 하는 처지였다. 그에게 중요한 선택의 기준은 생활고를 해결할 '돈'이었다. '자신이 좋아하는 일을 해야 행복하다'라는 말만으로는 그의 처지에서 충분한 설득력이 없었다. 나는 그에게 아무리 아르바이트라도 두 가지 일 중 하나를 선택할 때에 '누구와 관계를 맺게 되는지', '그 관계를 통해 어떤 기술과 지식과 기능을 쌓게 되는지', '어떤 맥락을 갖는 경험을 하게 될지', '오랫동안 하고 싶고 계속할 수 있는 일인지', '그 일을 통해 자신은 어떤 사람이 되어 갈 지' 상상해 본 후 선택하라고 조심스레 말했다.

　　그 제자는 어떤 결정을 하고 어떻게 살고 있을까. 이래저래 여러 날 고민하던 그는 결국 '사진관 아르바이트'를 선택했다고 한다. 그러고는 한 쇼핑몰의 제품사진 촬영 보조로 일하게 되었고, 시간이 흘러 경력과 경험이 쌓여 사진을 부전공으로 선택했다고 한다. 현재는 아동사진 촬영 전문점에서 사진 찍는 일을 계속하고 있다. 이런 경우 아르바이트의 선택이 그에겐 진로의 선택으로 바뀌어 간 것이다. 아마도 그 친구는 무척 행복하게 일하고 있을 것 같다.

　　교사인 여러분은 학생들의 '아르바이트' 고민일지라도 신중히 상담을 해야 한다. 비록 아르바이트를 선택할 때라도 삶에 있어 '관계'가 이끄는 삶의 경이로움을 놓치지 않도록 해야 한다. 무슨 일을 하든지 사람은 '관계'를 맺고 그로부터 도움을 얻거나 좋고 나쁜 영향을 받게 된

66

다. 중앙아시아의 속담에 "친구가 한 명 생기면 길이 하나 더 열린다"라는 말이 있다. 이민자들에게는 이런 말이 있다. "공항에 마중 나온 사람의 직업이 내 직업…" 이만큼 사람과의 관계가 진로를 결정하는 데 매우 중요한 역할을 한다는 이야기다. 나의 삶 역시 돌아보니 그동안 만났던 사람들이 매 순간 삶의 진로를 결정하는 데 영향을 끼쳐 왔다.

관계가 곧 진로였다. 함께 일해 보지 않으면 배울 수 없는 기술과 지식, 기능이 있다. 그리고 그 어떤 일이든지 삶에 크고 작은 영향을 끼치는 경험과 경력을 가지게 한다. 만약 우리에게 가능한 진로 교육이라는 게 있다면 '관계 맺어주기'가 아닐까. 아무도 그 결과를 계획하거나 예측할 수 없다. 돌아보면 인생의 선배라 할 수 있는 우리 대부분은 자신의 삶조차 계획대로 살아오지 못했다. 이런 우리들에게 진로를 묻는 학생들이 있다면, 이런 곤혹스런 상담에 대한 우리의 답변은 어떠해야 할까. 진로에 대한 상상이 몇 가지 편협한 기준에 갇히지 않고, 일과 인간관계로 이루어지는 삶의 총체성과 그 관계로부터 생겨나는 삶의 경이로움을 이해하도록 돕는 일이어야 할 것이다.

어떻게 원하는 것을 얻어왔는가

『어떻게 원하는 것을 얻는가?』는 세계적인 MBA 와튼스쿨에서 강의하고 있는 스튜어트 다이아몬드 교수가 지은 협상에 관한 책이다. 이런 종류의 책을 썩 좋아하지 않지만 나 역시 동일한 질문을 해보았다. "나는 어떻게 원하는 것을 얻어 왔는가?"

예전에 나는 컴퓨터와 인터넷 비즈니스 관련 컨설턴트로 오랫동안 일한 적이 있다. 한때는 집에만 네 대가량의 컴퓨터가 네트워크로 연결되어 있었다. 하지만 어찌 된 일인지 그중 한 대도 돈 주고 산 컴퓨터가 없었다. 그 이후에도 다른 일로 전업하기 전까지 내 손을 거쳐 간 적지 않은 컴퓨터 중에 돈을 주고 산 컴퓨터는 얼마 되지 않았다. 회사에서 업무용으로 받거나, 누군가 버린 컴퓨터를 재활용했거나, 지인에게 선물로 받았기 때문이다. 한때는 패션 회사에서 마케팅 담당 이사로 잠깐 일한 적이 있다. 그때는 내 인생의 그 어느 때보다 옷을 많이 가지고 있었다. 재고 처리를 위해 사내판매를 할 때 싸게 사거나, 선물 받거나, 디자인을 위해 샘플로 구매했던 옷을 구하거나…. 어찌 되었든 훨씬 적은 돈으로 더 많은 옷을 구할 수 있었다. 지금이야 '아름다운 가게'에서 몇 천 원짜리 헌 옷을 사 입고, 사더라도 작업복을 주로 사고 있지만 말이다.

해남군에는 술맛 좋기로 소문난 '해창 주조장'이라는 곳이 있다. 1923년 일본인이 세운 유서 깊은 주조장이다. 현재 이 주조장 주인은 술을 꽤나 좋아하는 주당인데 2007년 귀농하면서 이 주조장을 인수했다. 주조장에 술 떨어질 날이 없고, 술 좋아하는 주조장 주인은 술 깰 날이 없다. 가끔 그 주조장에 들르면 그는 술 만드는 일보다 술 마시는 일이 주업인 듯 보인다. 90년 전통의 주조장을 우연한 기회에 운영하게 된 사연을 들어보면 이 술 좋아하는 주조장 주인은 '원하는 것과 관계된 일을 하면서, 원하는 것을 마음껏 누리고 있는 사람'임을 느낄 수 있다.

'어떻게 원하는 것을 얻는가?'에 대해 살아오면서 터득한 시답잖은 나만의 비법은 '스스로 원하는 것을 만들거나 관계된 일하기'이다. 어떤 일을 하면 그 일과 관련된 정보와 지식을 남보다 더 많이 갖게 되며 자연히 기술과 기능도 익히게 된다. 주변의 인적 관계, 조건과 환경도 서서히 바뀐다. 그 결과 일과 관계된 그 어떤 원하는 것을 남들보다 더 쉽게 얻을 수 있는 가능성이 급격히 높아진다. '희망'과 '일'이 일치하면 힘이 들고 시간이 좀 걸리더라도 원하는 것을 결국 얻을 수 있는 것이다.

자신이 원하는 것, 필요로 하는 것들을 충족시켜 나가는 것이 삶의 일면이다. 우리는 종종 원하는 '삶'을 생계를 유지하기 위한 '직업'과 '직장'으로, 원하는 것을 살 수 있는 '돈'으로 치환해 버린다. 여기에 문제가 있다. 점점 희소해지는 직업과 직장을 쟁취하기 위한 교육이 아니라 삶의 기본적인 필요를 충족시키는 능력을 키우는 교육, 원하는 삶을 지금 여기서 살게 하는 교육으로 바꿀 필요가 있다. 삶의 기본적인 필요와 요구, 희망을 충족시키기 위해서는 많은 지식과 기술이 필요하다. 이것을 우리는 삶 전체로 확장해서 적용해 볼 수 있다.

고용될 것인가, 자립할 것인가

조금씩 나이를 먹으니 행복한 삶이란 '소박한 일상에 대한 긍정'이라는 걸 깨닫게 된다. 소박하고 행복한 삶을 살기 위해서, 불필요한 것들을 소비하기 위해 돈을 버는 대신 생활에 꼭 필요한 것들을 구하기 위해서 일하면 어떨까. 여러 경제 예측들을 살펴보면 청년세대들은 점점 정규직, 평생직장을 갖기 어려워질 것이다. 그렇다면 굳이 직장을 구하려 애쓰기보다 자립적이고 자족적인 삶에 요구되는 일을 시작하는 것은 어떨까. 직장에 들어가 고용되어 일하기보다는 자립적이고 소박한 삶을 유지하는 데 필요한 기술을 배우고 익혀 살다 보면 자긍심과 자족감이 커진다. 그리고 지식과 기술을 통해 한층 성숙해진 자신을 발견하게 될 것이다.

십여 년 전 귀농을 해서 제일 먼저 살 집을 지었다. 우리나라에는 아직 낯선 '흙부대 집'을 직접 지었다. 쉽지 않았던 집 짓는 과정을 통해 귀농 초기의 불안감을 떨쳐내고 비로소 농촌에서 살아갈 수 있겠구나 하는 자신감을 갖게 되었다. 집을 지으며 여러 사람과 다양한 경로를 통해 생태건축에 대한 지식과 기술을 터득할 수 있었다. 그 후 나의 소박한 삶을 유지하는 데 필요한 에너지와 그 밖의 소소한 문제를 스스로 해결하기 위해 도움이 될 만한 여러 기술들에 대해 공부하기 시작했다. 그리고 그 내용들을 인터넷 카페를 통해 소개해 왔다. 또한 몇 년에 걸쳐 직접 로켓화덕과 개량구들, 축열식 벽난로, 개량난로를 만들고 천연페인트 등 몇 가지 적정기술을 익히고 가르치면서 새로운 일거리가 생겼다. '기술'과 '지식'을 통해 기대치 않았던 폭넓은 관계도 만들어졌다. 이런 관계들이 지금 나의 삶을 이끌어 가고 있다. 귀농 초기에는 예측하지 못했던 삶의 변화가 일어나고 있는 것이다.

지난 해 12월 초 완주에서 개최된 제3회 '나는 난로다' 전환기술페스티벌에서 일본에서 온 와타나베 아키히코 씨의 강연을 듣게 되었다. 그의 자급자족적인 삶과 적정기술에 대한 발표는 무척 감동적이었다. 그는 집 짓는 일부터 화덕, 오븐, 난로, 빗물저금통, 바이오디젤, 태양광발전기 등 생활에 필요한 대부분의 기술들을 스스로 익혀서 자신의 삶에 적용하며 살고 있다. 그의 자급자족적인 생활의 모습과 기술들을 인터넷 홈페이지에 소개하고 있으니 살펴보면 좋을 것이다. 재미있게도 그의 블로그 제목은 자급자족이 아닌 '지급지족이 재미있다地給知足がおもしろい'라고 되어 있다. '땅으로부터 얻어지는 대로 만족하며 사는 것이 재미있다'는 뜻이다. 그 말을 이렇게도 해석해 본다. '땅으로부터 얻어지는 대로 살고, 지식과 기술로 필요를 충족하며 사는 것은 재미있다.' 과연 그는 농사를 지어 먹거리를 해결하고 삶에 필요한 집 짓기, 에너지 등 많은 기술적 문제에 대해 직접 관련 지식과 기술을 습득하고 만들어서 충족하고 살아가는 자립인이다. 그는 '지급지족적'이고 소박한 삶을 위해서 필요한 기술과 지식을 잘 알고 있어야 한다는 점을 분명히 알고

즐겁게 실천하는 사람이다. 와타나베 씨처럼 소박하지만 행복한 삶을 살기를 원하는 이들에게 필요한 일은 '직장'에서의 일이 아니라 삶에 요구되는 소소하지만 구체적인 일과 그와 관련된 기술과 지식이다.

공동체 장터의 복원

귀농하기 전까지 모두 세 번의 실직을 경험했다. IMF 금융위기 때 두 번째 실직을 겪었는데 참 막막한 시절이었다. 한참 동안 거리를 배회하다 들어간 카페의 책꽂이에서 뽑은 책에서 우연하게 이런 구절을 읽었다. "사람은 나면서 죽을 때까지 다른 이의 도움을 받으며 산다. 우리는 지나치게 독립적으로 인생의 문제를 해결하려 한다. 이 점을 인정하는 순간 세상은 다른 길을 보여준다." 기억나는 건 대충 이런 내용이었다. 그 글이 얼마나 위로가 되던지…. 그 책 때문에 크게 상황이 바뀐 것은 아니지만 그럭저럭 힘을 내어 위기를 극복할 수 있었다. 나중에 알고 보니 그 책은 네트워크 마케팅을 선전하는 책이었지만, 하여튼 그 구절만은 인생의 진실을 알려주고 있는 것 같다.

지금 살고 있는 전남 장흥군 용산면은 인구가 약 3천 명 정도인데 점점 인구가 줄어 읍내에 서던 장이 없어져 버렸다. 그런데 최근 장이 다시 생겼다. 귀농한 후 몇 년이 지나면서 어느 정도 자리를 잡은 귀농인들이 모여 '대안 장터'를 용산면에 만들기 시작한 것이다. 그 대안 장터의 이름이 '마실'이다. 처음에는 몇 명이 모이지 않고 장터에 모인 사람끼리 서로 물건을 팔아주는 정도이거나 물물교환 하는 수준이었다. 사실 장터에 나오는 차비도 못 벌어가는 사람들도 있었다. 한숨이 푹 나오고 답답한 상황이었다. 과연 저런 장터가 지역 경제에 무슨 의미가 있을까. 그런데 내가 놓치고 있던 것이 있었다. 귀농인들, 특히 여성 귀농인들은 물건 파는 게 우선이 아니었다. 마실 장터는 이들의 소통과 교류를 위한 모임 장소였고 물건 파는 일은 뒷전이었다. 더 놀라운 것은 점점 시간이 지나면서 장흥뿐만 아니라 강진, 해남, 보성, 화순, 순천, 광주의 귀농인들과 지인들이 그 작은 용산면의 장터로 모이기 시작한 것이다. 다른 지역에서도 이와 비슷한 장터를 해보겠다고 말하면서….

장꾼들은 갖가지 농산물, 수공예품, 가내가공품을 가지고 나왔다. 누구는 술 만들고, 누구는 된장 만들고, 또 누구는 목기를 가지고 나오고, 난로를 가지고 나왔다. 누군가 말했다. "야, 여기 재주 좋은 사람들 많네. 다들 장인이야. 장인 장터네." 아무리 자급자족적 삶을 산다 해도, 그에 필요한 기술과 지식을 갖고 있다 해도 삶에 필요한 모든 것들을 혼자 해결할 수는 없는 노릇이다. 물물교환도 필요하고 때로는 거래도 필요하다. 하지만 '마실'이라는 장터는 흔히 알고 있는 자본주의적인 시장이 아니다. 그렇게 이해될 수 없는 공간이다. 서로 돕고 의지하는 사람들이 모여 교류와 소통, 생활의 필요를 해결하기 위한 공동체 시장이다. 이런 시장이 있다면 더더욱 개인들이 갖고 있는 기술이나 능력들이 빛을 발하게 된다. 대안학교들이 꾸준히 지역에서 귀농인들, 지역민들과 함께 이러한 장터를 펼쳐보았으면 한다.

공간이 삶을 만든다

어떤 삶의 공간을 선택하느냐에 따라 진로가 결정되기도 한다. 상황이 바뀌면 사람의 생각과 논리도 바뀌게 되니까 살아가는 방식도 나아갈 길도 바뀌는 것이다. 사람이 이성적이라 여기지만 하물며 날씨만 바뀌어도 생각과 감정이 바뀐다. 한 끼 끼니만 걸러도 바뀌는 게 사람의 마음과 생각이다. 하물며 일상을 살아가는 공간이 바뀌면 어떨까. 내가 한때 도시의 직장인이었을 때 도시라는 공간과 직장인으로서 생각의 패턴을 크게 벗어나지 않고 살았다. 농촌으로 온 다음에야 비로소 땅에 근거한 삶에 대해 생각하고 살아갈 수 있게 되었다. 우리에게 가장 중요한 진로 선택은 일상을 살아가는 환경, 한마디로 '삶의 공간과 장소'를 선택하거나 바꾸는 일이다. 여기서부터 모든 것이 시작된다. 아무리 자급자족적 삶, 생태적 삶, 에너지 독립적인 삶, 적정기술을 듣고 안다 해도 도시라는 '공간'에 살 때 도대체 무엇을 할 수 있을까. 있다 해도 그 일은 지극히 제한되어 있다. 아무리 생각해도 도시에서 자급자족적인 삶이 가능할지 의구심을 떨칠 수 없다. 도시는 그 속의 삶의 방식을 이미 결정해 놓은 거대한 시스템이기 때문이다.

『기술과 문명』, 『도시와 문화』, 『역사 속의 도시』, 『기계의 신화』의 저자이자 저명한 미술사가, 문명비평가, 건축사가인 루이스 멈포드Lewis Mumford의 평생 관심사는 도시였다. 그는 우리 시대의 도시를 '죽음의 도시'라고 생각했고 그의 저작들을 통해 거대기술과 거대도시를 날카롭게 비판했다. 그는 모든 거대한 것에 반대했고 그 반대편에 소박한 것이 있었다. 소박한 것이야말로 아름답다고 그는 생각했다. 어쩌면 우리 시대는 '작은 것은 아름다운 것을 넘어 정의'일 수 있다. 멈포드는 농촌과 도시가 조화를 이루고 있고 길드를 통한 상호부조와 인간관계가 유지되는 소규모의 중세 도시야말로 우리의 미래라고 말하고 있다. 그의 말대로라면 행복한 삶을 위한 대안적인 교육은 거대도시가 아닌 농촌이거나 소도시를 지향해야 한다. 그럴 수 없다면 거대도시 내부에라도 새로운 지향의 공간을 만들어 내야 한다. 그럴 때 자급자족이고 협동적인 삶을 희망하고, 그와 관련된 일을 지금 여기서 시작할 수 있는 교육적 지향이 만들어질 수 있는 것이다.

일은 가장 유용한 교육 도구 중 하나다. 모든 일에는 지식, 정보, 기술, 기능이 필요하며 사람은 일을 하며 물질과 상호작용을 하고 사람과 관계를 맺는다. 일이란 학생들이 배우고 자라고 소속감을 느끼고, 인간관계를 맺으며 사회의 필요한 일원이 되는 방법을 발견할 수 있는 으뜸가는 수단인 것이다. '인문학적 기술 교육'이란 어떠한 기술의 사회적·환경적·문화적·정치적·경제적 영향에 대해 종합적으로 질문하게 하는 교육이다. 그래서 그 답을 찾고자 하는 지적 민감성을 가지고 손으로 직접 일을 하는 교육이다. 또한 더 행복한 사회를 위해 헌신할 수 있는 기술을 익히고 도구들을 제작할 수 있도록 공간과 계기를 제공하고 자극하고 격려하는 활동이다. 지속가능한 생태적인 사회는 자기 필요를 스스로 충족시키려 하는 사람들, 바로 자기 자신에 의해서 가능하다는 신념에 기초한 교육이다. 또한 조상들의 지혜와 전통기술과 유산을 존중하고 미래 세대에 대한 의무감을 잃지 않도록 자신들이 만들고 사용하는 기술에 대해 책임을 갖도록 하는 교육인 것이다. 이러한 인문학적 기술 교육을 받은 책임 있고 자립적인 젊은 세대들이 많아질수록 지속가능한 사회의 가능성은 높아질 수 있다.

내가 초안을 작성했던 전환기술사회적협동조합의 창립취지문 일부를 잠깐 소개하고자 한다.

…

우리는 기술의 힘을 실감한다. … 지금 여기서 그동안 우리의 기술에 대한 관점과 태도를 전복할 필요가 있다. 과학지식과 기술은 생명 공동체의 건전성과 안전 및 아름다움을 보존할 때 올바르다. 이러한 관점에서 오랜 과거의 언덕을 넘어 전승된 전통기술과 오늘날 오만한 과학지식에 대해 한계와 제약을 가하는 적정기술의 혼합은 생태순환사회로 변모하기 위한 최선의 기술이다.

… 우리 삶의 전환에 필요한 여러 도구와 장치들을 직접 만들어 사용할 때 창의적인 능력은 자연스럽게 고양된다. 생각하는 손을 가진 장인들의 노력과 대중들의 자발적 관여와 실천, 기술이 자연과 사회에 끼치는 영향에 대한 사회적 성찰을 조직할 때 위기는 미래를 희망할 수 있는 전환의 과정이 될 수 있다. 그동안 우리들은 재능 있는 젊은이들과 사람들이 생태사회로 전환하는 데 필요한 지식과 기술을 추구하고, 실험하고, 계획하고, 창조하고, 꿈꾸고, 보급하고, 활용하도록 격려하고, 지원할 수 있는 교육-연구 기관을 만들고자 뜻을 모아왔다.

우리가 교육하고자 하는 기술은 다음 세대에 전달되어 풍요로워지며 미래를 위한 전통으로 형성되어야 한다. 이를 위해 이해와 신뢰, 존중에 바탕에 두고 경청하며 소통하고, 학습하며 협업할 수 있는 공간과 기회를 우리의 활동에 참여하는 모든 이들에게 제공하고자 한다. 기술은 인간 삶을 규정하는 인문적 주제다. 따라서 기술이 인간 사회와 문화에 끼치는 영향을 주의 깊게 관찰하며 신중하고 지혜롭게 선택하며 개발할 수 있는 장인들로 청년들이 성장하고 각지의 지역 공동체에 등장하여 봉사할 수 있는 조건을 조성하고자 한다.

…

다행히도 많은 대안학교들은 대부분 도시가 아닌 농촌에 있다. 도시에 있다 하더라도 공간을 변화시킬 여지를 갖고 있다. 대안학교 자체를 변화시키는 과정에서 교사와 학생들은 자급자족적 삶을 위한 기술과 지식을 익힐 수 있다. 행복하고 소박한 삶, 자급자족적인 삶, 상호의존적인 공동체에 기반을 둔 삶을 가능케 하는 일을 대안학교들은 바로 자신의 학교라는 공간을 바꾸는 작업을 통해 시작할 수 있다. 이미 지속가능한 학교, 자급자족학교 만들기가 확산되고 있다. 학교 건축물을 생태건축기법으로 보수하거나 짓고, 학교의 에너지를 자급할 수 있는 여러 가지 기술을 익히고 적용하고, 학교의 물과 오물을 생태적으로 해결하고, 텃밭을 가꾸고, 필요한 집기들을 스스로 만드는 이러한 일들. 학교에서 만들어진 제작물들을 지역의 장터에서 교환하거나 파는 일 속에서 지역주민, 장인들과 관계를 맺는 일. 그러한 관계들이 학생들의 삶을 이끌어가게 하는 교육이 불안과 불확실의 시대에 가장 확실하게 삶을 디자인하는 대안적인 진로 교육은 아닐까 생각해 본다.

청년들에게 자립의 인프라를

앞에서 거대도시는 많은 한계가 있지만 그 속에서 희망을 만들기 위해 다른 대안적 공간이 필요하다고 말했다. 그것을 '소통과 교류, 상호의존성에 기반을 둔 자립의 인프라'라고 부르고 싶다. 이것을 풀어보면 먹거리를 자급할 수 있는 텃밭, 작업할 수 있는 마당과 작업장, 생활기술과 도구, 일과 기술로 엮이는 관계 맺기, 쉽지 않겠지만 비용 부담이 적은 공동 주거 공간, 교류와 소통과 상호의존성을 인정하는 공동체적 마당이다. 이런 것들을 기성세대와 청년세대들이, 그리고 사회가 함께 마련해야 한다. 이러한 인프라 속에서 젊은 세대들이 위축되거나 불안해하거나 고립되지 않고 담담하게 또는 기쁘게 예측할 수 없는 삶의 경이로움을 받아들이도록, 그리고 사람들과의 만남과 그 속의 관계들이 이끄는 대로 나가도록 도와야 할 것이다. 자급을 위한 기술과 지식은 그러한 관계를 맺는 데 좋은 매개가 된다. 나는 이런 것이 진로 교육이 불가능한 시대에, 가능한 대안교육의 내용이 아닐까 생각한다. 마지막으로 여러 대안학교 선생님들께 물어보고 싶다. 선생님들의 삶의 진로는 과연 무엇인가? 부디 이 물음에 대한 대답을, 여러분들의 학교를 학생들과 함께 바꾸어 나가며 찾으시길 바란다.

6장 삶의 터를 만드는 기술

> 개인이 필요로 하는 것은 땅 덩어리가 아니라 장소다. 그 안에서 자신을 확
> 장시키고 자기 자신이 될 수 있는 맥락이 필요하다. 이런 의미에서 장소란 돈
> 으로 살 수 있는 것이 아니다. 보통 오랜 시간에 걸쳐, 평범한 사람들의 일상
> 생활을 통해 형성되어야 한다.
>
> — 오거스트 헥셔(존 F. 케네디 대통령의 문화예술 특별고문)

손수 집을 지은 지 8년이 지났다. 그새 창틀과 벽 모서리엔 시간의 흔
적이 쌓이기 시작했다. 집의 외양도 처음 지을 때와 많이 달라졌다. 거
실 한쪽 벽엔 집 지을 때 흙 묻은 얼굴로 활짝 웃으며 찍었던 흑백 사진
이 여전히 자리 잡고 있다. 지금은 사진 속의 나보다 흰 머리가 더 늘고
집 지을 당시에는 생각지도 못했던 일을 하며 살아가고 있다. 나는 왜
이런 집을 짓게 되었을까. 그동안 이 집에서 무수한 일상의 시간을 보
내며 어떻게 무슨 생각을 하며 살아왔을까. 군데군데 칠이 벗겨진 현관
마루 문턱에 앉아 지난 시간들을 돌아본다.

아버지가 지은 집

이루지 못한 꿈들이 아직도 내 앞에 남아 있다. 그 꿈속에는 켜켜이
쌓인 추억들이 깔려 있다. 속 깊은 시간의 상자 속을 뒤적이다 보면 어
느새 기억 속의 공간을 찾아낸다.

지금과는 다른 일상을 보냈던 추억의 장소다. 문득 어릴 적 아버지가
고쳐 지었던 집의 도면을 그려보았다. 벌써 40년이 지났는데도 떠오르

는 미로 같던 집의 모습. 이상하리만치 또렷하게 기억을 되짚어 집의 구조를 그려낼 수 있었다.

폭은 5m가량, 길이는 대략 12m쯤 되는 좁고 긴 2층집. 서울 양천구 안양천 뚝방 도로에 기대어 지은 무허가 주택을 증개축한 집이다. 현관부터 안방까지 너비가 1m도 되지 않은 좁은 복도가 이어져 있었다. 복도 양 옆에는 석유풍로가 있던 주방과 수도꼭지만 달려 있는 어두컴컴한 작은 욕실, 작은 방과 상자 같은 창고가 마주 보고 있었다. 복도의 끝이 안방에 닿기 전 왼쪽에는 아버지의 조그만 사무 공간이 있었다. 그곳에는 하얀색 전화기와 주판이 놓여 있는 철제 책상과 접시저울이 전부였다. 책상 위쪽 벽에는 주문 내용이 어지럽게 적혀 있는 칠판이 걸려 있었다. 건너편은 복도가 넓혀져 한 평 반 정도의 거실로 확장되었다. 거실이라고 해봐야 조금 큰 접이식 밥상을 놓으면 가족이 둘러앉기도 어려울 정도로 좁았다. 그 좁은 거실에는 여동생을 위한 피아노가 자리를 차지하고 있었다. 거실은 천정을 2층 높이까지 터서 각목 구조를 세우고, 천정은 골진 투명 썬라이트 패널로 만들어 집 안으로 빛을 끌어들였다. 거실을 제외하곤 낮은 천정과 다닥다닥 붙은 집으로 둘러싸여 대체로 어두웠다. 그나마 여기저기 많은 창문 때문에 이웃집들에 비하면 밝은 편이었다. 안방에는 가구처럼 꾸며진 나무틀 안에 금성 텔레비전이 한자리를 차지했고, 그 옆에 나란히 전축과 턴테이블을 두고, 몇 장의 낡은 레코드판이 꽂혀 있었다. 아버지와 어머니는 음악을 들을 정도로 한가할 새 없이 공장과 집안일로 항상 바빴다. 나와 형제들은 가끔 레코드판을 턴테이블에 얹어 놓고 음악을 듣곤 했는데, 아마도 아버지가 다니던 교회의 누군가로부터 마지못해 사오셨을 세미클래식 전집이었을 것이다. 안방에는 작은 문이 있었는데 그 문을 열고 들어가면 안방 뒷벽을 따라 좁고 긴 수납공간이 나타났다.

나는 매일 미로 같은 공간 속으로 숨어들었다. 수납공간을 지나쳐 또다른 문을 열고 들어가면 좌측에 나무 계단이 2층 작업장으로 이어졌다. 나무 계단이 있던 복도는 조금 음침하기도 하고, 때로는 신비하게, 때로는 비밀스러운 이질적인 느낌들이 혼재한 공간이었다. 계단 반대쪽엔 몇 개의 문으로 가로막힌 복도가 있었는데 맨 끝에는 재래식 화장실이 있었다. 이 화장실은 안방을 통하지 않고도 집 밖에서 들어올 수 있었다. 밤에 화장실 가는 일이 제일 무서웠던 형제들 중 한 명은 다른 형제를 화장실 밖 복도에 지켜 서 있게 했다.

2층은 화장실 복도 계단이나 거실에서 올라온 폭 50cm 정도로 좁고 가파른 나무 계단을 오른 후, 옥상을 거쳐야 갈 수 있었다. 1층 앞쪽을 덮은 기와지붕을 남겨두고 만든 옥상은 걸음을 내딛기 어려울 정도로 협소했다. 이곳에서 할머니는 종종 장독에 정화수를 떠놓고 지성을 드렸다. 옥상에서 뚝방 쪽을 향해 돌아서면 좌측에는 실이 가득 쌓인 작은 작업실과 1층의 안방과 거실을 합친 면적보다 조금 작은 크기의 작업장이 나타났다. 이 작업장에서 아버지는 자투리 천으로 실을 만들어 재활용한 발판을 만들었다. 색색의 발판과 실들이 쌓인 작업장을 지나면 뚝방 도로의 일부에 걸쳐 확장한 직조실이 있었다. 직조실의 베틀은 처음에는 나무 베틀이었던 것이 나중엔 전기모터로 작동되는 기계식 직조기로 바뀌었다. 아버지는 작지만 미로 같은 2층집뿐 아니라 직조기들도 모두 자신의 손으로 만들었다.

채 열 살이 되지 않았을 나는 언젠가 집의 창과 문들을 세어보았다. 미로 같은 공간 곳곳에 모두 마흔 여덟 개의 크고 작은 창과 문이 달려 있었다. 지금 생각해도 집의 크기에 비해 적지 않은 문들은 집 내부의 구획된 공간들이 서로 막힌 곳 없이 통하도록 연결해 주었다. 어린 나는 창들을 통해 스쳐 지나가는 햇빛의 그림자 속에서 더할 나위 없는 평화로움을 느끼며 낮잠을 자곤 했다. 시멘트 블록을 홑겹으로 쌓아 지은 이웃 무허가 집들과는 달리 아버지가 이중으로 블록을 쌓아 만든 집은 겨울에도 아늑하고 따뜻했다. 물론 무허가 집이었지만…. 부여에서 상경해 공장 노동자로 지내다 가내수공업자가 된 아버지에게 넉넉한 돈이 있을 리 만무했다. 아버지는 블록 하나하나를 자신의 손으로 직접 쌓고 미장해서 집을 지었다. 그 모습을 지켜보았기 때문일까. 수십 개의 문으로 연결된 미로 같은 공간을 여닫으며 숨어들던 기억 때문일까. 일과 일상이 구분되지 않았던 집과 작업장 때문일까. 나도 아버지처럼 나의 손으로 집을 지을 마음을 키웠고 기어코 그 꿈은 30여 년 만에 현실이 되었다. 하얗게 회벽이 칠해진 벽을 바라본다. 힘들게 흙부대로 벽을 쌓고 미장을 하던 순간의 기억들이 오래된 먼지처럼 쌓여 있다.

건축 욕망과 건축 본능

집 짓는 일은 남성의 가장 뿌리 깊은, 포기할 수 없는 욕망이다. 한창 집을 짓고 있을 때였다. 아내와 나는 욕실에 부착할 타일을 알아보기 위해 건축 자재 전문점에 들렀다. 자재를 고르다 아내와 말다툼이 시작되었다. 그 모습을 지켜보던 점원이 웃으며 말했다. "집 짓다 이혼하는 사람들 많습니다. 심지어 화장실 고치다 이혼하는 부부도 봤어요." 그 말을 듣고 이내 말다툼을 멈추었다. 남자에게 자신의 손으로 집을 짓겠다는 강한 열망이 있다면, 여자에겐 자신의 구상대로 집을 꾸미고 싶은 포기할 수 없는 로망이 있다. 집을 짓다 보면 분출되는 남자의 열망과 여자의 로망이 종종 격렬하게 충돌한다. 집을 짓겠다는 남편은 대개 건축 공법과 공정, 건축 비용에 온 관심을 쏟고, 아내는 실내의 공간 구성과 인테리어 디자인에 주안점을 둔다. 그때 아내 뜻대로 주방과 다용도실을 지금보다 훨씬 넓게 만들지 않은 것을 두고두고 후회하고 있다. 건축 공법과 공정에 대해 관심도 이해도 하려 하지 않는 많은 아내들은 종종 남편들의 속을 터지게 만든다. 하지만 대부분의 일상을 집 안에서 보내는 아내 쪽이 집 밖을 나도는 남편보다 더 많은 공간 경험과 감각을 갖고 있다. 집 짓는 내내 아내와 수시로 가벼운 말다툼은 물론 격렬한 논쟁을 계속했다. 왜 그렇게 싸워야 했을까. 요즘은 그렇게 다투지는 않지만 집수리나 증축 구상을 하다보면 아내는 "그건 아닌데"라고 말하고, 나는 "제발 당신 생각을 그림으로 그려줘"라고 대꾸한다.

버나드 루도프스키Bernard Rudofsky는『건축가 없는 건축』에서 인류가 지은 현존하는 건물 중에 건축가가 지은 건물은 5%도 되지 않는다고 말한다. 현재까지 지구에 살아왔던 대다수 사람들은 직업 건축가가 아니었다. 수만 년 동안 지배자를 위한 대형 건축물과 종교적 기념물이 아니라면 보통 사람들은 자신의 손으로 때로는 이웃들과 함께 지었다. 근대 이전 평민들은 건축가의 멋진 설계에 의지하기보다는 지역 기후와 상황에 맞춘 오랜 시간 검증된 토착 건축양식에 따라 지었다. DNA가 인류의 반복된 오랜 경험과 기억의 생물학적 기록이라면 건축의 경험은 분명 우리의 DNA에 유전적 정보로 남아 본능이 되었을 것이다. 자신의 손으로 집을 짓거나 꾸미고 싶은 욕망, 처음 집을 짓는 사람에게서도 발견되는 건축 감각들, 이것을 '건축 본능'이라 말할 수 있지 않을까. 자신의 손으로 집을 짓고 나면 누구나 느끼게 되는 무한한 자부심과 안정감, 삶의 확신은 또한 인류의 오래된 건축 경험에서 나온 부산물일 것이다.

캐나다의 지질학자이자 상원의원이었던 니콜라스 테일러Nicholas Taylor는 "독립적 환경 내에 사는 자립적인 사람들은 자기 삶의 질서를 실질적으로 책임질 수 있는 능력을 가지고 있다"고 말한다. 집을 자신의 손으로 짓는다는 것은 자립적으로 살 수 있는 삶의 능력을 증명하는 사건이다. 내가 지은 집은 아내와 나 자신에게 이제 농촌에서 얼마든지 살아갈 수 있다는 걸 증명하는 일생 일대의 사건이었다. 자신의 집을 짓는 행위는 바로 자신의 맥락을 갖는 장소를 만드는 본능적 행위라 할 수 있다. 귀농하기 전까지 서울과 그 주변을 떠돌며 살던 나 역시 나 자신의 맥락이 될 수 있는 장소를 오랫동안 갈망하고 있었던 것이 분명하다.

흙집이 좋은 진짜 이유

흙집이 몸에 좋다는 말은 귀가 따갑게 들었다. 막상 흙으로 집을 짓고 십여 년쯤 살아보니 장점도 있고 그만큼 단점도 많다. 도시에서 살았던 오피스텔은 겨울철이면 지나치게 건조한 실내 공기 때문에 견딜 수가 없었다. 반면 흙집은 적절한 실내 습도를 유지해 준다. 집이 있는 장흥군 용산면 칠리안속은 바다에서 가깝고 분지인 까닭에 습기가 무척 많은 곳이다. 하지만 아직 큰 불편 없이 살 만하다. 냄새도 어느 정도 잡아 준다. 확실한 장점이다. 하지만 장점을 상쇄할 만큼 단점도 넘쳐 난다.

거미가 구석구석에 자리를 잡고 벌레들은 아무렇지도 않게 제 갈 길을 간다. 이들과 어떻게든 타협해야 한다. 사람이 살기 좋으면 벌레들도 그럴 테니까. 흙집은 살면서 손봐야 할 곳도 많다. 굳이 단점이라고 할 것도 없는 것이 그만큼 쉽게 손볼 수 있으니 이건 덮어두어야겠다. 흙이 싼 자재라는 말도 큰 의미는 없다. 흙집 나름이겠지만 흙만으로 짓는 것도 아닌 데다 흙집 짓는 데는 다른 건축법에 비해 노동력이 더 든다. 남의 손 빌려 지으려면 인건비 부담이 만만치 않다. 순환적 건축 방식, 자연자재 활용, 에너지 투여가 적은 건축 방식 같은 장점들은 다만 머릿속으로만 인정되는 가치이다. 애초에 흙집을 짓기로 결정한 진짜 이유나, 십여 년을 살면서 장단점을 다 겪고도 흙집이 좋은 까닭은 그런 것들이 아니다.

집을 짓기 전에 그토록 흙집이 끌린 이유는 흙의 조형성에 있었다. 한마디로 내 손길 가는 대로 모양을 내어 지을 수 있을 것 같았기 때문이다. 살아보니 내 손맛대로 울퉁불퉁 곡선이 살아있는 벽면이 역시나 좋았다. 곡선은 따뜻한 느낌을 준다. 힘은 부치고 건축 실력도 모자란 탓에 애초의 생각대로 집이 지어진 것은 아니다. 한여름 무더운 장마 통내내 혼자 땀을 쏟으며 흙 반죽을 만들어 고미다락 위 높은 벽을 미장하던 때를 생각하면 지금도 울컥 눈시울이 붉어진다. 건축은 아는 것과 실행이 다르다. 기술을 이해하면 무엇이든 할 수 있겠다 싶다가도 막상 해보면 금방 한계에 부딪힌다. 수십 권의 건축 책을 보았지만 막상 집 짓는 과정에서 여전히 턱없이 부족한 건축 지식과 경험도 깨닫게 되었다.

건축은 고된 육체노동의 과정이다. 장기간의 스트레스를 견딜 수 있는 강한 정신력도 필요하다. 건축 일을 하기엔 너무나 허약하기 그지없어 종종 방전되던 체력과 집을 지으며 겪게 되는 갈등이나 스트레스를 이겨내기엔 너무 예민했던 심성. 건축은 머릿속 지식을 온 몸의 뼈와 근육으로, 마음의 기억과 경험으로 바꿔주는 계기였다. 집을 지어가며 몸과 마음은 차츰 단단해져 갔다. 한계에 부딪혀 발악하다가 기어코 넘어섰을 때, 그 한계 범위를 확장시킨 경험을 해본 사람은 알리라. 인간은 그런 경험을 통해 더 단단해진다.

만일 누군가에게 흙집을 지어보라고 권하게 될 때 바로 이 이유 하나로 충분하다. 새삼스레 이곳저곳 집 안을 둘러보니 내 손길이 미치지 않은 곳이 없다. 이곳이 나의 한계를 확장하며 성장할 수 있었던 공간이다. 누가 와서 집을 잘 지었네, 못 지었네, 그 어떤 말을 한다 해도 무조건 좋은 이유다.

달에 기지를 짓는 방법

국내에 소개된 흙집의 종류는 생각보다 많다. 틀을 대고 흙을 다져서 짓는 담틀집, 볏짚을 쌓고 흙을 발라 짓는 볏짚단흙집strawbale house, 나무 골조 사이에 대나무 윗대를 안팎으로 엮고 흙을 붙이는 이중심벽흙집, 볏짚 다다미 판에 흙 미장을 하는 볏짚다다미흙집, 경량목구조에 합판 틀을 대고 볏짚과 흙을 버무려 다져 짓는 독일식 볏짚흙버무리다짐흙집light cob, 볏짚거섶 흙 반죽을 척척 쌓아 짓는 영국식 코브하우스cob house, 종이 계란판과 흙 반죽을 번갈아 쌓는 계란판흙집egg plate, 황토벽돌집, 흙 반죽과 장작목을 켜켜이 쌓아 짓는 장작목흙집cordwood, 통나무 벽을 쌓고 틈 사이를 흙 반죽으로 메워 발라가며 짓는 귀틀집, 자루에 흙을 담아 짓는 흙부대집earthbag house 등등. 이 가운데 나의 선택은 흙부대집 방식이었다. 지금 살고 있는 집이 천 개가 넘는 쌀자루에 흙을 퍼 담아 지었다니 내가 생각해도 기가 막힌다.

1984년 미국 항공우주국NASA에서 달에 기지를 짓기 위한 방법을 찾기 위해 세계적인 건축가들을 불러 모았다. 우주인 몇 명을 달에 착륙시키기도 어려운데 막대한 중량의 건축자재를 달까지 실어 나를 수 없는 노릇이었다. 이 자리에 참석한 이란 태생의 세계적인 건축가 네이더 카흐릴리Nader Khalili는 달에 있는 흙과 암석을 부대 자루에 담아 쌓는 방식을 제안하였다. 이후 그는 칼어스Cal-Earth센터를 세우고 이른바 흙부대집을 본격적으로 건축물에 적용하는 연구와 보급 활동을 시작했다. 흙부대집은 1995년 국제건축회의ICBO가 실험한 결과 국제 건축기준보다 2배 이상 안전했다. 2006년에는 미국 웨스트포인트 육군사관학교 기술 부서의 모의실험에서도 안정성과 경제성을 인증받았다. 흙부대집은 철 조망, 철근 쐐기, 망사, 미장이 결합될 때 놀라울 정도의 구조적 견고함을 보여준다. 네이더 카흐릴리 외에도 독일 건축가 프라이 오토Frei Otto 와 카젤대학교의 거노트 밍케Gernot Minke 교수, 오언 가이거Owen Geiger 박 사가 흙을 자루와 튜브에 담아 본격적으로 건물을 짓고 있다.

장흥의 첫 번째 흙부대집은 인터넷에 떠도는 네 쪽짜리 팸플릿을 보고 시작되었다. 물론 흙부대집에 대한 더 많은 자료와 책을 찾아 공부했다. 다만 용기를 내어 흙부대집을 국내에서 처음 시도하고 적극적으로 알리려 했을 뿐…. 이후 국내의 자가 건축가들에 의해 백여 채 가까운 흙부대집이 지어졌다. 이처럼 급속히 전파된 까닭은 상대적으로 건축 비용이 적게 들고 어렵지 않은 건축이라 여겨졌기 때문이다. 치솟는 집값, 매매가에 육박하는 전세가 폭등에 떠밀려 귀농하거나 귀촌했지만 건축비가 넉넉지 않은 서민들에게 흙부대집은 희망이 되었다. 그러나 오해하지 마라. 흙부대집이 쉽다는 말은 배우기 쉽고 작업이 단순하다는 뜻일 뿐, 흙부대집은 노동력이 많이 필요하고 힘이 많이 드는 건축 방법이다. 그러나 희망은 육체적 힘겨움마저 견디게 한다.

태풍과 폭우의 경험

우리 집 마당엔 특이한 생태 화장실이 있었다. 화장실 벽의 두께는 2cm에 불과했다. 철망이나 망사에 시멘트를 압착하는 페로시멘트ferro cement 기법을 응용했다. 나는 시멘트 대신 흙을 이용한 페로어스ferro

재활용 자재로 지은 창고

earth 기법을 적용했다. 외벽은 석회로 하얗게 칠했고 앉아서도 바깥을 볼 수 있는 작은 조망창도 키 높이에 맞춰 뚫어 두었다. 그곳으로 누가 오나 살필 수 있었다. 화장실 문은 왕골로 만든 발이 대신했다. 지붕은 투명한 썬라이트 판으로 덮어 화장실을 밝게 만들었다. 곳곳에 환기 구멍을 내어 더운 여름에도 내부는 그다지 덥지 않았고 두충나무 그늘이 화장실을 가려주었다. 똥과 재를 섞어두니 냄새도 거의 없고 텃밭을 위한 훌륭한 퇴비로 활용되었다. 아쉽게도 나의 이 은근한 자랑거리는 2012년 태풍 볼라벤에 부서져 버렸다. 바람에 절대 날아가지 않을 방법을 찾아 다시 지을 작정이다.

　창고는 점점 늘어나는 농자재를 보관하기 위해 반드시 필요했다. 영암에 있는 한 초등학교의 보수공사 때 얻은 교실 마룻장과 교실 문짝을 재활용해서 지었다. 이 창고 역시 태풍 볼라벤에 타격을 입었다. 이때 창고가 30도 가량 기울었는데 연이어 불어온 태풍 뎬빈에 창고는 15도 정도 회복되었다. 나중에 이웃의 도움을 받아 바로 세울 수 있었다.

학교 마룻장을 재활용한 이 창고는 장대pole골조 기법으로 지어졌다. 경량 목구조의 초기 버전에 해당하는 건축 방법으로 미국의 농가에서 간단하게 창고나 축사를 지을 때 사용한다. 시멘트를 부어 만든 말뚝 기초에 통나무를 그대로 세우고 측면에 폭이 좁고 긴 목재 벽판을 부착하여 부속 건물을 지을 수 있다. 3평 정도의 작은 창고지만 한쪽의 개방된 공간에는 흙으로 만든 개량화덕과 피자를 구울 수 있는 피자오븐이 놓여 있다. 단돈 백만 원밖에 들지 않았으니 꽤 경제적으로 지은 셈이다. 다시 닥쳐올 무시무시한 태풍을 견디기 위해 창고 주위로 돌담을 쌓아 단단히 붙잡아 두어야겠다. 도시에서는 겪을 수 없었던 태풍과 폭우의 경험은 집에 대해 다시 생각하게 한다. 앞으로도 할 일 참 많다.

단 한 번의 만찬을 위한 인디언 티피

내 나이쯤 되면 어릴 적 인디언이 나오는 서부 영화에 매료되지 않았을 사내는 없을 터…. 그 시절 늘 주인공이 되어 승리하던 백인보다 호전적인 야만인으로 나오는 인디언이 왠지 더 멋있고 우아하게 보였다. 죄 없는 옆집 닭털을 뽑아 머리에 꽂고 어설픈 활과 나무칼을 만들어 동네 아이들과 인디언 놀이를 즐겼다. 그럴 때면 거칠 것 없는 초원과 멋진 말이 서울의 변두리 마을에 없는 것이 아쉬웠다. 어디 그뿐인가. 인디언이 살고 있는 티피tipi 역시 엄두조차 내지 못할 꿈이었다. 말도, 티피도 없는 인디언 놀이를 그만둔 지 어느새 사십 년이 지났다.

사내는 여자들 말대로 천생 어린애다. 어느 날 기어코 인디언 티피 만드는 방법을 찾아내고야 말았다. 인디언 티피를 만드는 법은 크게 세 가지다. 우선 티피 천막을 지지할 장대를 묶어 세우기, 그 다음은 티피 천막을 만들기, 마지막으로 내부 천막을 만든다. 티피 천막은 한복 치마 자락 형상인데 반원에 가깝다. 여기에 입구를 내고, 연기 구멍과 연기 날개를 달고, 막대 쐐기를 박아 고정할 고리를 매달아 둔다.

다행히 몇 걸음 안 되는 앞산에 장대를 대신할 대나무들이 무성했고 집에는 방수천이 여러 두루마리 있었다. 도시에 살 때는 집 주변을 산책하며 재활용할 거리를 주워 모으는 게 취미였는데 그때 누군가가 버린 천을 주워둔 것이다. 아직 한 번도 쓰지 않은 귀한 천이었다. 미룰 것 없이 대나무를 베어오고, 대나무를 엮을 마 끈을 준비했다. 아무리 재미있어도 하고 싶은 일을 모두 혼자 힘으로 할 수는 없는 법이다. 이때는 포기하지 말고 누군가 함께할 사람을 꼬드겨야 한다. 티피 천막 제작법을 인쇄해 보여주며 재봉 선수인 이웃 고창댁과 아내를 꼬여서는 기어코 멋진 티피를 마당에 세웠다. 사십 년 넘은 인디언 놀이의 꿈을 이루고 만 것이다. 이게 노망인지 로망인지는 알 수 없지만…. 티피 안에 볏짚을 푹신하게 깔고 얇은 담요를 펼친 후 앉아보았다. 아내 몰래 세상에서 가장 낭만적인 폼으로 담배 연기를 뿜어 올리기도 했다. 딱 한 번 테이블을 놓고 샐러드와 커피를 준비해 아내와 작은 만찬을 즐겨보기도 했다. 아쉽게도 지금 마당엔 인디언 티피의 흔적이 없다. 인근 폐교를 개보수한 체험장에서 잠시 빌려갔는데 역시 태풍에 흔적 없이 날아가 버렸다. 하지만 인디언 티피 안의 만찬은 멋진 추억으로 남았다. 이제 태풍에 더 강할 것 같은 몽골 게르ger나 더 간단하게 만들 수 있는 스타돔stardome을 만들어 볼 작정이다. 함께 놀아줄 철부지 이웃 사내들도 제법 있으니까.

집이 완성되는 날은 그 사람이 죽는 날

시골집의 3대 필수 요소는 본채, 사랑채, 창고다. 워낙 손님 방문이 잦다보니 사랑채가 꼭 필요하겠다 싶어 집 짓기에 들어갔다. 벽이 세워질 자리를 따라 구덩이를 파고 주변의 폐타이어와 PET병, 약국이나 상점을 돌며 수거해 온 각종 유리병을 채워 배수 도랑을 만들고 기초를 쌓기 시작했다. 기초는 두 겹의 부대에 자갈을 채운 자갈 부대와 흙과 석회를 함께 혼합해서 담은 강화 흙부대를 여러 단 쌓고 다져서 세웠다. 여기에 검은 농사용 비닐을 여러 겹 감아 방수 처리를 하고 흙으로 주위를 덮었다. 바닥 안쪽도 비닐을 깔고 다시 흙을 덮었다. 사랑채 바닥은 기준 지면보다 가장 깊은 곳은 약 60cm 정도 낮았지만 여러 번 장마를 겪었어도 물이 비친 적은 한 번도 없다.

사랑채 벽체는 반은 흙부대, 반은 이중 심벽구조다. 마침 마을의 폐가를 철거하며 나온 고재를 기둥으로 쓰고, 대나무 윗대를 가로로 부착했다. 이렇게 만든 이중의 심벽 안쪽으로 볏짚과 석회를 버무려 채웠다. 천연 단열재인 셈이다. 심벽 안팎으로는 흙 미장을 하고 다시 회칠을 했다. 지붕은 서까래를 얹고 개판을 덮은 후에 다시 석회와 볏짚을 버무려 단열재로 삼았다. 그 위에 OSB합판을 덮고 방수포와 모포형 단열재를 덮은 후 편백나무 피죽으로 너와 지붕을 올렸다.

지붕에는 하늘을 볼 수 있게 천창을 만들었고 창과 문은 교실에서 쓰던 창문과 문짝들을 재활용했다. 난방을 위해 축열식 벽난로와 구들을 결합해서 만들었는데, 아직 외장 마감을 다 하지 못했다. 사랑채 바닥도 아직 맨 흙바닥 상태다. 틈틈이 시간 나는 대로 해보자고 시작한 사랑채 공사는 어느덧 육 년째 진행 중이다. 금년에는 반드시 완성해야 한다. 아내는 물론 주변에서 멋진 사랑채를 기대하며 놀러 오기를 고대

흙부대 쌓기

흙부대집 짓기

흙으로 미장하기

흙부대집 전경

하고 있는 이들의 성화가 이만저만 아니다.

　예전 가난한 농민들은 본채, 사랑채, 창고를 큰돈 들여 단박에 지을 수 없었다. 농사지어 먹고사는 게 우선이니 봄, 가을 농번기에는 집 지을 시간도 충분치 않았다. 그러니 우선 몸 누일 공간을 간신히 만들고 나면 사랑채며 창고는 두고두고 지어갈 수밖에 없었다. 흙과 나무로 지어진 집이니 살면서 보수할 일도 많았을 것이다. 줄줄이 자식들이 늘면 필요한 공간도 늘어났을 테니 집 짓는 일은 끝날 새 없었다. 보통 삼대가 모여 사는 집으로 담장을 두르고 제대로 모양을 갖춘 농가나 대가집이라면 삼대에 걸쳐 완성되었다. 처지가 그러니 집 짓는 일은 농사일만큼 당연히 익혀야 할 농가의 기술이었다. 나는 돈 들이고 남의 손 빌려 뚝딱 지을 처지가 아니었다. 본채가 있으니 우선 등 붙이고 살 구석도 있다. 게다가 약간의 집 짓는 기술도 있으니 그저 오 년 남짓 시나브로 짓는 일은 당연하다. 하지만 누군가 언제쯤 저 사랑채가 완성될까 재촉할 때면 "집이 완성되는 날은 그 사람이 죽는 날"이라는 오랜 속담을 변명 삼아 둘러댄다.

집이 살쪄 버렸어요

　집이 살쪄 버렸다. 본채는 처음 지을 당시 24평에 지나지 않았다. 그러던 것이 십 년이 지나고 나니 어느새 두 배 이상 커졌다. 도대체 무슨 일이 있었나 생각해 보니 그럴 만한 이유가 넘쳤다. 나름 수십 장의 도면을 그려가며 고민고민 집을 지었다. 그런데 막상 완공하고 나니 딱 아파트였다. 아파트에만 살았으니 공간에 대한 경험도, 상상력도 딱 그 수준⋯.

　아뿔싸! 그것도 현관이 따로 없는 아파트 같은 단독주택이라니! 비

92

만 오면 문밖에 벗어 놓은 신발은 죄다 젖었다. 한겨울 문을 열면 북풍이 그대로 집 안으로 몰아쳤다. 현관이 필요했다. 들이 끝나고 산을 향해 살짝 올라붙은 언덕이 집 자리라 바람이 드셌다. 남도의 비는 어찌나 오지던지. 바람이 세게 불면 비는 수직이 아닌 수평으로 벽에 쏟아졌다. 아무리 흙 미장 위에 석회 칠을 했다 해도 배겨날 도리가 없었다. 애초에 비가림을 할 처마를 예상보다 훨씬 더 길게 뽑았어야 했다. 결국 본채 사면으로 2m 이상 길게 지붕을 확장했다. 이곳에선 '지붕을 달아맨다'고 한다. 이웃집 형편을 살펴보니 처음부터 길게 처마를 빼지 않고 대부분 나중에 지붕을 달아매거나 사면을 한 번 더 감쌌다. 기후에 어설프게 대응한 결과다.

새로 달아맨 지붕 밑으로 이러저런 공간을 만들기 시작했다. 우선 현관을 대신할 현관 마루방을 거실 문 앞에 만들었다. 귀농을 하겠다며 찾아오는 군식구, 불쑥불쑥 찾아오는 손님들을 위해 화장실과 주방이 딸린 뒷방을 만들어야만 했다. 아직 사랑채가 지어지기 전이었다. 뒷방은 길게 확장한 지붕 밑으로 바깥쪽을 합판과 삼나무 널, 석고보드를 이용해서 외벽을 세우고 막아 만든 좁고 어설픈 공간이었다. 이런 곳에 그동안 예닐곱 되는 이들이 짧게는 3개월, 길게는 6개월 이상 묵고 갔다. 공사를 시작한 김에 보일러실 뒤편 긴 지붕 밑으로 건축공구 창고를 만들었다. 아직 마당에 농자재 창고가 만들어지기 전이었다.

안방이 접한 벽면으로는 흙집이 감당할 수 없는 매서운 북풍과 태풍을 막기 위해 역시 처마 끝자락 아래로 바람막이 벽을 세웠다. 그 결과 테라스에서 창고로 가는 복도가 생겼다. 그러고 나니 거실 창과 안방 창이 나 있는 딱 한 면만 개방되었다. 이곳은 바닥에 나무 널을 깔아 테라스를 만들어 사용해 왔다. 몇 년 전 직조를 시작하면서 베틀을 놓을 작업실이 필요해졌다. 결국 테라스의 지붕을 더 확장하고 벽과 창을 달고 마루를 깔아서 작업실 겸 거실을 만들었다. 그렇게 하고 나니 처음에 24평에 지나지 않던 본채는 50평이 넘는 대저택이 되고 말았다.

내 손으로 직접 짓거나 가까운 이웃 도움으로 지으니 크게 돈이 든 것은 아니다. 하지만 어쩌다 이렇게 되었을까. 처음부터 제대로 지을 걸 후회할 일이 아니었다. 인생이 어떻게 계획대로 살아질까. 애초 예상 못한 일들이 생긴 데다 집에서 머물고 작업하는 일이 늘어나다 보니 생긴 어쩔 수 없는 결과다. 아내는 공간이 늘면 관리할 시간이 늘고 사람만 더 들끓는다고 영 탐탁지 않게 여긴다. 그런데 어쩌나. 이제는 마당에 농자재 창고와 사랑채를 지어야 하고 월동 못하는 허브를 키우려면 온실도 필요한데….

집은 그 안에 살아가는 식구들이 늘거나 사람의 관심, 활동, 생활양식이 바뀌면 변해야만 하는 운명을 지녔다. 평균 수명이 팔십 세가 넘는 고령화 시대, 수명이 늘면 하는 일뿐 아니라 생활도 많은 변화를 겪게 된다. 아파트는 이 점에서 최악이다. 몇몇 유명 건축가들은 자신의 건축물을 예술작품으로 여기면서 어떠한 변화에도 저항한다. 집이 커지고 있는 게 걱정이긴 하지만 나는 집에 생활을 맞추는 것이 아니라 내 생활에 집을 맞추며 살고 있다. 본래 자립적 농가는 도시의 주택들보다 커질 수밖에 없다. 이렇게 생활에 집을 맞추어 살아가려면 집 짓는 기술은 꼭 필요하다. 서툴지만 기술을 익히고, 자신의 흔적을 남기며, 자신의 맥락을 만들어 가는 생활. 한계와 성장을 두루 느끼며 자신만의 장소를 만들어 가는 생활이야말로 인간다운 삶이 아니겠는가.

7장 불을 다루는 기술과 인간

> 불은 불멸의 생명이 잠들어 있는 아주 오래된 기억 너머 우리의 기억을 일렁이
> 는 불꽃 앞에서 깨우고, 영혼의 가장 먼 비밀의 세계를 우리에게 계시한다.
> — 가스통 바슐라르 『몽상의 시학』

　　불장난은 금기에 맞서 아이들이 저지르는 첫 번째 범죄이자 성인식이다. 어둑해진 여름밤 뚝방 아래 강가에 모여 있던 고만고만한 아이들의 그림자가 보인다. 누군가 부엌에서 엄마 몰래 가져왔을 팔각성냥 통에서 성냥 하나를 꺼냈다. 살짝 코끝을 자극하는 황 냄새가 확 피어오르더니 어둠 속에서 불꽃이 반짝이며 타올랐다. 어릴 적 나의 첫 번째 범죄는 무엇을 희생양으로 삼았을까. 나뭇잎, 작은 나뭇가지, 종이, 그것도 아니라면 집에 널려 있던 길고 하얀 면 실…. 한 번도 금기를 깨지 않았던 소년의 순결함이었을까. 콩닥거리던 심장의 박동은 모닥불의 불꽃처럼 일렁였다. 그리고 아무 일도 없을 거라는 불꽃의 암시에 안도하며 박동은 차분해졌다. 이런 의례를 몇 번이나 거치며 지금의 내가 되었을까.

　　등화관제를 위해 불어대는 시끄러운 호각소리를 무시하고 담요로 창을 가린 채 촛불을 켰다. 촛불 앞에 앉아 춤추던 불꽃을 뚫어지게 바라보던 시선은 아마도 나의 첫 번째 '응시'였을 것이다. 깡통에 구멍을 뚫고 숯불을 담아 돌리다 내던지던 쥐불놀이의 추억과 모닥불에서 솟구쳐 오르는 불티와 별빛이 뒤섞이며 연출하는 여름밤의 청춘은 또 무

엇으로 설레었을까. 만약 누군가 불을 피우며 연소 효율과 에너지에 대해서만 말한다면 그는 한 번도 진짜 불을 피워보지 못한 사람일 것이다. 기술은 효율을 추구하지만 인간은 다양한 경험과 오래된 기억을 간직한 채 어른으로 성장한다. 아이의 첫 번째 불장난이 처벌받지 않으려면 불을 다루는 기술은 인간의 긴긴 역사 속에서 해석되어야 한다.

불의 유전자

살기 위해 꼭 필요한 것이 불이다. TV쇼 '정글의 법칙'을 보면 참가자들이 불을 피우려고 쩔쩔매는 모습이 매번 나온다. 성냥이나 라이터, 가스레인지가 없는 곳이라면 현대인들은 얼마나 곤란한 상황에 처하게 될까. 석유문명 속에 사는 현대인들은 역사상 어느 시대의 사람들보다 불을 편리하게 사용하지만 불에 대해서 가장 무지한 사람들이다.

사람들이 불을 사용하기 시작한 때는 200만 년 전 석기시대부터이다. 화덕을 처음 사용한 때는 기원전 50만 년 전, 석유보일러와 가스레인지가 한국에서 널리 이용되기 시작한 때는 불과 20년 전…. 1960~70년대 도시에서는 석유풍로나 연탄보일러를 사용했고, 농촌은 여전히 대다수가 나무를 때는 아궁이와 화덕을 사용했다. 200만 년 동안 인류는 장작을 때며 불을 가까이 바라보고, 불을 직접 다루며 살아왔다.

인류는 수많은 세대를 거쳐 누적된 불의 기억을 DNA 속에 담고 있다. 불의 유전자라고 할까. 50만 년 동안 불을 지펴온 점화 본능이랄까. 우리 속에 화인으로 각인되어 있는 것이 분명하다. 그래서 화덕에 불을 지피다 보면 오래된 점화 본능이 후끈 살아난다.

화덕은 인류 문명만큼이나 오래된 기술이다. 가장 오래되었다고 알려진 화덕은 기원전 50만 년 전의 유럽 화덕과 기원전 40만 년 전 중국

화덕이다. 석기시대에 동굴에서 살았던 인류는 원시적인 돌화덕을 만들어 사용했고 빙하기의 인류는 추위를 막기 위해 불을 피웠다. 난방이 주목적이었다. 실제로 요리를 위해 불을 피우기 시작한 때는 50만 년 전이다. 기원전 10만 년 전 즈음 인류는 본격적으로 요리에 불을 사용했다. 불을 다루고 이용하기 시작한 때부터 문명이 시작되었다 해도 지나친 말이 아니다. 불은 인류의 생존과 혁신을 위한 필수 요소였다. 불을 이용하기 시작하면서 음식 문화가 바뀌었고 화덕과 함께 일어난 혁명적 변화는 인류의 삶과 문화를 획기적으로 바꾸어 놓았다. 최초의 요리 방법 중 하나는 부족 공동체가 함께 먹을 만큼 많은 양의 음식을 오븐 방식의 원시적인 화덕에 굽는 것이었다. 구덩이 안에 불에 달군 돌을 깔고 그 위에 넓은 잎에 감싼 고기를 깐 후 흙을 덮는 방식이다. 라틴아메리카와 아시아 일부 지역에서는 지금도 이와 같은 방식이 이용되고 있다.

인류는 돌화덕을 발전시켜 도기그릇 만들듯 점토화덕과 도기화덕을 만들었고 화덕 위에 도기솥이나 석판을 올려놓고 요리를 하기 시작했다. 비바람을 피해 움막 안에 설치한 화덕은 주거의 중심이었다. 날이 저물거나, 날씨가 추워지면 불은 사람을 끌어모으는 힘이 있었다. 화덕은 각 지역에서 다양한 목적을 위해 다양한 크기와 형태로 만들어졌다. 삶고, 굽고, 찌고, 훈제하고, 집 안을 따뜻하게 만들기 위해 사용되었다.

지금으로부터 100여 년 전까지 화덕이 있는 주방은 신성한 주거의 중심으로 여겨졌다. 주방은 요리 장소 그 이상의 의미를 갖는 곳이다. 한옥에서 주방에 해당하는 정주간은 튼튼하고 격식 차린 문을 설치한다. 정주간 문설주는 아래로 굽어 있는데 제의적 공간임을 의미한다. 민중의 살림집에서 정작 대문은 허접한 사립문을 달지라도 정주간 문만은 격식을 차린 큰 규모로 만들었다. 화덕은 요리 공간 그 이상인 신성한 주방의 심장이자 제단이었다. 동서양 어디서나 불을 귀중이 여기고 신격화했다. 로마의 베스타Vesta, 그리스의 헤스티아Hestia는 화로의 여신으로 숭앙을 받았다. 중국에서는 삼황오제 중 한 명인 염제炎帝가 불의 제왕이다. 또 농사와 의료의 신으로 받들어지는 신농씨神農氏는 화덕火德으로 왕이 되었다. 우리 민속에서는 화덕진군火德眞君을 불을 맡은 신령으로 모셨다. 부엌살림을 다스리던 조왕신도 불과 관계된 가택신이다. 예로부터 불을 잘 피우고 다루는 솜씨가 뛰어난 사람은 신과 가까이 있는 사람이고 지혜로운 사람으로 여겨졌다.

너무도 급격한 화덕의 변천사

화덕의 원형을 보존하고 있는 세계 각 지역의 전통 화덕들은 약간의 차이에도 불구하고 비슷한 원리로 만들어졌다. 하지만 지역마다 시대적·문화적 영향을 받아 변형된 화덕들이 등장했다. 유럽은 18세기까지 대부분 전통화덕을 사용했다. 대부분의 아프리카 마을에서는 아직도 전통화덕을 사용하고 있는데 기원전 1000년부터 사용한 진흙도기 화덕을 지금도 사용하고 있는 지역이 있다. 아시아, 중남미 국가의 일부 농촌지역들 역시 전통화덕을 지금까지 사용하고 있다. 나무화덕의 시대는 50만 년 전부터 현재까지 단절되지 않고 계속되고 있다는 점을 간과해서는 안 된다.

유럽에서는 로마시대부터 주방 구조에 변화가 생기기 시작했다. 그러나 정작 화덕은 주목할 만한 변화가 없었다. 그러다 중세시대 굴뚝을 통해 연기를 배출하는 굴뚝이 달린 진흙화덕과 벽돌화덕이 등장했다. 귀족들은 철로 만든 솥을 걸고 그 밑에 불을 지필 수 있는 삼각다리 철제 화덕을 만들어 사용하기도 했다. 18세기 초까지만 해도 서구인들 대부분은 나무화덕을 사용했다. 주로 벽돌이나 흙으로 만든 화덕이었다. 효율적인 화덕이나 오븐은 19세기 이전까지 등장하지 않았다. 하지만 산업혁명은 서구사회를 급격하게 재조직했다. 주방은 예전과 다르게 주거공간으로부터 분리되어 별도의 공간으로 조직되고 만들어졌다. 이전 시대는 다른 주거공간과 분리되지 않고 화덕을 중심으로 거실과 주방의 구분 없이 모호한 상태로 통합되어 있었다. 마치 지금의 원룸 같다고 할까. 주방이 다른 주거공간과 분리되면서부터 화덕의 변신은 빨라졌다.

19세기는 인구가 급증한 시기이다. 난방과 요리를 위한 화목의 수요가 증가하자, 산림의 급격한 훼손과 고갈이 중요한 사회문제로 부각되었다. 이때부터 연료 에너지의 변화가 일어났다. 나무가 아닌 석탄, 석유, 천연가스, 전기 등 화석연료가 이용되기 시작했다. 제철, 전기 산업의 발전과 함께 주방도구와 화덕은 근본적인 변화를 겪게 되었다. 철제 화덕은 벤저민 프랭클린Benjamin Franklin이 1742년에, 영국의 발명가 제임스 샤프James Sharp는 1826년에 가스화덕을, 석탄화덕은 1833년에 조단 모트Jordan Mott가, 전기화덕은 1891년 카펜터 전열제작사The Carpenter Electric Heating Manufacturing가 개발했다.

중국은 진 왕조 때 이미 화덕 몸체를 가진 흙화덕을 사용했고, 일본은 기원전 6~기원전 3세기에 카마도かまど라는 진흙화덕이 등장했는데 18세기 중반까지 사용했다. 우리나라에서는 신석기시대 움막에 화덕 자리가 있었는데 기원전 4~기원전 2세기 때부터는 가마 형태의 화덕을 사용했다. 일제강점기 중반까지 나무화덕이 가장 보편적인 취사도구였다. 나무화덕은 19세기 이전까지 전 세계 어디서나 가장 많이 이용했던 취사 도구였던 셈이다. 화덕 문화에서 특이하게 온돌 문화를 가진 우리 민족은 난방과 취사를 겸할 수 있는 부뚜막 아궁이를 주로 사용해 왔다.

1920년대 일본으로부터 연탄이 수입된 이래 해방 후 본격적으로 확산되기 시작하면서 나무화덕과 부뚜막 아궁이가 점점 사라져갔다. 결정적으로 박정희 정권 때 새마을운동 차원에서 전개된 농촌 주택개량사업과 함께 급격하게 나무화덕과 부뚜막 아궁이는 자취를 감추었다. 대신 1960년대 후반부터 보급된 석유풍로는 1970년대 말까지 도시 부엌의 필수품이었다. '후지카', '한일', '쓰리엠', '내셔널', '삼익'은 한 시대를 주름잡던 석유풍로의 상표들이다. 1960년대 풍로 한 대의 가격이 5,000~8,000원이었다고 하는데 그 돈이면 쌀을 두 가마 살 수 있는 액수였다. 연탄은 1988년까지 대한민국 가정의 78%가 사용하는 주요 난방 연료였다. 연탄보일러가 대중화된 결과다. 1970년대 중반에 잠실 운동장 바로 옆에 지어진 주공아파트에 살고 있던 지인을 만나기 위해 재개발 직전인 1994년도에 찾아간 적이 있는데 당시 아파트 계단 옆에 연탄재가 잔뜩 쌓여 있는 모습을 볼 수 있었다.

　　가스레인지는 1967년 LPG 용기가 국산화되면서 홍안공업사, 금성사, 성산산업 등이 일본에서 가스레인지의 부품을 수입해 조립 생산하기 시작했다. 국내 가스레인지 시장이 본격화된 것은 1974년 일본의 가스레인지 1위 업체인 린나이와 합자로 설립된 린나이코리아와 일본에서 부품을 수입한 후지카, 한국린나이 등이 가스레인지를 조립 생산하면서 급격히 확산되었다. 가스레인지는 1990년대 초에 보급률이 거의 100%에 육박해 전 국민이 사용하는 조리기기로 자리매김했다. 최근에는 불꽃을 전혀 볼 수 없는 최첨단 마이크로웨이브 전자레인지와 전기를 이용하는 전기플레이트가 각 가정으로 보급되고 있다. 이제 나무화덕이나 부뚜막 아궁이는 시골 마을에서도 찾아보기 힘든 유물처럼 되어 버렸다.

인류는 화석연료를 이용하기 전까지 수백만 년 동안 나무에 불을 직접 피워 사용해 왔다. 연탄보일러, 석유풍로, 가스레인지, 전자레인지 등 현대적 주방기기들이 보급되면서 우리는 점점 불을 피우고 다루는 기술과 지혜를 잃어버리기 시작했다. 가스레인지는 단지 스위치만 돌리거나 누르면 간단히 불을 붙일 수 있기 때문이다. 전자레인지는 불꽃조차 볼 수 없다. 현대적 난방 취사기구의 편리와 효율은 오래전부터 장작불을 바라보며 느끼던 따뜻함과 정서적 평안함까지 걷어가 버렸다. 하지만 최근엔 귀농·귀촌인들이 늘어나기 시작하면서 다시 나무화덕과 구들을 만들어 사용하는 사람들이 늘고 있다.

다시 유행하는 화덕

새로운 기술로 여겨지는 가스레인지, 전기오븐, 전자레인지는 선진국이나 개발도상국의 도시에서 주로 사용되고 있다. 우리가 당연하게 여기는 현대적 주방기기들이 전 세계적으로 보면 그리 보편적으로 사용되는 것은 아니다. 아직도 나무화덕을 사용하는 세계 인구는 무시하지 못할 정도로 많다. 저개발국 또는 개발도상국으로 불리는 여러 나라들의 경우 도시를 제외한 대부분의 농촌 지역에서는 지금도 나무를 연료로 사용하는 장작화덕이나 전통화덕들이 이용되고 있다. 1993년도까지 개발도상국이나 제3세계에 주로 살고 있는 세계 인구의 75%가 나무, 숯, 말린 똥, 왕겨나 옥수수 속대와 같은 각종 농업부산물 등 바이오매스로 분류되는 전통적인 연료를 사용했다. 특히 아시아 국가에서는 나라별로 전통 연료를 사용하는 인구가 60~90%에 이를 정도이다.

하지만 서구 국가들과 아시아 일부, 남미 국가의 도시지역에 사는 중산층들에게는 깔끔하게 디자인된 나무화덕이나 오븐, 벽난로는 숯불구이나 바비큐 파티, 또는 피자, 빵 등을 굽는 화려한 전원생활의 로망으로 여겨지고 있다. 가스레인지보다 나무화덕이 고가로 판매되거나 설치된다. 왜 그럴까 질문해 보아야 한다. 현대적이라는 단어를 반드시 '하이테크'나 '새로 등장한 기술'로 해석할 필요는 없다. '현대적'이란 말을 '동시대적 보편성'이라는 뜻으로 해석한다면 우리가 사는 이 시대에 가장 많은 사람들이 사용하고 있는 나무화덕이야말로 가장 현대적인 주방 조리기구이다.

과학적 원리에 따라 적정기술을 기반으로 해서 만든 효율 좋은 전통화덕과, 과학자들과 함께 개량한 화덕들이 세계 곳곳에서 사용되고 있다. 환경운동가들과 지역의 사회운동가들은 이러한 화덕들을 발굴하고 개량해서 각 지역으로 보급하고 있다. 예를 들면 지코jiko라 불리는 효율 좋은 철제화덕은 동아프리카 케냐로부터 19세기 인도 노동자를 통해 아시아로 전래되었다. 최근 장흥의 골동품과 중고품을 다루는 곳에서 지코화덕과 유사한 화덕을 발견했는데 숯불구이 식당에서 사용하던 화덕이었다. 숯불구이 화덕의 원형이 케냐의 지코화덕이거나 최소한 그 영향을 받은 것이다. 싱코sinco라는 열효율이 좋은 도기화덕은 아프리카의 상업중심국가인 말리에서 지금도 사용되고 있다. 이외에도 세계 각 지역에서는 원시적 개방형 돌화덕에 비해 최소 30~60%까지 연료를 절감할 수 있는 다양한 전통화덕들이 사용되고 있다. 현대에도 여전히 선사시대 이전과 고대, 중세 등 각 시대의 전통기술들이 현재화되어 널리 이용되고 있다. 나는 종종 '현재화'라는 단어를 사용하는데, 과거의 기술이나 전통 도구를 본질적인 변형을 가하지 않고도 지금 여기에서 사용할 수 있도록 개량하는 작업을 의미한다.

화덕과 주방의 풍경

　서구 열강의 식민지 지배정책에 따른 경제적 충격과 개발원조 정책의 영향으로 개발도상국들은 급속한 변화를 겪게 된다. 강제로 진행된 근대화, 산업화의 결과였다. 1950년대 선진국의 원조 사업의 하나로 추진된 개발도상국에서의 화덕 보급사업과 재정비는 큰 변화를 일으켰다. 1차 화덕 개량사업은 정치적이고 인도주의적인 맥락에서 시작되었다. 인도와 인도네시아에서 화덕 개량 원조사업이 처음 시작되었다. 1970년대에는 아프리카 사헬Sahel의 지독한 가뭄에 대한 원조사업과 1976년 과테말라 지진 이후 원조사업의 하나로 추진되었다. 그러나 이때의 화덕 개량사업은 서구 지향적이고 서구인의 눈높이에 맞춘 화덕 개량사업이었다. 벽돌이나 콘크리트를 이용하며 굴뚝을 갖추고 2~3개의 솥을 얹을 수 있는 다구화덕을 중점적으로 보급했는데 전통화덕에 비해 제작비용이 많이 들고 유지보수가 어렵다는 문제점을 가지고 있었다.

　2차 화덕 개량 원조사업의 흐름은 접근 방법을 달리했다. 1980~1990년대 화덕 개량사업은 연료인 나무의 소비를 줄이고 열효율을 높일 수 있도록 기존 화덕의 문제점을 개선하는 데 초점을 두었다. 또한 제3세계 각 지역의 조리 문화와 화덕 사용자의 요구와 시장 상품화에 초점을 맞춰 개발되었다. 각 지역 사정에 맞게 화덕을 만드는 데 사용되는 자재, 제작 방법 등에서 개선이 이뤄졌다. 토착민의 눈높이와 이해에 맞춰 다시 각 지역 토착 전통화덕 중에 기술적으로나 효율 면에서 우수한 화덕 기술에 기반을 두고 화덕 개량사업이 진행되었다. 지역의 전문기술자들과 기층 조직들의 참여 속에 화덕 개량 원조사업이 진행되었는데 그 결과 화덕을 생산·판매·보급하는 많은 사회적 기업들이 등장했다. 2차 원조사업 때는 굴뚝이 달린 고정형 화덕뿐 아니라 굴뚝이 없는 이동형 화덕들도 만들어졌는데 솥을 하나 올릴 수 있는 단구화덕, 솥을 여러 개 올릴 수 있는 다구화덕이 등장했다. 나무가스 풍로wood gas stove, 로켓화덕rocket stove, 거꾸로 타는 깡통난로pocket stove, 개량 철판화덕, 대형 가마솥을 위한 두 구멍 사자화덕lion stove 등은 전 세계적으로 진행된 화덕 개량 원조사업의 영향 속에서 개발되었다.

난로와 달리 조리 도구인 화덕은 풍부한 음식 문화의 풍경을 함께 보여준다. 일본 히로시마 제1회 '나는 난로다'의 강사로 초청되어 갔을 때 나의 눈길을 끈 것은 난로가 아닌 화덕이었다. 대회의 출품자들이나 농민장터의 장꾼들이 가스레인지나 휴대용버너를 이용하지 않고 다양한 숯화덕이나 장작화덕을 이용하고 있어서 훨씬 다채로운 조리 문화의 모습을 엿볼 수 있었다. 화덕이나 난로는 단지 도구나 기술을 넘어 그러한 것이 사용되는 사회적 맥락이나 문화와 연결되어 있다. 우리는 기술의 이러한 특성을 종종 간과한다.

과거 기술의 인용

이제 난로에 대한 이야기로 넘어가 보자. 거꾸로 타는 깡통난로는 드럼통에 직경이 다른 두 개의 연통을 꽂아 만드는 초간단 야외용 화목난로인데 대표적인 하향연소 방식의 난로다. 4~5년 전 흙부대생활기술네트워크 카페와 전국귀농운동본부가 주최한 음성 농촌선교교육원에서의 워크숍을 통해 처음 소개한 후 이제 전국으로 확산되었다. 미국의 화목난로 기술 발달 과정을 되짚어가다 보니 깡통난로의 원형들이 속속 발견된다. 대부분은 항아리처럼 생긴 포트벨리 스토브potbelly stove 가운데 하향연소방식downdraft burning이나 바닥연소방식base burning을 채택한 모델들이다. 이 중에 1871년 S.H. 라 뤼가 특허 등록한 바닥연소 방

식의 화목난로가 눈에 띄었다. 그 구조를 보는 순간 현재 드럼통 포켓
스토브의 단점을 개선하여 실내용으로 개선할 방도가 떠올랐다. 그래
서 본래의 도면을 수정하여 포켓스토브 버전 2.0을 구상해 보았다.

누구의 혁신적인 아이디어나 그 어떤 발명도 과거로부터 빚지지 않
은 것은 없다. 미국의 특허 문서에서 눈에 띄는 것은 모든 특허 문서에
첨부된 '선행 기술인용 목록'과 전문가의 '증인 서명'이다. 해당 기술 분
야의 전문가가 증인이 되어 새로 등록하고자 하는 기술 특허의 특허 타
당성을 검증하도록 한 제도다. 만약 지금 누군가 미국에서 가장 혁신적
인 난로를 만든다 해도 끝을 알 수 없는 긴 기술인용 목록을 작성해야
할 것이다. 이 기술인용으로 인해 신규 특허의 범위는 제한된다.

우리나라 특허 제도에는 과연 이런 세밀한 기술인용 목록과 전문가
의 특허 타당성 증인 제도가 있는지 궁금하다. 책상머리에 앉은 영혼 없
는 심사관이 기술 검증은 뒤로 한 채 등록 사무만을 기계적으로 처리하
고 있거나, 사실상 특허 대상이 아닌 사안을 처리하는데, 그 결과 특허
무효 소송에서 50% 이상이 무효 판정을 받게 되는 사실상 법적 사기와
태만이 난무한다. 이 와중에 특허 변리사와 변호사들만 이익을 취하고
있는 것은 아닌지, 잘못된 특허 등록이 얼마나 많은 사람들을 송사에
휘말리게 하는지, 기술의 발전을 얼마나 가로막는지, 기술의 공익성을
훼손하고 있지 않은지 사회적으로 그 책임을 물어볼 필요가 있다. 1742
년 최초로 주철난로를 만든 벤저민 프랭클린은 공리주의자로서 특허를
내주겠다는 주지사의 제안을 거부하고 만인의 이익을 위해 그 기술을
공개했다. 그도 역시 과거의 기술을 인용하고 있다는 점을 잊지 않았을
것이다.

안식과 제의의 공간, 불

불은 사람을 불러 모은다. 난방과 주택의 변천에 대한 자료를 정리해 본 적이 있는데 난방 연료나 난방 방식의 변화는 끊임없이 공간에 영향을 끼치고 있었다. 고대인들은 움막의 한가운데 놓인 따뜻한 모닥불 주위에 둘러앉아 추위를 이겼다. 모닥불이 피워진 불 자리는 얼마나 신성한 공간이었겠는가. 어쩌면 불 자리와 그 주변은 고대인들에게 유일한 안식의 공간이었을 것이다. 그들에게 모닥불은 요리를 하는 주방이자 잠을 자는 침실이며 담소를 나누던 거실이었을 것이다. 서민들의 집 안에 주방이 등장한 때는 극히 최근이다. 고대 그리스에서는 극히 소수의 귀족층만 별도의 주방을 가지고 있었다. 귀족들도 대부분 집 밖에 간신히 비가림을 할 수 있는 파티오patio나 중정의 아트리움이나 테라스에 야외 주방을 두었다. 서민의 경우는 대부분 개별 주방이 없었고 마을마다 대규모의 공동 주방을 만들어 사용했다. 일종의 공동 화덕터라 할 수 있다.

우리의 경우도 삼국 시대까지 주방은 분리되어 있었다. 사실 주방이라기보다 비가림한 화덕터 정도였다. 고려 말 비로소 주방과 방이 결합된 구들이 등장하기 시작했다. 구들의 발전을 거슬러 올라가면 움막의 모닥불 연기를 밖으로 내보내기 위해 만든 연기 구멍과 관련이 있다. 따뜻한 연기 구멍 위에 아마도 작은 동물들이 올라앉았을 것이고 고대인들도 마찬가지로 따뜻한 자리 위로 걸터앉았을 것이다. 이 연기 구멍 위의 따뜻한 자리는 점차 온돌로 발전했다.

구들은 우리 조상의 고유한 난방기술처럼 알려져 있지만 사실은 그렇지 않다. 알래스카 이마낙 섬에서 기원전 3천 년 전 온돌의 유적이 발견되었고, 로마의 하이포코스트hypocaust도 구들과 같은 바닥 난방방식이다. 이 밖에 스페인 아라곤 지역의 글로리아gloria나 아프가니스탄의 카와자네kawasane, 중국의 캉, 일본의 온도루 역시 바닥 난방방식이다. 하지만 일본은 막부시대 때 산림 훼손을 막기 위해 온도루의 사용을 금지했고, 중국은 입식문화 위주였기 때문에 우리만큼 대중적으로 확산되지는 못했다.

로마나 스페인, 아프가니스탄의 바닥 난방은 극소수 귀족의 전유물이었고 오래가지 못해 역사 속에서 사라졌다. 게르만의 침략으로 고대 문화가 파괴된 후 500~1450년까지 대부분의 서민들은 고대인들과 다르지 않게 큰 홀처럼 생긴 유일한 방에 모닥불이나 중앙 화로를 피워 살았다. 여전히 모닥불 주위는 거실이자 침실이자 주방, 심지어 동물의 축사 역할을 하는 다목적 공간이었다. 대부분의 집 지붕에는 연기를 뽑아내기 위해 연기 구멍이 뚫려 있었고 상당한 열기가 이곳을 통해 빠져나갔다. 집 안은 춥고 천정은 그을음으로 더러워져 말 그대로 암흑의 시대였다.

오늘날의 주방 후드의 원형에 해당하는 연기 갓이 등장한 것은 서구의 경우 11~12세기 무렵이다. 당시에는 화로에서 바로 연결하여 연기를 뺄 수 있는 굴뚝이 등장했지만 설치비용이 높고 청소가 쉽지 않아 일부 부유층만 이용했다. 아직 연통이 등장하지 않은 때라 돌을 조적해서 만들어야 했기 때문이다. 굴뚝은 벽돌이 대중적으로 이용되기 시작한 16세기 들어서 보편화되었다. 한반도에서는 15세기 전후로 입식 공간에 설치된 쪽구들이 점차 주방화덕과 결합되고 주방과 방이 연결되면서 굴뚝이 본격적으로 사용되기 시작했다. 서구에서는 굴뚝이 개발된 후 중앙에 있던 화로를 굴뚝과 연결하기 위해 벽 쪽으로 이동시켜 벽난로를 만들게 되었다. 또한 각 방에 벽난로를 설치하면서 드디어 여러 개의 방으로 나뉜 대형 주택이 등장하기 시작했다. 미국의 남북전쟁 당시 남부군 사령관의 집은 대형 벽난로를 중심으로 사방에 주방과 거실, 여러 개의 방들이 나뉜 형태였다. 하지만 미국의 서민 주택 대부분은 20세기 초까지 별도의 주방이 없었다.

본격적인 난방 기술의 혁신은 17세기 후반에 일어났다. 미국의 공리주의자 벤저민 프랭클린은 벽난로를 대체할 수 있는 '필라델피아 주물난로'를 발명했다. 이후 본격적으로 다양한 형태의 이동이 가능한 주물 화목난로들이 등장하기 시작했다. 또한 보다 저렴하게 굴뚝을 대신할 수 있는 연통이 개발되면서 방이나 거실의 개별 난방이 편리해졌다. 이전까지 거실의 벽난로 주위로 모여들던 가족들은 이제 뿔뿔이 흩어져 자신의 방으로 들어갔다.

주방이 본격적으로 분리되기 시작한 것은 요리와 난방을 동시에 할 수 있는 주방용 화덕이 등장한 18세기 이후부터다. 1776년 제임스 와트의 증기기관이 발명된 후 1800년대에는 온수보일러가 등장했다. 산업혁명 이후 철강 산업의 발달과 함께 철제 배관이 생산되기 시작하면서 주방에 냉·온수 공급이 편리해졌고 개선된 하수 배관도 속속 도입되었다. 뿐만 아니라 각 방으로 연결한 라디에이터를 이용해 여러 개의 방을 동시에 난방할 수 있는 중앙 공급식 난방이 발전되었다. 난방기술의 발전은 공간을 분리했고 모닥불 주위에 모여 있던 사람들을 흩어지게 만들었다. 그렇다면 다시 모닥불처럼 사람들을 모이게 할 난방기술은 무엇일까.

여전히 나는 불장난을 하고 있다. 화덕을 만들고 난로를 구상하고 로켓매스히터와 벽난로를 만들고 귀농인과 학생들에게 가르치고 있다. 처음에는 귀농인으로서 에너지 위기의 대안으로 이런 기술들을 익히고 전파하기 시작했지만, 지금은 다른 꿈을 꾸고 있다. 가족과 마을 사람들이 한데 모일 수 있는 불을 피워놓고 다 같이 즐겁게 노는 축제 같은 밤을 꿈꾼다. 또한 한 마을의 아이가 어른이 되는 성인식을 위해 성스럽게 지피는 제의적인 불과 별을 향해 피어오르는 불꽃을 상상해 본다.

8장 에너지를 만드는 마을

마을이 문화와 경제의 공동체라는 말을 종종 듣는다. 우리는 옛날의 자립적인 마을이 상호 협력적인 기술공동체였다는 사실을 망각하고 있다.

재생 에너지로의 전환과 에너지 자립을 완성한 지역이 지금 이 나라에는 단 한 곳도 없다. 곳곳에서 에너지 자립과 전환에 대한 관심이 늘어나고 크고 작은 노력과 변화들이 감지되고 있지만 아직 성과는 미흡하다. 실체를 체감하기 어려운 외국의 사례 외에는 우리가 가진 생생한 경험도 지식도 부족하기만 하다. 우리 실정에 맞는 참고할 만한 모델은 찾기 어렵고 어떤 것은 너무 과대 포장되어 있다. 밖으로는 에너지 대란이라고 위협하며, 안으로는 협잡과 비리로 얼룩진 원전 마피아들과 석유 카르텔이 장악하고 있는 국가의 신재생에너지 정책은 딱 생색내기 수준이다. 이를 대체할 풍력, 조력, 태양광, 수력 발전은 지역민과 무관하게 산업적 이해와 시장 상황에 따라 허수아비 춤을 추며 전개되고 있다.

대규모 플랜트로 추진되는 거대 에너지 사업들은 종종 환경에 미치는 영향을 무시하고, 지역민의 이해와 수용 의지를 형성하는 과정 없이 일방적이고 폭력적으로 추진되곤 한다. 가축 배설물을 사용하는 바이오가스와 목질계 연료를 이용하는 바이오매스 열병합 발전을 위한 국내 기술 수준은 아직 낮은 상황이고, 지역주민들의 이해 부족과 기피가 나아지지 않고 있다. 주민 참여에 관심 없는 일방적 관 주도 사업은 매번 주민 저항에 부딪히고 있다. 이러한 실정에도 불구하고 에너지 자립과 전환을 지역에서 실천적으로 해나가기 위해서 무엇을 할 것인가?

전환마을운동에서 배우다

'전환마을' 운동의 세계적 구심인 영국의 작은 마을 '토트네스Totnes'는 기후 변화와 에너지 위기에 대응하는 지역의 대안으로 석유와 핵 발전 의존도를 줄이고 회복력resilience을 강화하는 것을 목표 설정하고 있다. 이 마을은 지역의 총체적인 생태적 전환을 위해 에너지뿐 아니라 먹거리, 경제, 문화 등 모든 영역에 걸쳐 지역에서 자립하고 순환할 수 있도록 종합적인 노력을 기울이고 있다. 이런 실천적 변화의 힘은 핵심 주민활동가 집단인 토트네스 전략그룹(TTS)이 중심이 되어 주민들의 주체성과 자발성, 관여도를 높이고 있는 자기조직화에 있다. 오픈 스페이스open space라 불리는 집단적 타운 홀 미팅town hall meeting을 통해 주민들의 자기조직화를 끌어내고 있다. 오픈 스페이스를 통해 '토트네스 에너지 감축 행동계획' 결정과 같은 전략과 사업의 자기 선택, 기획, 결정을 이루어 갖가지 사업들을 주체적으로 실행해 나가고 있다. 경제적 차원에서 '토트네스 재생가능에너지 협동조합'을 통해 풍력 발전, 바이오가스 발전, 자전거, 폐식용유, 바이오디젤 등 지속적으로 에너지전환 사업을 확대해 나가고 있다.

토트네스가 주민의 자기 조직화를 위해 선택한 오픈 스페이스는 단순한 주민 회의가 아니다. 우리가 익숙한 주민 회의나 단체들의 회의는 몇몇 활동가나 지도자가 토론 주제를 설정하고 주도하면서 대부분의 참여자들을 소외시키고 자발성을 떨어뜨렸다. 오픈 스페이스는 북미의 조직 전문가인 해리슨 오웬Harrison Owen이 자유로운 커피 브레이크 타임coffee break time에서 영감을 얻어, 틀과 격식을 벗어던지고 자유롭게 누구나 주도자가 될 수 있도록 조직하는 독창적 회의 방법이자 집단 의사 결정 방법이다. 1985년 해리슨 오웬이 85명의 조직 개발 분야의 선구자들과 이 회의 기술을 실험한 이후 현재까지 134개국 이상으로 확산되어 10만 번 이상의 오픈 스페이스가 열렸다. 이렇게 세계의 '전환마을'들은 공동체의식과 실천을 공유하는 주민들의 자기조직화를 통해서 지역을 혁신하고 있다. 에너지 전환은 지역공동체 주민이 자기조직화될 때 비로소 가능하다.

지역의 에너지 자립은 에너지 수요를 점차 줄이면서, 지역의 자연에서 에너지를 생산하여 소비하고, 이런 에너지의 순환을 지속할 수 있는 상태이다. 지역의 에너지 자립은 에너지 전환에 요구되는 '로컬 에너지 기술'을 갖고 있을 때 비로소 완성될 수 있다. 따라서 지역 에너지 자립을 위한 실천은 '에너지 감축', '에너지 전환', '로컬 에너지 기술', 즉 이러한 변화를 실행할 마을 자체의 에너지 기술에 초점을 맞춰야 한다.

한국의 농업 에너지 소비는 심각한 수준이다. 농촌에 공급되는 저렴한 면세유와 전기 등의 혜택으로 인해 에너지 절약의 필요성을 실감하지 못하고 있다. 현재 우리나라 농촌의 헥타르당 에너지 사용량은 OECD 평균의 37배에 달하는 1,924kg TOE^{석유환산톤}이다.

어디서부터 어떻게 에너지 소비를 줄여나갈 것인가? 현재 지역의 에너지 소비 현황은 어떠한가? 얼마만큼 에너지 소비를 줄일 수 있을 것인가? 이 질문은 분야, 방법, 현황, 목표에 대해서 묻는다. 또한 '농가주택', '상업', '농축산', '공공', '교통' 다섯 개 분야의 에너지 소비^{에너지 종류, 사용 목적, 소비량, 비용} 현황을 파악해야 한다. 광범위한 지역에 대한 조사는 기존의 조사 자료나 행정 자료들을 참조할 수 있다. 하지만 지역민이 생생한 에너지 감수성을 가지면서 실천의 주체가 되도록 조사 대상지는 넓은 지역이 아닌 '마을'로 축소할 필요가 있다.

에너지 소비를 줄이는 방법들은 지역 특성을 반영해야 하기 때문에 창조적인 탐구와 시도가 필요하다. 몇 가지 일반적인 방법들을 소개하면 이렇다. '에너지 진단 컨설턴트 교육과 진단, LED등 교체, 절감 타이머 콘센트 보급, 주택 단열과 패시브 자연냉난방, 자연 환기, 비전력 개량 적정기술 농기계와 농기구의 보급, 대안 자전거' 등은 일반적인 에너지 절감을 위해 이용되는 방법들이다.

주민들이 자발적으로 에너지 소비를 기록하고, 절감 목표를 설정하며, 실제 소비를 기록하여 공개하는 활동을 통해 성공적으로 에너지전환을 수행해 나가고 있는 대표적 사례는 서울 동작구의 성대골절전소이다. 절전소운동은 녹색연합을 통해 지역 곳곳으로 확산되고 있다. 이렇게 자발적이고 끊임없는 '기록'의 공유를 통해 수립되는 단계적 에너지 절감 목표의 설정은 지역에서 역동적으로 변화를 끌어내는 힘이 될 수 있다. '토트네스 에너지 감축 행동계획'이나 호주 '선샤인코스트 지속가능 실천계획'은 좋은 사례이다.

무레크, 귀씽, 자벡의 에너지 전환 사례

지역에서 에너지 소비를 줄이는 노력 외에 지역의 에너지 수요를 자급하기 위한 실천이 필요하다. 지역의 재생가능한 에너지 자원을 활용한 지역 분산형 에너지 체계로의 전환이야말로 말 그대로 지역 에너지 자립이라 할 수 있다.

—이유진『전환도시』

지역의 에너지 소비를 단계적으로 줄여나가는 노력의 다른 측면에는 지역의 에너지 요구를 자립적으로 충족시키는 활동이 필요하다. 단 지역 외부의 석유와 핵 발전에 의존하는 중앙공급형 에너지 공급이 아닌 지역의 재생가능한 에너지 자원을 활용한 지역 분산형 에너지 체계로의 전환은 지역 에너지 자립의 필수불가결한 실천이다. 여기서 필요한 자원은 '지역의 활용 가능한' 에너지 자원이다.

　오스트리아의 농촌 마을 무레크Mureck는 30년에 걸쳐 바이오디젤, 바이오매스, 바이오가스, 태양광 발전으로 지역 분산형 에너지 체계를 구축했다. SEEG, 나베르메Nahwärme, 외코스트롬Ökostrom은 무레크의 바이오에너지 협동조합 삼총사다. SEEG는 유채, 폐식용유 바이오디젤을 생산하여 무레크의 농기계와 150대의 버스에 사용하고 있다. 나베르메는 간벌목 우드 칩을 이용한 열병합 발전으로 지역난방의 95%를 담당하며 전력을 공급하고 있다. 외코스트롬은 돈분과 농업 부산물을 이용하여 전력을 생산하고 있다. 최근에는 태양광발전협동조합에 320명이 투자하여 2천Kw급 태양광발전소를 건립하고 있다. 이러한 노력의 결과 무레크는 연간 20만 2천MWh 전력을 생산하고 있고, 1억 6천만 유로의 경제 효과를 만들어 냈다. 또 1만 9천 톤의 석유를 대체하고, 이산화탄소 5만 7천 톤을 감축할 수 있었다. 이뿐 아니다. 마을 노동 인구의 4.5%가 에너지 분야에서 일하고 있으며, 매년 6천 명이 무레크를 견학하고 있다.

　오스트리아의 가난한 농촌 마을이던 귀씽Gussing은 '건물 에너지효율화단열' 사업으로 에너지 비용을 50% 절감하고 절감한 비용과 주정부 보조금으로 초기 투자 예산을 마련하여 27개의 목질계 열병합발전소, 40여 개의 재생에너지 시설을 세웠다. 이들 시설을 통해 귀씽은 현재 연간 1천 4백만 유로의 수익을 내고 있다. 귀씽 역시 유채 바이오디젤을 생산하여 지역 내 차량에 활용하고 있다. 이러한 노력의 결과 지역 내 전력, 냉난방 연료를 100% 자립하고 있으며, 1995년에는 기존의 온실가스 배출을 93%나 감소시켰다. 이후 연구소, 목재 건조장을 포함한 50여 개 기업을 유치했으며 1천여 개의 일자리를 만들어 냈다. 해마다 귀씽 인구 2만 7천여 명보다 많은 수의 관광 견학단을 유치하고 있다.

인구가 7천 명 정도인 독일의 작은 마을 자벡Saerbeck은 2007년 독일 연방 환경부의 '100% 재생가능 에너지 지역'으로 선정된 산촌 농업 지역이다. 2009년 노르트라인베스트팔렌주 〈미래의 기후 보호 커뮤니티 공모전〉에 당선된 후 자벡시가 직접 운영하는 6MW급 발전회사를 설립하고, 2011년에는 1MW급 축산농업 폐기물을 활용한 바이오가스 발전 농민기업, 역시 같은 해 시민참여 에너지협동조합인 '자벡을 위한 에너지' 등을 설립하여 5.8MW급 태양광발전기를 설치하였다. 이외에 '에너지 체험코스'와 2013년에는 3MW급 풍력발전기 7기가 설치되어 있는 '바이오에너지 테마파크'를 조성했다. 특히 마을회관에는 지역난방 펠릿보일러를 설치하는 등 다양한 노력을 기울이고 있다.

우리를 주눅 들게 만드는 무레크, 귀씽, 자벡과 같은 '에너지를 만드는 마을' 사례와 같이 우리의 농촌이나 산촌 역시 대부분 지역에서 풍력을 제외한 태양광 발전, 목질계 바이오매스 열병합 발전, 축분이나 돈분을 이용한 바이오가스 발전이 충분히 가능하다. 제주도와 서해 도서지역, 강원도 산간지역은 풍력 발전이 가능하며 일부 지역에서는 풍부한 수력 발전 자원을 갖고 있다. 남부 지역은 논농사 이후 유채 후작이 가능하다. 그런데도 무엇이 지역의 에너지 자립을 가로막고 있는가? 석유와 핵발전소 중심의 에너지 정책과 미흡한 신재생 에너지 투자, 시장성만을 추구하는 대기업 자본을 내세운 대규모 에너지 플랜트 건설 등 정부의 정책에 문제가 있다. 또한 지역민 배제와 맞물린 지역민의 낮은 참여도와 에너지전환에 대한 이해 부족과 낮은 주민 수용성 등이 지역 에너지 자립을 가로막고 있다. 급박한 에너지 위기의 징후에도 불구하고 정부의 정책 사업과 대기업의 투자만 목 빼고 기다릴 수는 없다. 결국 마을의 에너지 문제는 마을 주민에게 달려 있다.

에너지 시스템과 기술의 지역 공동체 소유

에너지전환과 자립을 생각할 때 우리는 종종 '에너지 시설의 지역공동체 소유'를 간과한다. 아무리 지역 에너지 수요를 지역 내에서 자급한다고 해도 에너지 플랜트를 건설하고 운영하는 자본이 정부와 대기업에게 속해 있을 때 에너지 수급과 시장 상황은 지역의 이해를 배반할 가능성이 높다. 지금도 대부분 지역의 핵발전소와 화력발전소에서 발전된 전기는, 경남 밀양의 경우에서 본 것처럼 지역의 이해를 폭력으로 깔아뭉개고 무시하며, 대도시로 송전되어 소비된다. 아무리 지역의 에너지 시설일지라도 그 시설의 주인이 지역민이 아닐 경우 에너지 가격은 지역민의 경제적 수준이 아닌 에너지 시장에 의해 결정될 수 있다. 그래서 지역에 설립되는 에너지 시설들은 지역민의 투자 참여가 보장되어야 하고 지역민에게 경제적 이익을 보장해야 한다. 무엇보다 지역민의 통제 속에 지역민의 이해를 위해 가동되어야 한다. 서구의 사례와 같이 대규모 에너지 플랜트에 대한 지역에너지 협동조합의 투자는 대부분 우리 농촌 지역의 실정에서 아직 난망하다. 그렇다면 에너지 시설의 규모를 더욱 작게 소규모로 줄여야 한다. 접근성이 좋은 작은 기술, 적정기술로부터 시작해야 한다. 작은 것이야말로 현실이 되고 정의가 될 수 있다.

우리의 농촌은 도무지 감당치 못할 만큼 길고 긴 사래밭 앞에 멈춰 서 있다. 대규모 에너지 플랜트를 지을 자본도, 이를 지원하는 정책도 없다. 지역민의 에너지 감수성은 낮고 이해와 자발성도 좀처럼 발견되지 않는다. 어디서부터 시작할 것인가. 이럴 때 서툰 젊은 농부를 거들던 늙은 촌로의 지혜가 필요하다. "아무리 큰 밭도 작게 나눠서 사목사목천천히조금씩 허다 보면 안 되는 일이 없어."

'에너지 기술의 지역화'를 우리는 종종 간과하고 있다. 에너지 시설과 관련된 기술이 지역에 속해 있지 않을 때 과연 어떤 일이 벌어질까? 태양광 발전, 풍력 발전, 바이오가스, 바이오매스 열병합 발전 등 에너지 시설들은 한 번 설치한다고 아무 일 없이 영구적으로 가동되지 않는다. 가동 수명, 부품 교체와 기술 관리의 비용을 고려해야 한다. 태양광발전기에 사용되는 컨버터의 교체 주기는 7년이고 규모가 클 경우 수천만 원 이상이 들 수 있다. 바이오매스 열병합발전기의 핵심 부품의 교체 주기는 3년이고, 보장된 내구연한은 보통 7년이다. 관리운용 기술자가 없으면 고가의 인건비를 주고 외부에서 고용해야 한다. 고장이 발생할 경우 시설을 설치한 기업에서 엔지니어를 보낼 때까지 손을 놓고 있어야 한다.

무레크, 자벡, 귀씽은 지역의 대학과 연계하여 지역 내 기술을 발전시키거나 지역으로 연구소와 관련 기업을 유치하여 기술을 지역화했다. 오스트리아의 세계적인 바이오매스 에너지 기술은 1970년대 석유파동 이후 위기를 느낀 지역의 40여 년에 걸친 자발적인 기술 개발 노력의 결과이다. 이러한 시도는 시민 영역에서만 추진될 수 없다. 결국 지자체를 견인해 내야 한다. 하지만 대학, 기업, 연구소, 지자체는 언제나 그럴듯한 규모와 하이테크만 추구하는 경향이 있다. 이때부터 지역민은 기술적으로 배제되고 참여의 폭은 제한될 수 있다.

작은 기술, 적정기술이야말로 주민들을 참여시키고 기술의 주체로 세울 수 있는 첫 번째 수단이다. 물론 적정기술이 모든 환경 문제와 에너지 문제의 만능 해결책은 아니다. 필자도 참여했던 전환기술사회적협동조합은 로컬에너지 적정기술 장인학교, 로컬에너지 적정기술 주민학교 등 지역 기반의 기술 교육을 지속적으로 하고 있다. 우선 지난 몇 해 동안 귀농인과 주민을 대상으로 초소수력발전기, 태양광발전기, 개량화덕, 개량화목난로, 자연 환기—냉방 기술, 비전력 물펌프^{수격펌프}, 햇빛곡물건조기, 햇빛온풍기, 바이오디젤 등을 내용으로 '에너지 자립반 교육'을 진행했다. 또 전주대학교와 함께 적정기술 창업지원 과정을 진행하고 있다. 여기서는 지역 내에서 로컬에너지 적정기술을 주제로 생산협동조합을 만들거나 마을기업, 지역공동체 사업에 참여할 전문가들을 육성한다. 훈련 내용은 고효율 나무가스화난로, 농업용 대류식화목난로, 비전력 수격펌프, 비전력 리버펌프, 비전력 풍력펌프, 수직축 소형풍력발전기 등이다. 또한 개량구들, 로켓매스히터, 축열식벽난로 등 축열화목난방 장인과정을 진행해 왔다. 여러 지역에서 모인 참가자들에게 규모가 작고 기술적 접근성이 낮은 에너지 장치와 도구의 제작 기술을 가르치는 과정에서 에너지 감수성과 이해를 증진 시킬 수 있었다. 또한 생산협동조합을 통한 경제적 비전을 제시하고 실현할 수 있게 하므로 주민들의 투자와 참여를 끌어내고자 한다. 이렇게 배운 기술로 일자리를 갖게 된 이들이 아직 소수이지만 곳곳에서 등장하고 있다. 물론 첫걸음이고 아직 그 성과는 미흡하다. 하지만 열악한 조건의 지역들에서 이 외에 다른 어떤 대안이 있을 수 있을까.

에너지 시스템, 집중인가 분산인가

핵발전소 사고, 블랙아웃, 에너지 고갈, 생태 파괴와 같이 우리가 직면하고 있는 위기의 근원에는 '폭력적 집중'이 있다. 에너지 위기의 밑바닥에는 '거대 시설과 중앙에 집중된 에너지 통제'가 자리 잡고 있다. 환경 파괴와 사회적 갈등의 이면에는 자본과 기술을 독점하면서 곳곳에 편재하는 위계적 질서를 통해 사회를 실질적으로 통제하고 있는 '거대 산업기술 권력'이 있다. 이 폭력적 집중은 국가기구를 통해 정치적으로 표현되고, 재벌을 통해 경제적으로 실현되고 있다. 후쿠시마 핵발전소 사고 이후에도 여전히 우리가 끌어안고 있는 사실상 핵폭탄인 핵발전소는 에너지 분야에 있어 기술, 권력, 자본이 '폭력적으로 집중'된 실체다. 자본, 기술, 권력의 이 '폭력적 집중'을 해체하지 않는다면 어떻게 우리가 직면한 위기에 대응하면서 '지속가능한 순환 사회'를 실현할 수 있을까.

후쿠시마 사태 이후 일본 『닛케이 신문』은 2011년 5월 5일 사설을 통해 집중형 발전의 폐해를 지적하며 일본 정부를 향해 분산형 전력 공급 체계 등 다양한 주문을 내놓았다.

원전 사고와 3·11 지진으로 인한 전력난은 일본 전력 공급체계의 약점을 그대로 노출시켰다.
후쿠시마 제1, 제2원전만으로 도쿄 전력 공급 능력의 20% 이상을 처리해 온 집중형 발전의 폐해도 그대로 드러났다.
전력 회사의 지역 독점시스템을 포함해 에너지 전력을 다시 점검할 때이다.
(풍력, 태양광, 지열, 소수력 등 신재생 에너지 발전) 사업을 추진하

는 발전 회사를 지원해서 전력 공급을 분산형으로 바꾸는 것이 중요하다.

향후 인구 감소로 전력 수요가 정체될 것으로 예상되는데 에너지 전략을 검토하는 과정에서 전력, 가스 등 업종의 틀을 넘는 재편 논의도 필요해질 것이다.

『닛케이 신문』의 사설은 여전히 원전을 쉽게 포기하지 못하고 있지만 원전에 의존한 집중형 발전의 문제점을 인정하고 있다. 특히 주목할 대목은 향후 인구 감소가 집중화된 거대 에너지산업의 재편을 강제할 것이라 예측하고 있다는 점이다. 우리의 경우도 다르지 않을 것이다. 고령화와 인구 감소는 에너지 '집중'에서 '분산형' 에너지 체계로 전환할 것을 압박하게 될 것이다. 그러나 정부의 에너지 정책은 방향을 거꾸로 돌리고 있다.

집중화된 발전시스템의 전기 생성, 전송 및 배포 과정에서는 상당한 양의 에너지 손실이 일어난다. 화력 발전의 경우 전기 발생 과정에서 약 62%, 전송·배포 과정에서 평균 7% 정도 에너지 손실이 발생한다. 기껏해야 최종 사용처에서는 30% 내외의 에너지만 사용하게 된다. 이러한 문제를 해결하기 위한 가장 효과적인 대안으로 지역 또는 아파트, 대형 건물, 개별 가구까지 적용할 수 있는 분산형 소규모 가스열병합 발전이 세계적으로 언급되고 있다. 최근 일본의 혼다와 유럽, 북미 유수의 에너지 설비기업들은 가정용 마이크로열병합 발전장치를 출시했다. 쉽게 말해 전기와 열을 동시에 만들어 내는 가정용 보일러 겸 발전기다. 유럽, 북미 등에서는 특히 폐목을 분쇄 후 가열해서 발생시킨 나무가스나 가축분, 음식폐기물을 발효시켜 나온 바이오가스를 연료로 사용하는 중소 규모 열병합 발전시설이 속속 들어서고 있다. 소규모 열병합 발전은 에너지 손실을 10% 정도로 줄이고 에너지 이용률을 90% 이상으로 높인다. 이러한 시스템은 지역에서 구할 수 있는 에너지 자원을 연료로 사용할 수 있게 하므로 공간적 분산뿐 아니라 에너지 자원 이용의 지역적 분산 역시 가능케 한다. 태양광, 태양열, 지열, 풍력, 소수력과 같은 자연 에너지 역시 기본적으로 지리적 분산뿐 아니라 지역의 자연 에너지를 이용할 수 있게 한다.

지역 분산형 에너지에 대한 시대적 요청은 비록 시간이 걸린다 해도 각지에 '에너지를 만드는 마을'을 만들어 낼 것이다. 하지만 지리적으로 분산되고 지역의 에너지 자원을 이용한다 해도 이것만으로 지역 에너지 자립이 성취되었다 말할 수 있을까. 지역 분산형 에너지 체계를 구성하는 데 있어 자칫 '소수에게 집중된 자본'과 '변덕스런 정부의 에너지 정책에 기댄 시장', '거대 산업기술'로부터 독립하지 못할 경우 여전히 중앙 집중적인 에너지 통제로부터 자유롭다 말할 수 없다. 아무리 중소 규모의 지역 분산 에너지 시설이라도 상당한 자본과 기술력을 요구하기 때문에 종종 정부 또는 금융을 통해 자본을 조달하게 되고 사업의 운명을 정부 정책에 의해 조성된 에너지 시장에 의존하게 된다. 특히 지난 MB정부 때는 신재생 에너지 발전소들의 암흑기였다. 그 결과는 처참했다. 서대구 바이오열병합발전소, 전남 보성군 겸백면 석호리 YPP 솔라발전소, 경남 하동군 북천면 서황리 동광솔라, 전남 신안군 지도읍 감정리 신안솔라파크 등이 부도 처리되어 경매물로 나왔다. 줄을 이으며 부도 행렬에 가담하고 있는 미국 주정부들의 지역 분산형 발전소들도 그리 상황이 다르지 않다.

빚은 빚을 부르고 독립적이지 않은 기술은 지역 분산형 에너지 설비들의 운영관리비 부담을 가중시킨다. 진정한 지역 에너지 자립을 위해서 지역 분산형 시스템은 에너지 수요자인 지역 주민들의 출자에 기반해야 하고, 에너지 설비의 운영관리 부담을 줄이기 위해서 지역공동체가 관련 기술을 보유하고 있어야 한다. 규모면에서 지역공동체의 기술 수준에 적합하도록 지역 분산형 에너지 설비는 충분히 소규모여야 한다. 소규모일수록 기술적 자주성은 높아진다. 종종 지역공동체의 기술적 자주성은 경제성이라는 이유로 무시되고 지역공동체가 감당할 수 없는 규모로 커져 버린다. '마을로 되돌아간 기술'은 바로 이러한 지역 에너지 자립의 필수적인 '자본과 기술'의 독립을 압축하고 있는 표현이다. '마을로 되돌아간 기술'로 '에너지를 만드는 마을'을 지역 주민들의 민주적 참여로 만들고자 한다면 지역 에너지 협동조합은 가장 현실적인 사업 조직의 형태가 될 것이다.

지역공동체의 에너지 문제에 대해 생각해 보다 전통 농업을 주제로 끈질긴 자료 조사와 집필을 계속하고 있는 김석기 씨의 말이 떠올랐다. "한국에서 로컬 푸드가 활성화되지 않는 것은 '지역local'이 없기 때문이 아닐까?" 그러고 보니 로컬, 즉 지역과 관련된 것들 중에 제대로 되는 것이 없다. 지방자치는 지역 토호와 토목업자, 정치 모리배들의 놀이터가 되었고 중앙 종속을 면치 못하고 있다. 대부분 지역의 경제 자립도는 극히 낮을 뿐 아니라 파산 직전이다. 지역 문화 살리기는 관광산업에 매몰되고 있지 않은가. 최근 지역에 관심을 돌리는 이들이 늘었지만 그동안 진보적 시민사회조차 지역이 아닌 중앙에 주력해 오지 않았던가. 이 모든 실망스런 지역의 모습은 결국 '지역의 부재' 때문이다.

지역 토착 환경 속에서 정치·경제·문화적 삶을 주체적으로 결정하고 참여하며 공동체 의식과 공동의 실천을 공유하는 주체적이며 집합적인 주민, 즉 지역공동체가 부재하기 때문이다. 이러한 지역 부재의 빈 자리에 관 주도적 '대행'만 있기 때문이다. 지역이 부재할 때 지역 에너지 자립과 전환은 달성할 수 없는 희망사항일 뿐이다. 무엇보다 먼저 '지역'을 복원해야 한다. 자, 이제 무엇을 할 것인가?

9장 인간적 규모와 농기계

우리가 기계를 가지고 일하면 온 세계가 기계로 보일 것이고, 동물을 데리고
일하면 온 세계가 생명체로 보일 것이다. 기계식 농업은 땅과 생명체에 관
해 기계적 사고를 부추긴다. 나아가 우리 자신에 대해서도 기계적인 사고를
하게 만드는 경향이 생긴다. 피로를 모르는 트랙터의 성질은 인간의 경험을
한층 더 피로하게 만들고, 건강과 가족의 생활을 희생시켜 아직 계산도 끝
나지 않은 비용을 치르게 한다.
농장과 사고방식의 기계화가 충분히 이루어지고 나면, 산업적 농업의 생산
량에 대한 관심은 부양이나 돌봄이라는 개념과 반대되는 단순 논리로 바뀐
다. 오로지 생산만 강조된 나머지, 노동의 방식은 생태계와 사람들의 공동
체에 속하는 농장의 본질과 특성에 따르지 않고, 국내외 경제 상황이나 획
득할 수 있는 기술에 따라 결정된다. 생산과 직접적인 관련이 없는 것들은 시
야에 들어오지 않고, 농장과 농사짓는 사람도 사실상 시야에서 사라진다.
농부는 더 이상 장소와 가족과 공동체의 독립적이고 충실한 대리인이 아니
라, 그 자신과 그가 대표해야 하는 모든 것에 궁극적으로 불리한 경제의 대
리인으로서 일하게 된다.

                                    - 웬델 베리 『지식의 역습』

"여보, 우리 이제 어떻게 먹고살까?" 집을 완성하고 들어간 첫날 밤
함께 누워 있던 아내가 물었다. 무작정 귀농해서 집부터 지었으니 마땅
한 답이 있을 리 없다. 집 짓느라 정신없었으니 생각할 겨를도 없었다.
아내의 물음에 아직 짐을 옮기지 못해 텅 빈 집 안은 막연한 불안이 가
득 차고 말았다. 누워서 바라본 거실 천정은 끝도 없이 높게 보였다. 그
동안 도시에서 정신없이 살았으니 당장 돈 벌려고 허둥대진 말자. 먹고
사느라 못했던 일부터 해보자고 말하며 대답을 피했다. 장흥에 와서 가

까이 지내게 된 장흥한의원의 박계윤 원장은 "농사를 지으면 불안감이 사라진다"고 조언해 주었다. 그이 말대로 마을 뒷산 자락에 작은 밭을 구해 농사를 짓기 시작했다. 제대로 농사를 짓는다 해도 그 밭에서 나올 소출로 한 해를 버틸 만한 소득이 나올 리 만무했다.

집 짓고 난 후 딱히 할 일 없던 5월 초 봄날이었다. 괭이를 들고 나가 사람의 손길 닿은 지 오래된 거친 밭을 일구어 고랑을 내고 있었다. 볕은 산 등마루에서 내려와 따뜻하게 어깨를 감쌌다. 마을 앞으로 펼쳐진 들에는 소먹이 풀과 보리가 한창이어서 초록의 물결을 이루고 있었다. 이마에 송송 땀이 맺히기 시작했을 즈음 문득 바람이 불어왔다. 웃옷을 들추니 시원한 바람의 손길이 느껴졌다. 그 순간 무슨 일인지 모르게 안도감 같은 것이 느껴졌다. 가난한 어릴 적 안양천 뚝방에서 맞았던 바람의 느낌이었다. 막막하고 답답한 마음을 하릴없이 괭이질로 달래던 내게 마치 바람이 보내는 위로처럼 느껴졌다. 도무지 근거를 알 수 없는 자신감이 저 밑바닥에서 차고 올라왔다. '이렇게 농사를 짓다보면 굶어 죽지 않고 살아갈 수 있겠다'라는 생각이 들었다. 논리도 이유도 없는 아주 뿌리 깊은 확신이었다. 일만 년 농경을 시작한 인류의 오랜 경험과 기억이 대대로 전해져 나의 DNA에 저장된 '경작 본능'일지 모른다. 나는 그렇게 작은 농사를 시작하며 마음을 일구었다. 하지만 곧 갈등은 시작되었다. 농기계를 쓸 것이냐, 말 것이냐.

홀테와 콤바인

어느새 황금빛 들녘에 황홀한 가을이 찾아왔다. 손모를 내고 손으로 김을 매며 키운 벼를 수확하게 되었다. 비싼 농기계를 살 형편이 아니어서 어설픈 초보 농사꾼이 한 번쯤 해보듯 홀테로 탈곡을 해보았다.

도무지 그 일의 양을 감당하기 어려워 할 일이 못 되었다. 발 구름판을 밟아 돌리는 일명 '왕왕이'라 불리는 손발 탈곡기도 사용해 보았다. 그것 역시 낙곡이 너무 많고 낱알을 추스르기 힘들었다.

그 다음 해엔 한 마을의 귀농인들과 품앗이로 낫으로 벼를 베고 경운기에 연결해서 사용하는 반자동식 탈망기를 사용했다. 어떤 이는 말려두었던 볏단을 나르고 누구는 벼 묶음을 탈망기에 밀어 넣고 또 다른 이는 자루를 받쳐 낱알을 담았다. 나머지 사람들은 나락 자루를 옮겨 쌓았다. 십여 명의 이웃이 모여 막걸리와 새참을 함께 먹으며 농가를 부르기도 하고 하찮은 농을 주고받으며 즐겁게 일했다. 이 모습을 보던 토박이 이웃은 왜 제대로 된 농기계를 쓰지 않느냐며 함께 일하는 모습을 보고 핀잔 반 시샘 반 한마디하고 지나갔다. 이듬해엔 비슷한 시기 귀농한 인근 귀농인들과 함께 돈을 보태 중고 4조식 콤바인을 구했다. 대부분의 농가는 완전 자동식 콤바인을 사용하고 있었다. 4조식 콤바인은 최소 4~5인이 필요했다. 운전할 이가 필요했고, 콤바인 뒤에 두 명이 타고 벼 나락을 담을 자루를 받쳐야 했다. 자루가 차서 떨구어 주면 나머지는 서둘러 자루를 논 바깥으로 옮겼다. 함께 일하다 보니 역시 밥도 함께 먹고 농담도 노랫가락도 자연스레 나왔다.

이런 모습을 보며 마을 어르신은 "예전엔 우리도 그렇게 일했다"며 부러워했다. 최신식 콤바인은 완전 자동으로 운전자 한 명이면 이 모든 과정을 감당할 수 있다. 효율은 좋지만 협동이 사라졌다. '협동'과 함께 하던 즐거움은 '자동'으로 대체되어 버렸다. 수동일수록 협동의 필요성은 커지고, 자동화될수록 협동은 사라진다. 수동일수록 농기계는 작고, 자동화될수록 농기계는 점점 거대해진다. 수동일수록 비용은 낮고, 자동화된 농기계는 결국 빚이다.

농기계와 권력

기계의 본질은 인간의 노동력을 확장하고 강화하는 데 있다. 기계를 이용하면 한 사람의 힘으로 도무지 할 수 없던 일의 양도 빠르게 해낼 수 있다. 기계가 점점 거대해지면서 소유자의 힘은 확장되고 권력이 주어진다. 심리에도 영향을 끼친다. 큰 차나 트랙터, 대형 농기계를 몰다 보면 자신의 힘이 그만큼 커진 것으로 착각하게 된다. 사실상 기계는 권력을 조정자에게 몰아준다. 농업의 기계화는 농촌공동체의 협력과 노인들의 권위를 해체했다. 기계의 '확장'된 힘 때문에 대형 농기계를 갖고 있는 농부는 더 이상 품앗이나 울력과 같은 협력적 노동력에 기대지 않는다. 기계와 농약, 화학비료에 의존하게 된 관행 농사에서 노인들이 갖고 있던 오래된 농사 지식과 지혜는 더 이상 필요 없게 된다.

큰 농기계를 여러 대 가진 40대 농부에 관한 이야기다. 노인들은 그를 '농기계 대장'이라 불렀다. 그는 대형 트랙터, 이앙기, 콤바인, 트럭, 곡물건조기, 동력분무기, 종자살포기 등등 갖추지 않은 농기계나 농기구가 없었다. 나이 든 농부들은 시시때때로 농기계 대장에게 힘든 농사일들을 부탁해야 했다. 그의 입장에선 빚을 내어 농기계를 산 까닭에 남의 농사일을 대신해야 기계 값을 갚을 수 있었다. 농번기가 되면 밤 12시가 될 때까지 불을 켜고 남의 농사일을 하느라 쉴 틈이 없었다.

농사일은 때가 있다. 비가 올 때와 마른 볕이 비출 때를 잘 맞춰 그때그때 할 일들이 많다. 늙은 할배, 할매들은 답답한 마음에 기계질 순번을 재촉하곤 했다. 오죽 성가셨을까…. 노인들은 그가 무시하거나 퉁명스럽게 거친 말을 내뱉어도 참으며 눈치를 보아야 했다. 밉보일까 조심하기 시작했다. 그는 그대로 조금만 거슬려도 한두 살 많은 이에게 욕지거리도 마다하지 않았다. 심할 때는 한 세대는 더 나이 들었을 노인 며

살을 잡거나 주먹질을 하려 했다. 오죽하면 한집안 어른들조차 "옛날 같으면 멍석말이 할 놈이야"라며 푸념을 했다. 물론 농기계로 마을 일을 도맡아 봉사하듯 하면서도 마을 어른들에 대한 예의와 존경을 잃지 않는 이들도 있다. 그럼에도 전반적으로 농촌이 고령화되고 농사는 기계 가진 청장년들이 도맡아 하게 되면서 농촌 사회의 전통적인 위계는 역전되고 말았다.

경지 정리와 인간적 규모의 파괴

벼농사 91.5%, 밭농사 50.1%. 농식품부가 발표한 2011년 농업 기계화 비율이다. 2011년에 트랙터 26만 8천 대, 콤바인 7만 9천 대, 이앙기 25만 4천 대, 경운기 66만 7천 대가 전국에 보급되어 있었다. 농업 기계화 비율은 역으로 인간적인 규모의 농토가 파괴된 비율이기도 하다. 1961년 5·16 쿠데타로 정권을 잡은 박정희 군사 정부는 농업 기계화를 정책적으로 지원했다. 1962년 대동공업과 미쓰비시가 기술제휴를 맺었고, 1963년 1월 대동공업이 국내 최초로 6마력짜리 석유용 경운기 생산을 시작했다. 경운기의 보급에는 박정희의 지시에 따른 정부의 보조, 융자 지원이 결정적인 역할을 했다. 1968년에는 디젤 경운기가 생산 보급되기 시작했다. 대동공업은 미국의 포드사와 트랙터 생산을 위한 정식 계약을 체결하여 1969년 11월에 처음으로 47마력 트랙터 11대를 생산했다. 1971년에는 일본의 구보다와 기술제휴로 콤바인 제작에 착수하였다.

대동공업 김삼만 회장은 농기계 생산과 보급에 있어 주도적 역할을 했다. 그는 자신의 회고록에서 본격적인 중대형 농기계 생산에 앞서 1960년대 초 서독의 농기계화 산업 시찰 당시를 이렇게 회상한다.

··· 넓은 농토 위를 트랙터를 몰고 가는 유럽 농민들의 모습을 보면서 만감이 오갔다. ··· 트랙터, 콤바인 등은 무척 부러운 것이지만 경지 정리가 안 되고 영세한 한국 농촌에서 당장 널리 쓸 형편은 못 되었다.

경지 정리는 트랙터와 같은 중대형 농기계의 보급을 위한 필수 조건이었다. 이런 농기계 산업의 요구를 정부가 농정개혁이라는 이름으로 적극 지원했다. 농부들의 입장에서 이런 지원은 결국 부채였다.

한 마지기는 논 200평, 밭은 100평이다. 오랫동안 논밭의 크기로 사용해 온 마지기는 농사에 있어 인간적 규모를 반영하고 있다. 전통 농법으로 4~5인 가족이 극심한 피로감을 느끼지 않는 상태로 새벽 일찍부터 일해서 아침 식사 전까지 일을 마칠 수 있는 규모다. 마지기는 일과 휴식의 적절한 리듬을 경험적으로 반영해서 할 수 있는 일의 양을 고려한 인간적 척도인 셈이다. 그러나 1960~1970년대 경지 정리를 거치며 논은 보통 800~1,000평 이상 규모로 새로 만들어졌다. 전국의 농지는 인간의 육체적 한계와 리듬보다는 농기계로 작업하기 편리한 형태와 규모로 재편된 것이다.

농가 소득과 경작 규모

농가 소득은 경작 규모에 비례한다. 가장 왕성하게 농사를 짓고 있는 사오십 대 농부들은 경작 면적을 최대한 확대하고 싶어 한다. 경작 규모를 확대할수록 농가의 지원 규모가 커지며 이때 전반적인 소득도 증가한다. 하지만 농사 규모가 커지게 되면 가족노동이나 품앗이 같은 협력적 노동에 더 이상 기댈 수 없게 되고 자연스레 농기계의 구매로 이어진다. 농기계를 구입할 때 생긴 부채와 유지비 부담의 증가는 다시 경작 규모 확대로 이어진다. 트랙터, 콤바인, 이앙기, 건조기, 곡물창고 등 전면적인 기계화 채비를 갖춘 주위의 사오십 대 농부들은 대체로 임대 농지를 포함해서 5~10헥타르 이상의 농사를 짓고 있다. 대형 농기계를 갖게 되면 수만 평 이상의 농지를 임대해서 농사를 지을 수 있다. 농업에서 '확대와 확장'은 농업의 기계화에 발맞춰 생겨났다. 인간 노동력의 확장을 위한 것이었던 도구가 쟁기와 같은 소박한 농기구를 벗어나 산업적 기계로 탈바꿈되면서 '확장'의 경향은 통제할 수 없는 힘으로 '농업의 독과점'을 준비하기 시작했다. 농업과 농촌 생활을 규정하는 거대한 기계적 환경이 완성되고 있어 한적한 농촌 풍경은 이제 옛말이 되어버렸다. 농번기가 되면 다양한 농기계와 설비에서 뿜어져 나오는 분진과 소음이 들녘과 농로를 가득 채운다.

말과 소가 끄는 농기계

인간적 규모와 리듬, 협동의 문화, 이런 농촌의 풍경을 어떻게 보존할 수 있을까. 호스 프로그레스 데이즈Horse Progress Days와 틸러스 인터내셔널Tillers International의 경우가 그 답이 될 수도 있다. 호스 프로그레스 데이즈는 북미에서 개최되고 있는 말을 이용한 농기계 박람회다. 틸러스 인터내셔널은 소를 이용한 농기계를 개발하여 제3세계에 보급하고 있다. 이들이 보급하고 있는 농기계들은 옛날 쟁기보다는 훨씬 효율적이면서 화석에너지를 이용하지 않고 협동과 생명의 리듬을 잘 유지하고 있다.

19세기 말 미국의 농장들은 평균 열 마리 이상의 농업 또는 작업용 말을 가지고 있었다. 19세기가 끝나갈 무렵 미국 전역에는 2만 7천 마리

이상의 작업용 순종마가 있었
다. 순종마 외에도 1천 3백만
마리의 말을 농업과 작업에 이
용했다. 하지만 1930년대, 전
기 모터와 가솔린 엔진이 등
장하면서 작업용 말들은 크
게 감소하였다. 농사와 작업용
순종마들도 사라질 위기에 놓였다.

미국에서 말을 이용한 농업은 수백 년 동안 지속되어 온 것이었다.
화석연료를 사용하는 강력하고 거대한 농기계들이 등장했지만 이 전
통을 고수하던 아미쉬 농부나 카우보이의 후예들은 말을 포기할 수 없
었다. 1960년대부터 아미쉬 농부들은 물론 소농들은 작업용 말에 다시
관심을 갖기 시작했다. 드넓은 농지를 가진 미국은 소농의 개념이 우리
와 다르다. 미국의 소농들 가운데는 말을 이용해서 9만 평 이상 농사를
짓는 이들도 있다. 두 마리의 말로 하루 평균 2헥타르 이상의 농지를 경
운할 수 있다고 한다. 말을 이용한 경운은 트랙터 위에 앉아 있을 때와
전혀 다른 느낌을 준다. 말의 거친 숨소리와 힘을 느끼고 주변 사람과
대화를 나누고 자연의 소리를 들을 수 있다. 땅이 갈리는 소리와 리듬
을 느끼며 말과 호흡을 같이하고 자연과 교감할 수 있다. 트랙터에 비해
토양을 단단하게 만들지 않고 화석에너지를 이용하지도 않는다. 만약

동력 트랙터 위에 있다면 이 모든 것은 사라진다.

옛 방식의 말 경운은 그대로 따라 하기엔 너무 효율이 떨어졌다. 미국의 소농과 아미쉬 농부들은 디젤 트랙터와 말 경운의 중간에 있는 새로운 적정기술 농기계를 개발하기 시작했다. 점차 쟁기, 디스크, 멀칭기, 파종기 등 말 경운 농기계 제조 공장이 생겨났다. 적정기술 농기계 시장이 열리고, 경매 행사, 말 경운 워크숍과 교육 프로그램도 개최되었다.

또한 대형 농기계 회사들이 말 경운 장비들을 제작하지 않게 되자 한 진취적인 아미쉬 농부가 헛간에서 직접 작은 적정기술 농기계들을 만들기 시작하면서 여러 사람들이 가세했다. 이들이 '말-노새 경운 농부협회'를 조직하였다. 이런 바탕 위에서 호스 프로그레스 데이즈와 같은 행사가 등장한 것이다. 이 행사는 1994년 펜실베이니아 엘머 라플란드 농장에서 개최된 이래 현재까지 꾸준히 계속되고 있다. 미국 전역을 돌며 개최하고 있는데 2000년 킨저스Kinzers에서 개최된 이 행사에는 1만 명이 참여했고, 스웨덴, 프랑스, 독일, 이탈리아, 뉴질랜드, 스코틀랜드, 필리핀, 덴마크, 가나, 캐나다 등에서도 참여하는 국제 행사가 되었다. 이 행사에서는 말 경운 농기계, 부품 판매, 중고물품 판매와 경매, 작업용 종마 경매, 말 부리기 교육, 책 발간, 말 경운 시범, 경진대회 등 다채로운 행사가 열린다.

이 땅에도 자연농법, 유기농을 시도하는 소농이 증가하고 있다. 이들 중에는 아주 극소수이긴 하지만 우경을 배우고 실천하는 이들이 있다. 오래전 이미 신라 지증왕 때 우경을 실시했다는 기록이 나온다. 미국과 달리 논농사가 발달한 아시아에서는 보편적으로 말 대신 소를 농사에 이용했다. 말은 발목이 가늘어서 진흙 논에서 제대로 힘을 쓰지 못하기 때문이다. 이와 달리 소는 힘이 세고, 특히 다리 힘이 강하다. 우경은 인력보다 수십 배의 위력을 발휘한다. 우경의 이점은 노동력 비교에만 그치는 것이 아니다. 땅을 깊이 갈아엎을 수 있어 영양분이 고갈된 흙을 아래로 보내고 반대로 비옥한 흙을 위로 올려 흙을 뒤바꿀 수 있다. 그만큼 작물이 잘 자랄 수 있고 나중에 김매기 작업이 훨씬 수월해진다. 그렇다 하더라도 옛날식 쟁기와 보습을 이용한 우경으로는 너무 힘들고 비효율적이다. 만약 "우경이 대안이요"라고 말하면 대다수는 콧방귀를 뀔 것이다. 우선 쟁기를 끌 줄 아는 일소가 거의 없다. 일소를 키우고 모는 법을 배울 어른을 찾기도 쉽지 않다. 하지만 국제적으로 활동하고 있는 틸러스 인터내셔널은 소에 부착하여 보다 효율적으로 우경이 가능한 적정기술 농기계들을 개발하여 보급하고 있다.

자전거를 활용한 간단한 농기계

한국의 농업은 농업부문 에너지 투여가 OECD 국가 평균의 37배 정도로 엄청나게 많다. 따라서 농업분야의 에너지 감축을 위한 다양한 노력이 매우 시급한 상황이다. 말과 소를 활용한 방법 외에 다른 방법은 없을까. 팜핵Farm Hack이라는 단체는 자전거를 활용한 적정기술 농기계와 다양한 대안적 농기계와 농기구들을 해결책으로 제시하고 있다. 팜핵은 청년 농부들로 구성된 농업 단체와 엔지니어 출신의 농부들이 자원하여 적정기술 농기계와 농기구를 제작하고 제작 방법을 공유하는 곳이다.

문경에 있는 샨티학교의 강신호 박사도 학생들과 함께 자전거 쟁기를 제작했다. 나는 낡은 자전거에 갈퀴와 보습을 부착한 농기계를 직접 만들어 사용해 보기도 했다. 자전거 갈퀴로 풀을 긁고 다시 장비를 돌려 보습으로 바닥을 긁으면 키 작은 잡초를 쉽게 맬 수 있었다. 호미나

낫으로 김맬 때 비하면 수십 배로 효율이 좋았다.

유럽의 농기계 자작운동

프랑스 농민들은 스스로 농기계를 제작하고 있다. 말에 부착하는 농기계들인데 소에 매달아서 사용해도 좋을 듯하다. 동물의 농경 이용을 촉진하기 위한 축제들도 곳곳에서 열리고 있다. 기존 트랙터나 농기계 뒤에 장착하는 작업 부속을 활용하면 좀 더 쉽게 축경용 농기계를 만들 수 있다. 소나 말은 추진력을, 바퀴는 회전력을, 그리고 회전력으로부터 유압을 만들어 낼 수 있다. 그래도 별도의 동력이 필요하다면 예취기 엔진이나 소형 경운기 엔진을 부착하여 해결한다. 영국의 농업노동자연맹 같은 단체는 농민의 농기계 자가 제작워크숍을 적극 지원하고 있다. 농민들이 스스로를 농업노동자라고 표현하는 자기인식도 놀랍지만 이들의 실사구시 활동이 존경스럽다. 에너지 위기와 매우 심각한 한국 농업의 에너지 이용 수준을 생각해 보면 농업을 지속가능한 생태농업으로 전환하기 위해서는 보다 혁신적인 도전이 필요하다. 또한 농기계 기업과 금융기관에 종속된 농업으로부터 벗어나기 위해서라도 농민 스스로의 소규모 농기계, 농기구 자가 제작운동이 매우 절실하다.

소농을 위한 농기구

베이비부머 세대를 주축으로 귀농 인구가 급증하고 있다. 2014년 한 해 동안 4만 명 이상이 귀농했고 도시농업 인구는 100만 명을 넘었다. 정부는 도시농업 인구를 2024년까지 480만 명까지 확대할 계획이다. 이런 도시농업의 경작 규모는 대부분 텃밭 수준이다. 귀농인의 대다수도 소농이다. 그렇다면 이에 걸맞은 농기구가 필요하다. 이들에게는 대형 트랙터가 필요치 않다. 현재 소농과 도시농업인을 위한 농기계나 개량 농기구가 필요하다는 주장에 몇몇 재주 많은 사람들이 호응하고 있다. 어떤 이는 유럽의 정원용 농기구를 모방하여 풀을 매는 긁쟁이나 바퀴 호미를 만들었다. '이것저것 시골살이 연구소'의 대표인 정종훈 씨는 러시아 농기구를 본뜨고 개량한 쟁쇠를 보급하고 있다. 또 다른 이는 어린 풀을 긁을 수 있는 상어호미를 만들었다. 요즘 농촌 장터에는 낯선 일본식 개량 농기구들도 종종 눈에 띈다. 충남 예산의 꼼지락적정기술 협동조합에서는 아시아기술연구소의 모델을 참조해 수동이앙기를 개발하고 있다. 이제 본격적으로 소농용 농기계, 농기구 제작 등 적정기술 농기계를 만드는 일을 벌여나가야 할 때다. 농촌 지역의 소규모 농기계 수리소, 철공소 등 최소한의 생산 기반을 가진 기능인들을 교육하고 재조직할 필요가 있다. 이들과 농민들이 함께하는 농기계 자작 워크숍 모델을 만들어 널리 보급할 수 있는 지원 정책이 필요하다. 농사 짓는 도구와 기계를 바꿔야 농촌 에너지 문제가 해결된다.

슈마허는 호미와 트랙터 사이에서 중간기술을 떠올렸다. 과연 현재의 우리는 호미와 트랙터 사이에 어떤 농기계와 농기구를 손에 쥐어야 할까. 무엇을 선택하든 나는 농사를 지으며 느끼게 되는 생명의 확신과 협력하는 인간의 풍경을 잃고 싶지 않다. 소농은 인간의 규모와 지역의 풍토가 허락한 경계와 제약을 깨닫고 사는 사람이다. 소농에겐 소농에게 적합한 농기계와 농기구가 필요하다.

3부

근원적인
기술들

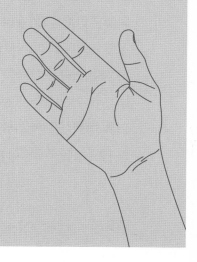

10장 놀이와 숲 속의 원시기술

우리의 목적은 땅에 기반을 둔 예술, 문화, 이야기되는 교육으로 문화와 환경의 회복력을 기르는 것이다. 이 과제는 교육 워크숍, 공동체 만들기, 미술 전시회, 생태 복원의 형태로 삶에 다가온다. 회복력은 전반적인 환경과 사회의 변화를 버티며 복원하는 문화적 역량이다. 야생으로 돌아갈 때 회복력이 만들어진다. 필요한 것들을 수천 마일 밖에서 가져오는 게 아니라 당신이 살고 있는 땅에서 얻기 때문이다.

— 리와일드 포틀랜드 선언문

원시는 야만이나 동물 수준의 야수적인 이미지로 그려지고 있다. 그런데도 적지 않은 현대인들이 원시기술에 관심을 갖고 공부하고 실행하고 확산시키려 하고 있다. 북미와 유럽에서 리와일드 포틀랜드Rewild Portland와 같은 단체들은 아이들이 구조화된 놀이터보다는 숲속에서 원시기술을 놀이로 즐길 수 있도록 돕는다. 축제와 놀이, 다양한 원시기술과 전통기술 강좌를 열린 대자연 속에서 개최하는 캠핑형 컨퍼런스도 열리고 있다. 우리나라에서는 문화재청, 한빛문화재연구원, 한국고고학 콘텐츠연구원 등 여러 기관이 '고고학체험', '실험고고학'을 내세우며 다양한 프로그램을 운영하고 있다. 현대인들이 원시기술에 관심을 갖는 이유는 대체 무엇일까.

돌 형제, 삼나무 자매, 너구리 사촌

리와일드 포틀랜드는 미국 오리건주 포틀랜드에서 2002년 1월에 설립된 비영리 기구인 미스미디어Mythmedia가 운영하는, 땅에 기반을 둔 숲 속의 기술과 예술을 가르치는 일종의 교육적 놀이 프로젝트다. 전 세계에는 놀랍고 독창적인 야외 자연교육을 실시하는 단체들이 많이 있다. 에너지 위기, 환경 파괴, 인구 증가, 세계화, 자본주의 경제의 한계 등 인류가 맞이하고 있는 불안한 미래에 대한 응답으로 다시 '야생으로 돌아가기'를 시도하는 풀뿌리 공동체들이 속속 등장하고 있다. 이 프로젝트 역시 그러한 노력의 한 모습이다. 숲과 야생에 접근하는 방법을 알고자 한다면, 숲 속 야생으로 돌아가기를 시도하는 이라면 이 프로젝트의 철학과 비전을 살펴볼 필요가 있다. 이 프로젝트의 선언문은 숲 속의 한가운데 서 있는 그들이 도시인에게 전하는 시이자, 고대의 잠언이다. 서울 상암동 석유비축기지에서 활동하는 청년공방 '문화로놀이짱'의 안정화 씨가 번역한 리와일드 포틀랜드의 선언문 일부를 옮겨본다.

자연과 인간은 분리되지 않았다. 자연으로부터 인간이 필요한 것들을 착취하기보다는 우리의 문화를 자연 풍경 속에 통합하는 법을 배워야 한다. 자연이 스스로 재생하고 회복하는 방식을 배워야 한다. 자연의 법칙을 따라야 한다. 인간 존재는 자신이 삶을 의존하고 있는 장소를 얼마나 잘 이해하는가에 달려 있다. 숲 속의 교육은 이것을 이해하도록 돕는다. 우리는 근대의 기술적이고 상업적이며 인위적으로 구조화된 오락에 길들여졌다. 자연으로부터 너무 멀어졌다. 자연결핍장애는 자연의 치료 효과로부터 분리된 결과다. 숲 속의 교육은 인간 문화가 지속되는 데에만 필수적인 것이 아니라 개인의 정신 건강을 위해서도 필요하다. 사람들은 놀이를 통해 배운다. 진짜 배움은 재미있고 장난스럽지만 불편하고 도전적이어야 한다. 친구들과 함께 반응하며 즐기는 놀이를 위해 학생들에게 숲 속을 탐험하는 구조화되지 않은 시간을 제공한다.

숲 속에서 놀면 헤아릴 수 없이 많은 지혜를 얻는다. 통나무 위에서 균형을 잡거나 험한 곳을 헤매거나 달밤을 거닐며 공간과 위치, 이동의 감각을 키울 수 있다. 나뭇가지나 잎들로 요새를 짓는 동안 무의식적으로 기본적인 공학 기술과 건축 기술을 배우거나 모닥불을 피우며 마찰, 장력, 힘의 물리학을 배울 수 있다. 자연과의 상호작용으로 문제 해결과 사회적 협동을 위한 자연스러운 교훈과 타인에 대한 배려를 배울 수 있다.

교육은 버려지는 상품이 되어서는 안 된다. 숲 속의 놀이와 야생의 기술 교육이 단지 "난 이거 해봤어"라는 정도의 체험에 머물러서는 안 된다. 지식과 숙련은 경험으로 만들어진다. 현대 교육의 지식과 경험은 아이들에게 한두 번 들어봤기 때문에 안다고 생각하도록 만들지만, 실은 듣고 잊어버리는 것이며 결국 소비되는 것이다. 수렵 채집인들은 자신의 아이들에게 자연에 관한 많은 것들을 가르칠 수 있었다. 전통적인 문화에서 아홉 살 정도만 되면 아이들은 스스로 살아남을 수 있었다. 과거의 아이들은 은신처, 물, 음식을 조달하고 불을 피울 수 있었다. 천적을 피하는 방법과 먹이를 유인하는 방법을 알았다. 학교를 다니지 않아도 다 할 수 있었다. 전통의 문화는 교육적 경험으로 둘러싼 보이지 않는 교육 시스템이 있었다. 우리는 자연과 소통하는 방법과 자연을 살아있게 하는 방법으로 자연을 통해 나아간다. 사람들에게 '원시'기술이라는 걸 단순히 가르치는 것만으로 충분치 않다. 우리는 그런 기술들이 이야기와 아름다움과 함께 삶이 되도록 해야 한다. 간단한 '도구'가 삶이 되고 아름다운 공예품의 호흡이 되고, 의미가 풍부하고 정신적 가치가 충만해지는 곳. 다른 이들이 아무 생각 없이 생명이 없다고 여기던 것들에 깃든 생명을 보고 밝혀낸다. 사람들이 물체만 보는 것에서 관계를 본다. 돌 형제, 삼나무 자매, 쐐기풀 아저씨, 너구리 사촌. 우리는 사람들이 사람을 포함한 더 큰 세계에서 사람이 무엇인지 기억하도록 돕는다. 이 세계가 번성하고 생명력을 유지하기 위해 우리는 계속 몸과 문화, 땅을 재생해야 한다. 재앙을 초래하지 않고 자원을 무한하게 이용할 수는 없다. 공간에 대한 이해와 땅의 복원을 통해, 비탄과 찬양, 해와 비, 생명력과 시의 지역을 탐험함으로써 그것들을 돌려놓는다.

숲 속 생활은 인간의 가장 오래된 갈망이다. 생태적 삶이란 오랜 인류의 경험을 통해 각인된 인간 본능의 요청에 부응하는 생활이라 할 수 있다. 어떤 의미에서 현대 이전의 오랜 역사성을 갖는 삶의 방식이나 숲 속 생활에 대한 회고적 감성이 담겨져 있다. 수만 년 인류가 살아오며 검증해 온 생존의 방식에 대한 기억을 되살려 내는 삶의 방식이 가장 생태적인 것이 아닐까. 숲으로 표현되는 야생의 환경 속에서 손으로 일상의 도구와 기물들을 직접 제작하며 살아왔던 삶의 방식이야말로 생태적 삶의 진면목일 것이다.

현대인들이 생각하듯 단지 신선한 음식을 먹고 자연 풍광을 향유하는 느긋함과는 달리 농사와 채집, 사냥 같은 고된 노동과 유랑의 나날이 생태적 삶에 가까운 모습일 수도 있다. 숲을 떠나 도시인이 되어버린 현대인들의 기대와 달리 안타깝게도 거친 도구와 단순한 기술, 생존을 위한 노동은 생태적 삶과 결코 분리할 수 없는 요소 가운데 하나다.

숲 속의 놀이를 통해 배울 수 있는 고대 야생의 기술은 어떤 것들이 있을까. 활 만들기와 활쏘기, 화살촉과 돌도끼 만들기, 부싯돌 제작과 모닥불 피우기, 먹거리 숲 꾸미기와 식물과 약초 구분법, 거친 음식 조리법, 밧줄 매듭과 그물 짜기, 가죽 천연 실 만들기와 바구니 짜기, 가죽 무두질, 간이 화덕에서 토기 만들기, 천연 물병 만들기, 동물 추적과 관찰, 자연물을 이용한 야영 기술, 원시적인 악기 제작과 몸의 율동 등 고대인들이 숲 속에서 살아남기 위해 필요했던 도구의 제작 방법과 지식과 기능을 포함한다.

야생의 기술을 교육하고 있는 대표적인 사례는 미국 버몬트에 있는 '뿌리학교'에서 찾을 수 있다. 원시기술에 대해 좀 더 깊이 알고 싶은 이에겐 수많은 원시기술을 항목별로 자세히 공개하고 있는 프리미티브 웨이Primitive Way를 추천한다. 원시기술협회The Society of primitive Skills는 고대 원시기술의 숙련과 교육을 촉진시키고, 교사와 전문가 사이의 소통을 원활케 하기 위해 1989년 미국의 노스캐롤라이나 개스토니아의 쉴레자 연사박물관에서 설립된 비영리단체이다. 이 단체는 '체험고고학'과 '실험고고학'을 대중적 교육과 본격적으로 결합시켰다. 놀이, 체험, 원리의 발견과 습득, 복원을 포함하는 원시기술과 관련된 활동이 그리 녹록지 않은 주제임을 알려준다.

많은 사람들이 원시기술이 현대에도 과연 실용성과 경제성을 갖고 있는 기술인지 의문을 가진다. 이제 우리는 기술에 대해 다른 질문을 해야 한다. 인간을 인간답고 풍요롭게 만들고 창조적 인간으로 살아갈 수 있게 격려하는 기술은 무엇인가. 숲 속의 재료들을 이용한 기술 교육은 재료에 대한 직접 경험과 이해의 수준을 높인다. 또한 물건과 도구를 만드는 과정을 이해하게 하고 예술적 감성과 창조력을 고양시킨다. 이때 비로소 숲 속은 우리를 감싸는 배경이 아니라 우리 존재를 가능케

하는 근거이자 인간의 예술이 모사하고 있는 원형이라는 것을 체득하게 된다.

눌비비를 만들며 깨닫다

원시기술은 도구의 인간이 체득했던 가장 뿌리 깊은 기술의 실체와 지혜를 직면하게 만든다. 자연 재료에 직접적으로 다가서는 체험을 통해 인간은 결국 자연에 깊게 의존하고 있음을 실감하게 된다. 이러한 강렬한 체험은 인간의 육체와 영혼을 건강하고 균형 있게 만든다. 고대인들의 도구와 기물의 재료는 돌과 나무였다. 우리가 돌과 나무를 직접적인 재료로 다루기 시작할 때 본능은 환호성을 지르며 우리를 생명력으로 꿈틀거리게 만든다.

우리는 석기시대인의 후예들임을 부정할 수 없다. 돌은 그 시대의 가장 유용한 재료이자 기술의 원천이었다. 숲 속의 계곡이나 강가에서 쉽게 구할 수 있는 돌이나 산 위의 암석은 각기 다른 기술적 도전의 과제였다. 돌을 쪼고 연마해서 도끼와 망치와 자귀, 방추, 원시적 절구와 맷돌, 심지어 그릇을 만들 수 있다. 그러한 도구와 기물들을 만들면서 돌의 종류마다 다른 강도와 재질, 충격을 가할 때 만들어지는 균열을 파악할 수 있다. 돌의 연마에는 종종 또 다른 돌이나 물과 모래가 이용되었다. 자연 속의 재료는 인간의 작업을 통해 형상을 갖게 되고 기능과 아름다움을 띠게 된다. 비로소 돌은 주요한 도구의 재료로 이용되어 인간의 손을 확장하고 강화한다.

전남 장흥으로 귀농한 사오십 대의 한량 여럿이 모였다. 처음엔 집에서 쓸 요량으로 현대적인 경량 맷돌과 평 맷돌, 차나 약재를 갈 때 사용하는 다연기와 곡물을 빻을 때 사용하는 갈돌을 직접 만들어 보기로 했다. 조각가인 강태회 선생이 어설픈 우리를 지도했다. 어차피 돌 작업을 하는 참에 원시적 착화 도구이자 타공기인 눌비비를 만들어 보기로 했다. 한참 눌비비를 만들던 우리는 어느 순간 자기 자신에 대해 다시 생각해 보지 않을 수 없었다. 눌비비는 매우 단순하고 거친 도구임에도 그것을 제대로 동작하도록 만드는 데까지 제법 많은 시행착오를 거쳐야 했다. 제대로 돌지 않거나, 돌다가 부러지거나, 제대로 돌아가긴 해도 불을 붙이기가 여간 어려운 게 아니었다.

수천 년 동안 사용해 온 눌비비가 문제가 아니라 눌비비를 제대로 만들지도, 불을 제대로 붙일 줄도 모르는 우리가 문제였다. 돌로 만든 기물과 도구만이 수천수만 년의 비바람을 견디고 보존되는 유일한 유물이기 때문일까. 돌을 깎아 도구를 만드는 작업만큼 힘든 일이 없었다. 돌과 나무로 만드는 눌비비 하나 제대로 만들지 못하는 남정네들이었지만 함께 도전하고 만들고 실패하며 즐거운 며칠을 보낼 수 있었다.

단순한 자연 재료로 구현된 원시적 도구라 할지라도 그 속에는 과학적 원리와 합리적인 구조가 있다. 거기에다 몸과 손으로 오래 숙련해야만 하는 기술이 필요하다. 지레짐작으로 고대인은 미개했을 것이라 생각할 수 있지만, 과연 그럴까. 만약 어떤 현대인이 무인도에 홀로 있게 되고 주변에 자연 재료 외에 활용할 수 있는 자원과 도구가 제한될 경우 과연 고대인보다 더 지혜롭게 생존할 수 있을까. 직접 몇몇 원시도구 제작을 시도해 본 후 '현대인들이 고대인보다 더 능숙하고 적절하게 대처하지 못할 것'이라는 결론을 내렸다. 역사의 진행이 인간 능력의 향상과 반드시 일치하는 것은 아니다. 현대인들은 수천 년 이상 누적된 지식과 경험 덕분에 큰 수고 없이 보편적 원리들을 이해하고 현대적 도구와 기계를 사용하고 있을 뿐이다. 역사를 거치며 누적된 지식과 정보, 도구

와 기술적 환경 속에 적응하며 살아가고 있지만 현대인은 여전히 수천
년 전 고대 종교적 지도자들의 지혜에 삶을 의존하기도 한다.

과거의 도구는 현대의 첨단 기술보다 못할지 몰라도 그 기술과 도구
를 구상하고 사용한 고대인의 지혜는 분업화된 노동에 종사하고 구매
한 물건으로 생활하는 지금의 우리보다 더 나을 수 있다. 방법은 머릿
속에 있고 기술은 손 안에 있다. 방법은 작업의 순서와 원리, 도구에 대
한 계획을 담고 있다. 기술은 방법을 활용하는 것이다. 도구는 제한된
지식과 조건의 결과물이다. 제한된 조건에서 자연 재료만으로 만들어
진 거친 도구로만 치부한다면 되면 이 도구를 만든 고대인의 머릿속에
있었을 방법과 그들의 손에서 육화된 기술을 제대로 볼 수 없다.

우리는 원시기술과 전통기술을 배우면서 인류의 초기 기술적 혁신
을 체험하고 그들의 생각과 지혜로운 방법과 경이로운 발견과 손의 기
술을 배울 수 있다. 원시기술과 전통기술을 통해 현대적 삶의 기초가 되
는 가장 근본적이고 원초적인 자연이라는 재료와 환경과 장소와 시간
과 영성을 만나게 된다. 원시기술과 전통 도구를 재현해 보는 작업은 과
거와 접촉할 수 있는 한 방법이다. 우리는 과거를 돌아보면서 현대 문명
의 생태적 전환을 위한 기초를 검토하고 재구축할 기회를 마련해야 한
다. 이럴 때 기술적 진보라는 맹신에 정처 없이 떠밀려가는 미래가 아니
라 인간과 자연의 균형과 지속성을 유지할 수 있는 미래를 재설계할 근
거를 갖게 될 것이다. 원시기술과 전통기술을 다시 시도해 보자.

나무로 만드는 물건들

숲 속의 나무로부터 얻을 수 있는 것은 무엇이 있을까. 이 질문의 답
을 생각하다 보면 숲 속에서 배우는 기술의 특징에 대해 유기적으로 이

해하게 된다. 나무를 이용해서 불을 피우고, 나무껍질을 이용하여 숲의 사람들은 실, 밧줄, 종이, 바구니를 만들 수 있었다. 종이 제작에 대해 알아보면서 이언 샌섬의 『페이퍼 엘레지—감탄과 애도로 쓴 종이의 문화사』를 발견했다. 심상치 않은 책이다. 단지 '종이 만들기' 기술을 알려주는 데 그치지 않고 종이의 발명, 이용, 산업화, 종이 공예, 종이의 환경적 의미까지 종이의 사회문화사를 다루고 있다. 흔히 볼 수 있는 '종이'라는 하나의 주제로 펼쳐내는 수많은 이야기 속에 저절로 빠져들었다.

현대적인 산업공정으로 양산되는 종이는 많은 환경 문제를 가지고 있다. 세척, 살균, 표백, 염색 과정에서 30종 이상의 화학 약품이 사용된다. 종이로 생기는 환경 오염을 어떻게 줄일 수 있을까. 종이를 지역의 자연 재료로 대체하거나 화학 약품을 쓰지 않을 방법은 무엇일까 곰곰 생각해 본다. 전통적인 종이는 화학 약품 없이도 만들어 왔다. 종이는 닥나무로만 만들 수 있는 것이 아니다. 접착제 역할을 하는 점성 있는 뿌리의 진액이나 식물 줄기의 진액을 혼합하면 목질계 셀룰로오스와 섬유질을 가진 모든 나무껍질로 종이를 만들 수 있다. 또 작은 채와 그릇, 돌만 있어도 다양한 색상과 질감의 종이를 만들 수 있다.

종이를 만들 수 있는 자연 재료는 사탕수수, 대나무, 나무껍질, 갈대, 왕골, 볏짚 등이다. 전통적으로 식물의 질긴 섬유질을 해체하고 세척하기 위해 재를 태워 내린 잿물을 사용했다. 잿물의 주성분은 수산화나트륨으로 비누에도 사용된다. 명반은 매염제나 광택제로 사용되는데 고대에는 쓰이지 않았다. 이 밖에 한지와 같이 닥나무 뿌리에서 나오는 목질계 풀이 이용된다. 볏짚이나 나무껍질, 옥수수잎, 양배추로도 쉽게 종이를 만들 수 있다. 볏짚 등 원재료를 5~7cm 길이로 자른 다음 흐르는 물에 씻는다. 나무의 경우 속껍질을 벗겨서 자른다. 이것을 잿

146

물에 넣고 2~3시간 삶아 부드럽게 만든다. 삶은 볏짚이나 나무 속껍질을 깨끗한 물에 씻어서 잿물을 빼낸 후 나무망치로 두들겨 섬유소를 분리한다. 분리된 섬유소를 닥나무 풀, 느릅나무 풀이나 곡물 풀 같은 목질계 풀을 혼합한 물통에 잠시 놓아둔다. 물의 양에 따라 종이의 두께가 정해지는데, 명반을 넣고 색을 내기 위해 천연 염료를 추가할 수 있다. 마지막으로 미세 망사로 섬유소를 떠서 물기를 빼고 면 위에 놓고 무거운 돌로 눌러 물기를 빼낸다. 물기를 뺀 종이를 볕에 말리면 종이가 완성되는데 돌로 종이를 문질러 광택을 낼 수도 있다.

나무의 껍질로 만들 수 있는 대표적인 물건은 실이다. 대마나 목화, 모시로만 실을 만들 수 있는 것이 아니다. 특별한 도구와 복잡한 과정 없이도 다양한 나무껍질을 벗기고 꼬아서 질긴 실과 밧줄을 만들 수 있다. 밧줄이나 끈을 이용한 매듭법은 세계적으로 4천여 가지나 있다. 장식 매듭 외에도 인간은 안전과 도구의 결속, 원시적인 자연 건축에 이용해 왔으며, 밧줄 그 자체를 엮고 매고 묶어 유용한 도구로 사용해 왔다. 매듭은 가장 오래된 근원을 가진 기술일 뿐 아니라 현대에도 건축, 공학, 섬유 직조 등 다양한 영역에서 활용되는 첨단의 현대 기술이기도 하다. 실을 이용한 기술은 매듭을 지나 직조로 발전한다. 실은 천이 되고 옷이 되고 기물이 되고 건축물이 되었다. 수양버들 가지나 대나무, 칡넝쿨로만 바구니를 짤 수 있는 것이 아니다. 나무껍질을 벗겨 그 자체로 바구니를 만들 수도 있다.

나무와 식물로 만든 실을 이용한 물건 중에 가장 관심을 끄는 것은 천연섬유로 만든 신발이다. 나는 그중에 특히 마나 삼을 넝쿨로 엮은 미투리에 관심이 많다. 이 오래된 신발에서 현대적 미감을 느껴지는 건 왜일까. 내가 본 미투리는 싸리 껍질과 왕골, 왕골 속, 닥나무의 속껍질로

미투리

삼은 것들이다. 이 미투리의 앞과 옆 축을 감싸는 신의 총은 2백 가닥이 넘는다. 바닥은 여섯 날이며, 싸리 껍질로 삼고 가운데만 왕골 속을 섞어 썼다. 돌기총은 따로 꼬아 덧대 세웠으며, 딴 총을 박았다. 장인이 만든 최상급 미투리였다. 이처럼 미투리는 삼이나 모시 또는 노끈실, 삼껍질, 헝겊, 종이 따위로 가늘게 꼰 줄 등으로 삼은 신이다. '삼신'이라고도 한다. 영어로는 'hemp shoes'라고 하는데 황마, 대마 등을 주재료로 만들기 때문이다.

원시기술이나 전통기술을 탐색하다 보면 종종 물건과 직접 연관을 갖는 기술과 공예의 언어 속으로 빨려 들어간다. 미투리의 세부 구조와 관련된 명칭들은 여태 한 번도 사용하지 않아 전혀 몰랐던 새로운 언어의 세상이었다. '도갱이'는 신의 뒤축에서 뒤꿈치까지 감싸 올라가는 부분이다. 뒤당감잇줄이 연결되어 있다. '뒤당감잇줄'은 도갱이에서부터 발을 고정시켜 주는 끈이다. '신총'은 신바닥에서부터 위로 신의 앞쪽 옆을 세우는 기둥이다. '돌기총' 역시 당감잇줄을 고정하기 위해 신바닥 옆에 세운 기둥을 말하며, 양쪽에 각각 하나씩 두 개가 있다. '앞당감잇줄'은 신의 '앞 코'를 중심으로 발을 고정시켜 주는 끈이다. '앞 총'은 앞당감잇줄에 여러 개를 연결해서 발이 빠지지 않도록 감싸주는 끈인데 서른 개에서 많으면 이백 개까지 쓸 수 있다.

숲 속으로 들어가 나무와 돌로 다양한 물건을 만들 수 있는 원시적

기술이야말로 다음 세대에게 꼭 전수해야 할 삶의 지혜와 정보를 담고 있다. 이러한 기술은 분절된 기술이 아닌 자연 재료의 사용과 응용, 지혜를 종합적으로 포괄한다. 단지 낭만적 접근일 뿐이라고 일축할 수 있다. 그러나 적어도 고대 야생의 기술은 현대 사회 환경 속에서 파괴된 인간의 창조성과 감수성, 자연과의 교감, 생명력을 회복하는 데 분명한 대안이라 할 수 있다. 탈종교의 시대에도 영성의 회복이 필요하다면, 어쩌면 자연과의 직접성을 확인하는 야생의 기술 교육은 우리에게나 다음 세대에게 꼭 필요한 하나의 영적 제의이자 의식일 것이다.

11장 바퀴 기계와 자전거

두 바퀴의 탈것과 오랜 악연이 있다. 맨 처음 자전거를 배울 때 동생들은 곧장 두발자전거를 탔지만 어쩐지 나는 세발자전거를 타다가도 넘어졌다. 어찌어찌 자전거를 곧잘 타게 되었지만 남들보다 늦었다. 초등학교 6학년 때였을까. 브레이크가 고장 난 자전거를 타고 내리막길을 내려가다 버스에 부딪혀 죽을 뻔한 적도 있다. 다행히 버스 앞으로 넘어져 팔과 다리가 까지고 다쳤지만 간신히 목숨은 구했다. 20대 초반엔 오토바이를 타다가 트럭과 충돌하는 사고가 났다. 이때는 제법 크게 다쳐 몇 달 동안 병원에 입원할 정도였다. 하여튼 두 바퀴 물건과는 친하지 않은 내가 요즘 자전거 기계에 깊은 관심을 갖기 시작했다. 가장 효율 좋은 인간 동력 장치이자 적정기술 영역에서 적지 않게 등장하기 때문이다. 편하게 자전거 기계라 했지만 자전거 역시 바퀴와 발 굴림pedal 구동장치를 장착한 기계의 일종이다. 인간의 역사에 등장한 바퀴와 발 굴림 장치를 가진 기계들을 떠올려보며 느리지도 빠르지도 않은 산책에 나서본다.

가장 혁신적인 기계

인간 동력기계는 상당히 오랫동안 디자인과 생산성에 있어 발전을 거듭해 왔다. 발 굴림 구동장치는 인간을 힘든 노동에서 해방시킨 역사상 가장 혁신적인 기계 중 하나로 인간의 가장 강력한 근육인 허벅지와 종아리 근육을 주로 사용한다. 19세기 후반에는 가장 효과적인 인간 동력 장치인 발 굴림 페달이 등장했다. 톱니바퀴 기어와 발판, 크랭크crank, 회전축을 이용하여 인간의 근육을 동력으로 삼아 최적의 속도로 운동하도록 만들 수 있다. 보통 1분당 약 60~90번의 회전이 가능하다. 20세기 초반 고정 발 굴림 장치가 급격히 확산되었지만 이것 역시 전기와 화석연료의 등장으로 더 이상의 발전을 멈춰버렸다. 석유와 전기의 시대 이후로 사람들은 수공구와 인간 동력을 활용하는 기계들을 한물간 퇴물 취급하기 시작했다. 발 굴림 구동기계 역시 마찬가지 취급을 받았다. 하지만 많은 현대적 도구와 기계들이 다양한 전자 센서와 전동장치로 포장되어 있지만 핵심 구동장치들은 바퀴와 발 굴림 구동기계의 기본 구조와 원리를 공유하고 있다.

회전작동은 인류 역사를 통틀어 대다수 기계 구조의 기본이었다. 인간 동력을 회전운동으로 전환하는 데 있어 19세기의 기술적 혁신은 인간 동력에 비해 더 높은 출력을 낼 수 있게 만들었다. 손으로 돌리는 수동 크랭크는 입력되는 인간 에너지를 두 배가량 증폭시킬 수 있고 회전축은 여섯 배가량 증폭시키며, 바퀴를 이용하면 일곱 배가량 회전력을 증가시킬 수 있다.

중세에는 발판이 등장했다. 발판은 팔보다 훨씬 강한 근육을 가진 다리의 힘을 이용할 수 있게 만든다. 중국은 10세기에 물 펌프, 베틀, 수직 톱을 작동시키기 위해 나무 발판을 사용했다. 발판은 단지 다리의 힘을 이용해서 속도를 조절하거나 위아래 수직운동을 반복하게 하는 장치였다. 서구에서 발판은 주로 실을 잣는 물레에 부착되었다. 발판은 회전축이나 바퀴에 비해서는 효율이 낮았다. 낮은 효율에도 불구하고 적은 힘을 들여도 되는 작업 기계에 적용할 수 있는 간단한 구조였다. 무엇보다 발판의 이점은 수동 크랭크에 비해 손을 자유롭게 쓸 수 있다는 데 있다.

현대에도 자전거가 이용되고 있지만 다른 분야에서 더 이상 발 굴림 구동기계를 찾아보기 어렵다. 발 굴림 구동기계는 발판, 회전축, 크랭크, 바퀴가 결합된 기계다. 직접 발 굴림 동작을 바퀴의 회전력으로 전환하던 초기 모델은 현재 자전거에 사용되고 있는 톱니바퀴와 바퀴사슬을 이용하는 방식으로 대체되었다. 발 굴림 구동기계는 난데없이 등장한 것이 아니다. 처음엔 바퀴에 발판이 직접 부착되었고 이후 크랭크와 발판, 회전축이 결합된 발 굴림 장치로 발전했다. 이후 회전비를 조절할 수 있는 톱니바퀴를 결합하면서 기계적 효율성은 더욱 높아졌다. 즉, 출력을 증폭시키거나 회전 속도를 더욱 높일 수 있게 되었다. 이러한 기계적 이점으로 인해 발 굴림 구동기계는 수많은 다양한 기계에 적용되기 시작했다.

1870년대에는 인간 동력을 회전운동으로 전환하는 데 가장 혁신적 발전이 일어났다. 발 굴림판과 크랭크, 톱니바퀴는 선반, 톱, 연마기, 성형기, 연삭기, 천공기, 절삭기 등 다양한 기계에 광범위하게 적용되었다. 이러한 기계들은 가내 수공업, 가사 도구 등 전기와 증기엔진을 사용하지 않는 소규모 도구나 기계로 확장되었다. 이후 나무로 만들어졌던 발 굴림 장치들이 금속으로 바뀌면서 빗자루 제작기, 담배 기계, 바늘 생산기, 인쇄기, 천공기, 타정기 등으로 확대 사용되기 시작했다. 농가의 수확기, 착유기, 화훼 묶음기 등에도 적용되었고 심지어 19세기 후반에는 치과의사가 발판을 이용하는 치과용 천공기로 사용하기도 했다.

역사가 오래되었다고 해도 결국 발 굴림판과 크랭크는 산업혁명의 산물이었다. 철광업의 발달과 화석연료의 이용으로 값싼 철을 발 굴림판과 크랭크의 재료로 사용할 수 있게 되면서 기계적 확산이 일어났기 때문이다. 회전축의 마찰과 마모를 줄여주는 볼 베어링, 동력을 발 굴림 크랭크에서 뒷바퀴로 전달하는 바퀴사슬과 기타 부속품의 대량 생산이 없었다면 발 굴림 구동기계의 확산은 일어나지 않았을 것이다. 산업 혁명 이전까지 발 굴림 구동기계의 몸체와 부속들은 주로 나무로 만들어졌는데 큰 힘을 받기에 한계가 있었다. 또한 지속적인 작동 충격을 견디기에는 약했다. 이러한 문제들은 결국 산업혁명 이후 철제 부품의 대량 생산으로 해결되었다.

화석연료를 사용하는 내연기관 기계나 전기모터가 장착된 기계들에 떠밀려 사라져갔던 발 굴림 기계가 1970년대부터 다시 부활하기 시작했다. 1차 오일쇼크로 자동차에 밀려났던 자전거가 복귀한 것이 신호탄이었다. 적정기술 영역에서는 제3세계로 발 굴림 펌프가 확산되기 시작했다. 여기서 멈추지 않고 이전 50년 동안 발전을 멈추었던 발 굴림 구동기계가 다시 본격적으로 현대화되기 시작했다. 몇몇 개인과 단체들은 새로운 발 굴림 구동기계를 개발했다. 물론 상업적으로 크게 성공하지는 못했지만 상당한 진전이 있었다. 불행하게도 1차 오일쇼크 이후 다시 발 굴림 구동기계에 대한 관심은 식었고 개발과 연구는 20년 이상 중단되어 버렸다. 1990년 들어 다시 석유 고갈과 석유정점peak oil에 대한 우려가 확산되면서 연구와 개발이 재개되었다. 과거처럼 현대에도 대부분의 기계와 도구를 발 굴림 구동기계로 만들 수 있다.

발 굴림 구동기계의 대표적인 사례들을 살펴보자. 과테말라의 NGO인 마야페달은 2001년부터 중고 자전거 부품을 이용하여 자전거 믹서기, 탈곡기, 분쇄기, 물 펌프 등 약 2천여 개의 발 굴림 구동기계를 제작하여 보급해 왔다. 이 단체가 운영하는 인터넷 사이트에서 다양한 제작방법과 스케치 업 도면을 내려받을 수 있다. 또 다른 사례는 비타고트

사이클 그라인더vitagoat cycle grinder와 알렉스 가스덴Alex Gadsden이 개발한 자전거 세탁기다. 이외도 다양한 버전의 발 굴림 구동기계들이 적정기술이란 이름으로 동남아시아와 아프리카, 남미에 보급되어 사용되고 있다.

발 굴림 구동기계의 큰 단점은 너무 많은 공간을 차지한다는 점이다. 각각의 기계들이 모두 클 수밖에 없다. 한마디로 가내 수공업을 위한 도구나 가사 도구로 사용하기에는 부적합했다. 이러한 점을 개선하기 위해 다목적 발 굴림 구동작업대가 개발되었다. 영국의 엔지니어인 알렉스 웨이어Alex Weir는 1970년대 탄자니아에서 다이나포드dynapod를 개발했다. 다이나포드는 발 굴림판, 크랭크, 바퀴사슬 등 부품을 자전거로부터 분리해서 새롭게 만든 다용도 구동작업대이다. 이 구동작업대에 물 펌프, 곡물 분쇄기, 탈곡기, 분무기 등 다양한 농업기구와 재봉틀, 띠 톱, 탈피기 등을 부착하여 사용할 수 있다. 작은 발전기가 장착되어 전기도 생산할 수 있다. 현대적 변속장치와 가속장치의 발전에 힘입어 발 굴림 구동장치의 효율과 디자인의 발전이 일어나고 있다. 독일 개발자인 크리스토프 테타트Christoph Thetard가 개발한 R2B2 주방 장치는 세 가지 주방 기구를 연결하여 장착할 수 있다. 주방기구들은 발판을 밟아 안정감 있는 속도로 회전시키는 플라이 휠과 연결되어 있다. 이 장치는 약 350W에 해당하는 기계적 회전력을 발생시키는데 이 장치에 믹서기, 분쇄기, 혼합기 등을 장착할 수 있다.

발 굴림 구동작업대는 인간 동력을 사용한다는 이점에도 불구하고 현대인들이 사용하는 도구들을 모두 작동시키기 어렵고 현대의 전자장치를 단 기계들에 비해 불편한 기계이다. 공간도 많이 차지한다. 자전거 발전기를 장착한 도구가 등장했지만 인간 동력을 전기로, 다시 기계적 회전력으로 전환하는 데 약 70%가량의 에너지가 손실된다. 그래서 자전거발전기로 가전제품을 작동하는 것은 에너지 효율 면에서 바보 같은 짓이다. 이런 한계와 제약에도 불구하고 다목적 발 굴림 구동작업 대나 인간 동력을 직접 전달하는 장치와 발전기와 축전지를 결합한 새로운 장치들이 개발되거나 효율성과 편리성을 높이고자 하는 시도는 계속되고 있다. 가장 오래된 인류의 혁신적인 기술이었고, 대부분의 기계의 기본 구동 원리를 적용하고 있기 때문일까. 에너지 위기 때마다 끊임없이 다시 현재로 호출되는 보루가 되는 기술이기 때문일까. 어찌 되었든 발 굴림 구동기계는 대안적 영감을 주는 장치와 도구가 될 것이다. 적지 않은 사람들이 그런 희망을 갖고 기술적 상상을 멈추지 않고 있다.

EU의 화물 자전거 프로젝트

유럽에서 화물 자전거는 공공기관의 커다란 지원을 받고 있다. 화물 자전거는 상인, 장인, 화물 운송 서비스산업에 상당한 경제적 이익을 준다. 사실 도시 안에서 차량 화물 수송은 매우 비효율적이다. 상업적인 배달은 거의 100% 승합차와 트럭, 자동차, 오토바이가 담당하고 있는데 일상적으로 발생하는 교통 체증으로 차량을 이용한 배달은 속도가 늦어질 수밖에 없다. 유럽의 경우 도시내 배달 화물의 평균 하중은 100kg 미만이고, 부피는 1m³ 정도이다. 이 정도 무게와 부피의 화물은 대부분 자전거로 운송할 수 있다. 화물을 싣도록 만들어진 일반 화물 자전거는 최대 180kg의 화물을 나를 수 있고 자전거에 전동 모터를 장착할 경우 화물 용량을 늘릴 수 있다. 또한 세발자전거나 네발자전거는 더 많은 용량과 더 큰 부피의 화물을 배달할 수 있다.

화물 운송은 종종 대도시에서 주간 도로 교통량의 50% 이상을 차지

한다. 런던이나 파리 시내에서는 화물 운송이 최대 90%를 차지한다는 보고도 있다. 교통 체증으로 연료 소비는 증가하고 시간 손실도 늘어난다. 화물 운송차량에 의한 공기오염은 사회적 비용을 상승시킨다.

화물 자전거의 생태적·사회적 가치는 분명하다. 연료 절감, 오염 감소, 적은 소음, 교통 체증의 감소, 차량 사고의 감소, 주·정차의 편리성 등 많은 이점을 갖고 있다. 무엇보다 화물 자전거 배달은 차량 배달보다 비용이 저렴하다. 우선 차량에 비해 자전거 구입비가 훨씬 적고 보험료, 수리비, 연료비 등 유지비와 감가상각비도 상대가 되지 않을 정도로 적게 든다. 화물 자전거의 비용 절감분은 보다 많은 신규 인력을 고용하거나 임금을 올리는 데 사용할 수 있다. 화물 자전거는 평지가 많은 유럽에서나 가능하다는 반론이 있을 수 있다. 하지만 오르막길을 오를 때 잠깐 사용할 수 있는 전동 모터나 소형 엔진을 부착하는 대안을 고려해 볼 수 있다. 베를린에 있는 독일 교통연구소의 연구 조사에 따르면 전동 모터를 보조 장치로 부착할 경우 화물 자전거는 화물 자동차 운행의 85%까지 대체할 수 있다고 한다. 한편 자전거와 자동차의 충돌 사고 위험을 거론하는 사람들도 있다. 만약 화물 차량을 화물 자전거로 대체한다면 자동차 도로 유지·확충에 드는 비용을 전향적으로 교통안전 분야에 투자할 수 있다. 보다 확실하게 자동차 도로와 구분되는 자전거 전용도로를 만든다면 사고의 위험성도 줄일 수 있다.

유럽 각국은 화물 자전거의 경제적·생태적 잠재력을 분명하게 인식하고 있다. 2011~2014년 4월까지 실행된 유럽연합의 '화물 자전거cycle logistics' 투자 프로젝트는 도시 화물 운송을 자전거로 대체하여 화물 운송 에너지를 절감하는 것을 목표로 삼았다. 이 프로젝트를 수행한 결과에 따르면 화물 자전거는 도시에서 움직이는 모든 화물의 25%를 감당할 수 있다.

북미와 유럽 곳곳에서 화물 자전거 택배 서비스가 확산되고 있다. 브뤼셀, 런던, 뉴욕, 버클리, 취리히, 바젤, 비엔나, 그라츠, 로마, 레지오, 산세바스티안 등의 도시에서는 상대적으로 작은 물류회사들과 종종 대형 물류회사조차 택배 서비스에 화물 자전거를 이용하고 있다. 세계적인 물류회사인 DHL은 화물 자전거를 네덜란드의 도시에서 적용하고 있다. 이뿐 아니다. 지역 안에서 활동하는 농산물과 식품 공급업자들은 옛날부터 자전거를 이용해 왔다. 주로 빵, 고기, 야채, 과일, 유제품의 배달에 자전거는 중요한 역할을 해왔다. 사실 지난 세기 동안 상인과 장인들은 고유의 목적을 위해 전용 화물 자전거들을 개발해 왔다. 이른바 '빵집 자전거' 또는 '정육점 자전거' 등이다. 지금도 여전히 덴마크, 네덜란드의 여러 도시에서 이용되고 있다. 어릴 적 기억에 야쿠르트 아줌마들과 화장품 아주머니들은 전용 카트가 달린 자전거를 이용했다. 개인들도 화물 사이클을 쇼핑, 여가 활동을 위해 이용할 수 있다.

운하와 외바퀴수레

1,800km 길이의 중국 항조우 운하를 건설하는 데 무려 700년의 시간이 걸렸다. 618년 수양제가 착공한 이후로 1327년에야 항조우 운하는 완공되었다. 수양제 당시 운하 건설은 물이 부족한 화북 지방에 물을 공급하기 위한 목적이었다. 하지만 운하의 중요성이 부각된 것은 육상 교통망이 파괴된 이후 다른 운송 수단이 필요한 시기였다. 운하의 실제 이용은 명나라 때부터였고 청나라 때는 그나마 관리 소홀로 일부만 활용되었다. 서양에서는 산업혁명을 촉발시킨 증기기관이 등장하기 전까지 주로 배를 이용한 수상 운송을 선호해 왔다. 로마의 멸망 이후 육상

교통망이 파괴되었고 중세를 지나면서도 육상 교통망은 충분히 복구되지 못했다. 이러한 육상 운송에 비해 수상 운송이 훨씬 쉽고 빨랐기 때문에 산업혁명 이전까지 수상 운송이 선호되었다. 수상 운송은 육상 운송체계가 제대로 작동하지 못할 경우에야 그 가치가 부각된다.

하지만 인공 운하는 엄청난 관리 비용이 드는데 지속적으로 관리하지 않을 경우 그 활용도는 급격이 떨어진다. 사실상 운하 건설인 MB정권의 4대강 사업은 더 말할 필요도 없다. 육상 도로망이 지나치다 싶을 정도로 잘 깔려 있는 우리나라의 경우 운하는 운송 수단으로서 경제적 효율성이 낮을 수밖에 없다. 사업 완공을 선언하자마자 누수와 침하로 연이은 보수 공사를 하고 있는 꼴을 보니 4대강 사업이라는 '짝퉁 운하'는 점점 관리 부담이 무거워질 것이고 나중에는 관리 소홀로 이어질 것이다. 그 결과는 자명하다. 그렇다면 다른 대안은 없을까?

과거에는 배를 이용한 운송이 불가능할 경우, 육로로 화물을 운송할 때는 주로 세 가지 방법을 썼다. 사람이 직접 짐을 지고 나르거나, 나귀나 노새, 말, 염소, 낙타 등 가축의 등 위에 물건을 얹어서 이동하거나, 바퀴가 달린 수레에 물건을 싣고 사람이 직접 끌거나 가축을 이용해서 끄는 방법이다. 사람은 25kg 이상 되는 화물을 들고 장거리 이동을 할 수 없다. 가축은 보통 50~150kg까지 운반할 수 있다. 단, 사료를 준비해야 하고, 가축을 잘 부릴 수 있는 사람이 필요하다. 바퀴가 달린 수레를 이용하면 300~500kg까지 화물을 실어 나를 수 있다. 다른 어떤 방법보다 훨씬 쉽고 많은 화물을 운송할 수 있었기 때문에 산업혁명 이전에는 동물이 끄는 수레나 마차가 보편적인 운송 수단으로 이용되었다.

서양의 손수레는 주로 농촌이나 건설 현장에서 짧은 거리를 운송할 때 사용되었고 장거리 운송에는 사용되지 않았다. 수레바퀴가 장거리 운송에 적합하지 않았기 때문이다. 반면 중국을 비롯한 아시아 지역의 수레는 장거리 운송에 적합한 바퀴를 가지고 있어서 중장거리 운송용으로 널리 사용되었다. 구조의 차이를 살펴보면 서양 수레는 바퀴가 앞쪽에 있어서 사람이 손잡이로 수레를 들어 올려야 했다. 수레에서 하중을 받는 곳은 바퀴와 사람 손, 두 곳이다. 이에 비해 아시아는 수레의 중앙에 있는 바퀴에 수레의 하중이 집중된다. 사람은 단지 손잡이로 균형을 잡아서 약간의 힘을 들여 밀고 끌거나 방향을 조절하는 일만 하면 된다. 서양의 수레가 50kg을 실을 수 있다면 중국 수레는 두 배인 100kg을 실을 수 있다. 단단하고 마른 흙길에서 1톤의 짐을 수레에 실어 이동하는 데는 약 30kg의 화물을 직접 들고 이동하는 데 드는 힘밖에 들지 않는다. 자갈길이라면 약 다섯 배의 힘이 더 필요하다. 모래나 진흙길이라면 일곱 배 정도의 더 큰 힘이 필요하다. 육로 운송에 주로 2륜 이상의 마차를 이용한 서양은 도로를 개선하는 데 자원과 에너지를 집중했다.

어떻게 중국의 외바퀴수레는 잘 정비되지 않은 도로 상황에서도 효과적인 운송 수단으로 이용될 수 있었을까. 중국의 외바퀴수레는 놀라운 역사를 갖고 있다. 동아시아의 수레는 화물과 인력 운송 모두를 담당해 온 주요한 교통수단이었다. 중국 수레는 사람이 직접 끌거나 가축, 심지어 바람을 이용할 수도 있다. 이 점은 서양의 수레와 다르고, 우리의 전통 수레와도 다른 점이다. 대략 직경 90cm 이상 되는 큰 바퀴가 수레의 중앙에 끼워져 있는데, 수레 앞쪽에 작은 바퀴를 가진 서양의 수레에 비해 대략 3~6배 이상 하중을 감당할 수 있었다. 중국의 수레는 300kg까지 실을 수 있었는데, 이는 로마시대 소가 끌던 마차에 실을 수 있는 화물 하중에 버금간다. 당시 로마의 마차는 326~490kg 정도의 화물을 실을 수 있었다. 효율적으로 만든 중국의 수레는 도로 형편이 좋지 않아도 운송을 할 수 있는 적정기술이었다. 외바퀴수레는 교통망이 채 갖춰지지 않은 고대 중국부터 사용되어 왔다. 중국은 약 1,500년 동안 좁은 육로에 적응할 수 있는 외바퀴수레를 사용해 왔다. 포장된 도로에서나 제대로 운행이 가능한 서양의 두발수레나 마차 대신에 외바퀴수레가 열악한 도로 사정에 적합했기 때문이다.

서양의 말이 끄는 4륜마차는 결코 적정기술의 결과가 아니다. 말이 끄는 마차는 비용을 많이 들여 도로 기반 시설을 잘 갖춰야 하기 때문이다. 도로망을 갖추고 관리하는 데는 상당한 비용이 필요하다. 중국은 도로망을 갖추는 대신에 외바퀴수레를 선택한 것이다. 바퀴를 만드는 작업은 품이 많이 드는 일인데 2륜수레나 4륜마차에 비해 외바퀴수레는 만드는 비용도 적게 들었다. 또 외바퀴는 좁은 길에서도 매우 유용했고, 울퉁불퉁한 길에서도 두 개의 손잡이 때문에 쉽게 조정할 수 있다. 이러한 장점 때문에 중국의 외바퀴수레는 베트남, 캄보디아, 라오스, 한반도로 전해져서 변형되어 널리 사용되어 왔다. 밀거나 끌기에 적합하도록 양쪽 축 겸 손잡이가 앞뒤로 더 길게 나오도록 만들어진 변형된 수레들이 사용되었다. 중국의 외바퀴수레는 여섯 명까지도 실을 수 있었다. 군수물자 수송에도 사용되었는데 사람이 직접 끌거나 동물과 사람이 함께 끌기도 했다. 심지어는 돛을 달아 풍력으로 수레를 끌기도 했다. 돛은 높이 150~200cm, 폭 90~120cm의 천으로 만들었다.

지난 역사는 교통 인프라에 엄청난 자원을 투여하는 것이 얼마나 어리석은 짓인지 잘 보여준다. 지금 한국은 하루에 차 몇 대 지나다니지 않는 섬 구석구석까지 아스팔트 포장 도로가 깔려 있을 정도다. 농촌 마을 국도 옆에 고속화도로나 고속도로가 신설되고 있다. 또 선형개선 이라는 명목으로 그냥 놔두어도 큰 불편이 없고 교통량도 많지 않은 도로를 직선화시켜서 이곳저곳 이중으로 도로가 맞붙은 기이한 도로들을 만들고 있다. 교통 기반 확충이라는 명분 아래 토목건축업자나 시멘트업자들의 배만 불리고 있는 것이다. 막대한 자원을 들여 건설되고 있는 교통 인프라들은 지속적인 관리가 없다면 쉽게 파괴될 수 있다는 점을 동서양의 지난 역사가 잘 증명하고 있다. 에너지 위기의 시대, 과잉 건설된 도로망들은 과연 온전하게 관리될 수 있을까.

귀농하면서 1톤짜리 봉고를 사서 집 짓고, 농사일하는 데 꽤 유용하게 써왔다. 하지만 기름값이 폭등하자 차를 몰고 나서기가 망설여졌다. 예전 같으면 가까운 거리라도 조그만 짐을 실어 나르기 위해 쉽게 트럭을 이용했다. 요새는 동네 안의 일이라면 트럭 사용을 줄이려고 제법 튼튼한 손수레를 다시 장만해서 쓰고 있는데 워낙 작아 성이 차지 않는다. 마을 어르신들 헛간에 처박혀 있는 오래된 수레며 달구지가 눈에 들어온다.

화석에너지에 전적으로 의존하고 있는 자동차를 대신할 교통운송 수단의 대안이 따로 있지는 않다. 그것은 아주 오랫동안 이 땅의 산과 들에서 사용해 왔던 것이고, 속도와 편리성에서는 과거의 것들보다 개선된 수레와 마차일 것이다. 도시에선 매년 수만 대의 자전거가 버려진다. 이 자전거들을 잘 활용하면 적당한 수레나 마차를 만드는 것이야 어렵지 않은 일이다. 영등포에 있는 하자작업장학교가 화물 자전거 프로젝트를 학교 내의 공방에서 추진 중이다. 이미 공방지기와 학생들이 몇 가지 모델의 화물 자전거를 개발하였다. 어디 그뿐이랴. 크고 작은 주방 도구와 농기계들도 만들 수 있다. 이미 앞선 사례들도 많고 제작 방법도 적지 않게 공개되어 있다. 필요한 것은 약간의 시간과 작업 도구들, 그리고 또 다시 엄두를 내는 마음이다.

12장 밧줄과 매듭으로 만든 기계

　불의 이용과 함께 밧줄과 매듭, 바퀴, 도끼 등은 사람에 의해 개발된 가장 오래된 기술들이다. 밧줄과 매듭의 이용은 기원전 16세기에서 기원전 18세기까지 거슬러 올라간다. 밧줄이나 매듭을 이용했다는 사실을 유추해 볼 수 있는 간접적 증거가 될 유물들, 즉 방추, 뼈바늘, 벽화 등을 참고하여 고고학자들은 밧줄과 매듭이 25~250만 년 전부터 이용되었을 것이라고 추정하기도 한다. 선사시대부터 인류는 사냥, 물건의 체결, 운반, 인양 등의 작업에 밧줄과 매듭을 이용해 왔다. 초기에는 창과 작살과 활을 만들거나, 바구니나 옷을 만들기 위해, 사람이나 동물을 묶기 위해, 움막을 짓거나, 때로는 덫이나 그물을 만들고 뗏목을 만들기 위해 밧줄과 매듭을 이용했다. 문명이 발달하면서 밧줄과 매듭은 기중기나 투석기, 현수교를 들어 올리거나, 배의 돛을 묶는 등 화물의 운반과 인양을 위해 널리 이용되었다. 중세에는 교수형을 위한 올가미로 이용되었고, 수도원의 종을 매달기 위해 밧줄이 이용되었다.

　산업혁명 이전까지 대부분의 밧줄은 식물의 줄기를 길게 벗겨내어 여러 가닥을 꼬아서 만들었다. 이집트는 파피루스와 대추야자 섬유로, 아시아에서는 대나무, 코코넛 등으로 밧줄을 만들었다. 한국과 중국, 일본에서는 대마, 황마, 모시 등을 이용해서 섬유를 만들었다. 유럽에서도 대마, 황마, 마닐라 삼 등이 밧줄의 재료가 되었다. 시간이 지나 19세기 후반에는 강철로 만들어진 '강선밧줄'이 나왔고 1930년대 말 나일론이 개발되면서 나온 화학섬유 밧줄로 대체되었다.

원시시대에서 중세까지 돌과 나무 등 어떤 재료로 만들어진 기계나 도구이던 밧줄과 매듭 없이 만들어지거나 사용되지 않은 것이 없을 정도다. 켈트족이나 중국에서 밧줄이나 매듭은 장식적 요소로도 이용되었고 남미에서는 문자를 대신하기도 했다. 잉카문명에서는 저장 곡물의 내용, 인구수 등 정보를 기록하는 데 사용되었다. 밧줄의 제작은 수세기 동안 도구를 사용하지 않은 수작업이었다. 주로 여러 가닥의 실을 꼬아서 더욱 튼튼하게 만들었다. 기원전 5세기경 이집트인은 휴대용 물레를 사용해서 밧줄을 만들었다. 그 후 유사한 장치들이 중국이나 유럽에 등장했다.

　밧줄은 무언가에 연결해야만 사용할 수 있다. 이런 이유로 밧줄은 매듭의 발달과 필연적으로 얽혀 있다. 선사 시대의 매듭은 매우 간단했지만 시간이 흐르며 고도의 전문 기술이 되었다. 현재 매듭의 종류는 야영, 등반, 하역, 운송, 선박, 안전, 공예, 농업 등 용도에 따라 세분화되어 무려 4천 종에 이른다. 직업별로 사용되는 매듭도 다르다. 매듭은 사실 근대 이전까지 일상생활에 꼭 필요한 것이었다. 이런 매듭이 현대인의 일상으로부터 감쪽같이 사라져 버렸다. 요즘 많이 사용하고 있는 강선밧줄이나 화학섬유 밧줄은 매듭을 유지하는 데 적합하지 않다. 너무 쉽게 풀려 버리기 때문이다.

　항해하는 선박과 무역량이 증가하면서 중세 유럽에서 밧줄의 수요가 급증했다. 선박의 돛을 묶거나 화물, 장비를 묶는 데 많은 양의 밧줄이 필요했다. 대형 선박의 증가와 광산업의 발달로 강하고 두꺼운 밧줄의 수요가 생겼다. 밧줄은 오랫동안 주로 대마, 마닐라섬유, 야자섬유, 대나무, 파피루스 등 다양한 식물성 섬유로 만들어졌다. 섬유 밧줄은 필요에 따라 쇠를 재료로 하는 와이어로프로 대체되기도 했다. 현대에

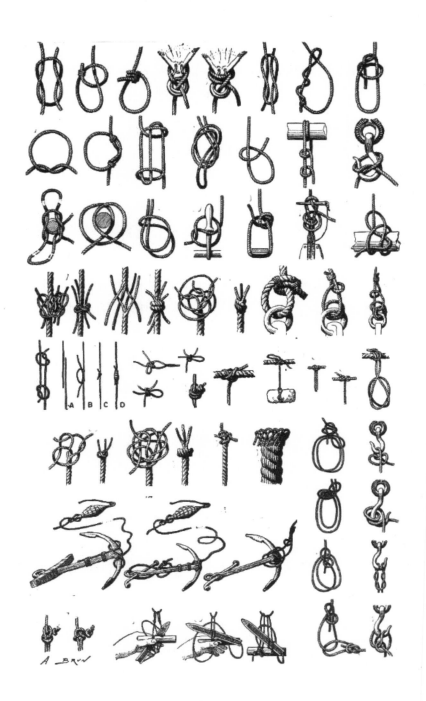

A. BRUN

164

와서도 여전히 식물성 밧줄은 수상 스포츠, 등산장비, 낙하산, 어업 등에서 이용되고 있다. 하지만 상당 부분은 화학섬유로 대체되었다. 훨씬 강하고 가볍고 저렴하기 때문이다. 단 화학 합성 밧줄은 분해되면서 유독성분을 방출하고 재활용할 수 없다. 또한 석유산업에 의존할 뿐 아니라 제조 과정에서 상당한 에너지를 필요로 한다. 이미 모든 기계가 강한 강철과 화학섬유 밧줄에 맞춰져 있기 때문에 기계와 도구의 변화 없이 천연섬유 밧줄의 시대로 돌아가기란 쉽지 않다. 그러나 여전히 밧줄과 매듭은 농사를 위해서, 때로는 울타리를 엮기 위해, 작은 공예품을 만들기도 하고, 최근에는 유동적인 놀이 시설이나 액티브 네팅active netting이라 부르는 밧줄 놀이시설을 만드는 데 적극적으로 이용되고 있다.

삭도, 공중 밧줄 운송의 역사

요즘 스키장의 리프트나 관광지의 케이블카가 아니라면 삭도(밧줄길)를 거의 사용하지 않는다. 1940년 이전까지 삭도는 산악지대뿐 아니라 평지에서도 화물 운송에 대중적으로 이용되었다. 화물 운송을 위한 거대한 공중 밧줄 운송체계는 중세 때 이미 시작되었다. 삭도는 2천 년 이상 사람과 물건을 운송하기 위해 사용되어 왔다. 고대 중국, 일본, 인도 등 험준한 아시아 산악지대에서 계곡이나 협곡, 강 위에 가로질러 건널 수 있는 삭도를 이용한 흔적들이 남아 있다. 당시에는 간단한 장구만 있었고 손을 번갈아가며 밧줄을 잡고 이동해야 했다. 밧줄 장구는 쉽게 밧줄을 미끄러지며 나갈 수 있게 만들었다. 나중에는 바구니나 요람을 밧줄에 걸고 그 안에 들어가 줄을 잡아당겼다. 종종 이런 삭도는 마을 공동의 소유였다. 보통 중력에 의해 높은 곳에서 낮은 곳으로 미끄러져 내려가도록 만들었는데 빈 바구니나 요람은 본래의 위치로 끌어당길 수 있었다. 밧줄에 속 빈 대나무를 끼우기도 했는데 이렇게 하면 바구니가 미끄러져 내려갈 때 밧줄에 손이 까지거나 마찰열로 데이는 것을 피할 수 있었다. 삭도를 만들기 위해서는 밧줄을 꼬고 매듭을 묶을 수 있어야 하고, 건너편으로 밧줄을 묶은 화살을 쏠 수 있어야 했다. 큰 밧줄을 묶어 쏠 수 있는 석궁이 중국에서 발명된 후 보다 먼 거리로 밧줄을 걸 수 있게 되었다. 때때로 밧줄 위에 나무 발판을 걸쳐놓은 줄다리로 사용되기도 했다.

삭도는 다리나 승강기가 도입되기 이전에 사용하던 기술이었다. 일본에서 삭도에 대한 최초의 언급은 14세기에 쓰인 역사 서사시 『태평기太平記』에 등장한다. 여기에는 적들에게 포위되었던 영주가 삭도를 타고 탈출한 사건이 언급되어 있다. 유럽에서는 1405년 무기 목록인 벨리포티스Bellifortis에 삭도에 관한 언급이 남아 있다. 이 당시는 수차, 풍차, 항구 거중기, 삭도 등이 대중적으로 확산되어가던 시기임을 알 수 있다. 1650년부터 1850년 사이 더 이상의 기술적 진보는 일어나지 않는다. 삭도와 관련된 기술은 한계에 봉착했는데 당시 기술로 만들 수 있었던 밧줄의 한계이기도 했다. 19세기 중반에 들어서 보다 강하고 인장력 높은 밧줄이 등장하면서 새로운 전기를 맞이했다. 하지만 증기엔진과 전기모터의 등장으로 더 이상의 발전은 이루어지지 않았다.

중력을 이용하는 삭도의 경우 상승운송장치를 끌어 올리고도 남는 힘을 밧줄로 연결된 공장의 다른 기계를 돌리는 데 사용할 수 있다. 예를 들어 제재소나 물 펌프, 분쇄기 등에 연결해서 사용했다. 실제로 전기가 등장하기 전까지 삭도의 남는 에너지는 인근의 기계장치를 돌리는 데 사용되었다. 현대에 와서 잉여 에너지는 전기를 생산하는 데 사용된다. 하지만 전기의 등장 이후로도 삭도의 유용성이 사라진 것은 아니다.

전기 구동장치가 결합된 삭도는 효율적인 운송 수단이다. 이때 전기는 보조적인 동력이 된다. 이러한 근대 초기의 삭도는 독일, 이탈리아, 오스트리아, 스위스, 프랑스 등 알프스 산맥 주위의 국가들이 주도했다. 공중 삭도는 1900년대와 1940년대 전쟁 중에 광범위하게 이용되었다.

화물 운송용 삭도는 광산에서 많이 이용되었다. 미국에서 금광 열풍이 일 때 처음으로 광산에서 삭도가 이용되었다. 광산에 연결된 삭도를 이용해서 사람들은 금, 은, 동, 석면, 석재, 모래, 석영, 석회 등 다양한 광석을 광산에서 분쇄 설비가 있는 작업장까지 중력을 이용해서 운송했다. 작업을 마치면 다시 철도와 배까지 증기엔진에 의해 가동되는 삭도로 이송되었다. 삭도는 농업 생산물의 운송에도 많이 이용되었다. 바나나 같은 과일이나 곡물, 면화, 차, 사탕수수를 생산하는 대형 농장에서 삭도는 매우 효율적인 장치였다. 이 작물들은 경작지에서 철도역까지 대량으로 운송되어야 했다. 통나무, 제재목, 숯, 목재를 벌목지에서 제재소까지, 다시 철도역까지 이송을 위해 산악지대에서도 공중 삭도가 널리 이용되었다. 이뿐 아니라 벽돌, 석탄, 시멘트 등 건축자재를 운송하는 데에도 공중 삭도는 널리 이용되었다. 또 다른 공중 삭도의 용도는 공장에서 자재를 실어 나르는 것이었다. 현재까지 컨베이어 벨트 시스템을 도입한 조립공장에 공중 삭도를 이용한 부품 운송은 널리 이용되고 있다. 강 건너 반대쪽 강둑으로 화물이나 승객을 이동하는 데도 이용되고 있다. 특히 항구에서 공중 삭도는 자주 이용되는데 화물선에서 화물을 하역하고 운송하는 데 이용된다.

밧줄을 이용하는 것 중 케이블카를 빼놓을 수 없다. 최근 지리산 케이블카 설치에 대한 찬반 논란이 일고 있다. 시민단체들은 환경 파괴와 경관 파괴를 이유로 강하게 반대하고 있다. 지금 같은 상황에서 지리산의 케이블카 설치는 잘못된 것이다. 이미 산악 도로망이 충분히 깔려 있고, 등반 수요와 무관한 관광 개발주의 논리에 따른 설치 주장이기 때문이다. 만약 기존의 산악도로를 폐쇄하고 자동차의 통행을 전면 금지한다는 조건이라면 케이블카 설치에 찬성할 수도 있다. 현재 케이블카 설치를 반대하는 측은 과연 이러한 안에 흔쾌히 동의할 수 있을까. 사실 케이블카는 도로와 자동차보다 훨씬 경제적이고, 에너지 소비와 환경 파괴 정도가 비교할 수 없을 정도로 적다.

케이블카는 공중 밧줄에 승객 운송용 차량을 매단 밧줄 도로^{삭도}의 일종이다. 공중 삭도 운송은 2천 년의 역사를 가지고 있다. 지금이야 산악지대의 스키 리프트나 케이블카, 곤돌라 등에 제한적으로 이용되고 있지만 1940년까지 산악지대뿐 아니라 평지에서도 농장, 광산, 공장, 목재 벌목과 제재소의 화물 운송을 위해 대중적으로 이용되었다. 증기엔진, 전동모터, 자동차가 등장하면서 공중 삭도의 이용이 줄어들기 시작했지만 이제 상황은 역전되기 시작했다. 에너지 위기와 환경 파괴, 기후 변화에 직면한 오늘날, 공중 삭도를 이용한 운송의 이점이 다시 부각되고 있다. 공중 삭도는 도로나 철도, 교각, 터널을 필요로 하는 자동차나 기차에 비해 훨씬 설치비용이 적게 들고 운송 시 에너지 비용도 적게 든다. 작동에 드는 에너지는 전력과 중력, 수력 등 자연 에너지를 혼용하고 작동 과정에서 발전이 가능하기 때문이다. 또한 계곡, 협곡, 강 등을 교각을 설치하지 않고도 건널 수 있다. 한 연구에 따르면 공중 삭도는 645m 고도가 변할 때 1,630m의 길이가 필요하다. 반면 기차는 24km가 필요하다. 말이나 소, 당나귀와 비교해서도 비용은 훨씬 적게 든다. 또한 폭우나 폭설 등 기후 조건에 영향을 덜 받는다. 도로를 사용하지 않기 때문이다. 단, 태풍 등 바람의 영향을 심하게 받는다. 또한 지지 탑을 제외하고 바닥 면적을 크게 차지하지 않는다. 단지 밧줄지지 탑 부분의 산악 지면만 훼손한다. 마모도 상대적으로 적고, 도로에 비해 내구연한이 길다. 야간에도 교통사고 없이 화물을 운송할 수 있으며 동물과 충돌하는 위험도 줄어든다. 진동과 소음도 적다. 이런 무수한 장점을 가진 것이 공중 삭도이다. 중력을 이용하는 방식의 경우엔 잉여 회전력을 전기 발전에 이용할 수도 있다. 하지만 이미 도로가 있는 산악에 다시 케이블카를 설치하는 짓은 자연 훼손을 더할 뿐 아니라 에너지 소비를 증가시킨다. 문제는 여기에 있다. 미래의 삭도 전차는 기존의 도로 사정과 지역에 따라 제한적으로 설치하여 운영하면 될 것이다.

과거의 삭도가 감당할 수 있는 운송 용량에는 한계가 있었다. 그러나 현대의 삭도 전차인 도플마이어doppelmayr는 시간당 1,500톤을 운송할 수 있다. 이 정도면 도로의 모든 트럭을 대체할 수 있다. 세계적인 적정기술 단체인 프랙티컬 액션Practical Action은 남미에서 공중 삭도를 이용한 운송 시설을 설치한 사례가 있다. 2007년에는 한 NGO가 화석에너지를 사용하지 않고 중력에 의해 가동되는 화물 운송용 공중 삭도를 인도에 설치했다. 이 밧줄 도로는 산악지대의 2천여 가구가 이용하고 있다. 설치비용은 1만 4천 달러밖에 들지 않았다. 이 설비를 이용해서 마을 사람뿐 아니라 농산물, 비료, 동물을 운송할 수 있다. 오스트리아와 스위스 복합기업인 도플마이어 그라벤타 그룹Doppelmayr Garaventa Group은 혁신적인 화물용 공중 삭도 설비인 로프콘ropecon을 개발했다. 이 설비는 공중 삭도에 컨베이어 시스템이 결합된 형태이다. 길이가 10km인 삭도 컨베이어 시스템은 시간당 1,500톤을 운송할 수 있다. 자메이카에 설치된 로프콘은 화물 트럭 1,200대 이상의 운송 대체 능력을 보여 주었다. 예전에 비해 지지 탑도 덜 필요하고 연결할 수 있는 길이도 점점 늘어났다. 아프리카의 에리트레아Eritrea의 마사와-아스마라 massawa-asmara 공중 삭도는 무려 75km의 길이로 연결되어 있다. 화물 차량 운송을 줄이고 대안 에너지를 적절하게 이용하는 조건에서 공중 삭도를 이용한 운송 수단을 현실적인 대안으로 다시 고민할 필요가 있다. 뒷전으로 밀려났던 공중 삭도가 21세기 들어 곳곳에서 다시 성공적 으로 부활하고 있다. 단순한 환경보호론만으로 무조건 삭도의 설치를 반대할 일이 아니다. 중요한 것은 삭도를 설치하는 환경과 사회경제적 맥락 속에서 판단해야 할 문제는 아닐까.

인간 구동 크레인

초기 문명에서 산업혁명까지 인간은 도저히 사람의 힘으로 들어 올 릴 수 없는 물건들을 들어 올리는 작업을 위해 수많은 사람들의 힘을 조직하는 기술과 적정한 기계를 사용해 왔다. 오늘날 건설현장에서 사 용되는 가장 일반적인 타워 크레인은 대략 12~20톤을 끌어 올릴 수 있 다. 이집트의 피라미드를 구성하는 돌의 대다수는 2~3톤의 무게지만 때로는 더 무거운 돌이 사용되기도 했다. 로마에서도 무게가 53톤 이상 인 돌을 34m 높이로 들어 올려 사용했다. 이것은 현대적인 크레인으로 도 쉽지 않은 작업이다. 때때로, 인류의 선조들은 지금도 상상하기 어 려운 무게의 돌을 들어 올렸다. 파라오 카프라의 사원은 425톤이나 되 는 석조 블록 하나로 구성되어 있다. 또 이집트의 가장 큰 오벨리스크는 520톤 이상의 돌이 30m 높이로 서 있다.

고대 이집트인들이 고도의 기술로 뛰어난 기중기를 만들어 사용했 을 거라 추측하겠지만 사실은 전혀 그렇지 않다. 피라미드 정상까지 이 어지는 경사도가 낮은 긴 경사로에 지렛대와 밧줄과 최대 5만 명의 노예들을 이용해서 어마어마한 무게의 돌들을 끌어 올렸다.

처음으로 기계화된 기중기는 기원전 5세기에서 기원전 6세기경 그리스에서 나타났다. 로마인들은 거대한 기념비를 구축하고자 하는 열망에 사로잡혔다. 로마인들이 만든 기중기는 도르래와 밧줄로 구성되었다. 밧줄과 도르래는 깊은 우물 속에서 물을 긷기 위해 기원전 8세기에서 기원전 9세기 전부터 이용되었지만 도르래 하나만으로는 기계적인 이점을 얻지 못했다. 점차 기중기의 기계적 발전이 이루어져서 여러 개의 도르래를 사용하는 복합 도르래가 등장한다. 두 개의 도르래 중간에 매달린 한 개의 도르래 조합은 입력되는 힘의 세 배 가량의 출력을 얻어낼 수 있었다. 비슷한 배열의 다섯 개의 도르래를 이용하면 다섯 배의 힘을 끌어낼 수 있었다. 즉 한 사람이 50kg의 물건을 끌어 올릴 수 있다면 세 개의 도르래 조합을 이용해서 150kg까지 끌어 올릴 수 있다. 만약 다섯 개의 도르래를 조합한다면 250kg 이상 끌어 올릴 수 있는 것이다. 다만 밧줄은 더 길어져야 한다. 즉 물건을 들어 올리기 위해서 잡아당기는 밧줄은 3배3개 도르래 조합 또는 5배5개 도르래 조합 길어져야 하고 그만큼 들어 올리는 속도는 늘어난다.

복합 도르래와 동시에 등장한 기술은 윈치밧줄 타래와 캡스턴밧줄 활차이었다. 윈치는 수평 축이 있고 캡스턴은 수직 축을 갖는다. 밧줄을 감을 수 있는 원형의 회전에 기계적 힘을 더하기 위해 긴 손잡이들이 달렸는데, 이 손잡이의 길이에 따라 맨손으로 밧줄을 당길 때에 비해 훨씬 큰 힘을 발휘할 수 있다.

밧줄을 이용한 기중기는 1800년대 말까지 사용되었다. 밧줄과 복합도르래와 윈치 또는 활차를 결합시킨 기중기는 대단한 성능을 발휘했다. 윈치 또는 캡스턴보다 훨씬 더 강력한 장치는 물레였다. 기원전 230

년부터 기원후 19세기 후반까지 물레는 기중기의 주요한 요소였다. 보통 직경 4~5m의 바퀴 형태였는데 큰 직경으로 인해 더 큰 기계적 힘을 가중시킬 수 있었다. 다섯 개의 복합 도르래와 밧줄 바퀴를 사용하면 50kg의 힘을 들여서 약 3.5톤의 하중을 들어 올릴 수 있었다. 간단한 도르래로 들어 올릴 수 있는 것보다 약 70배 이상의 무게다. 중세의 항구에서는 약 7톤의 화물을 하역할 수 있는 인간 동력 기중기들이 이용되고 있었다. 물론 여러 단점들이 있었다. 약 10m 높이로 물건을 들어 올리려면 140m의 밧줄을 감아야 했고 들어 올리는 속도는 매우 느렸다.

이집트인들은 어떻게 500톤 이상의 돌을 이용해 기념비들을 지을 수 있었을까. 기본적으로 다수의 기중기를 조합하여 엄청난 하중의 돌을 들어 올릴 수 있었다. 하나의 방법은 여러 개의 활차에 밧줄을 걸어 잡아당길 수 있는 거대한 기중기 탑을 세웠다. 이러한 방법은 기계적으로 간단하고 여러 사람의 힘을 이용하거나 동물의 힘을 이용할 수 있었다. 이 오벨리스크를 로마의 바티칸으로 옮길 때는 27.3m 높이의 목조 기중기 탑, 밧줄 220m, 40개의 활차, 800명의 남성과 140기의 말을 사용하여 오벨리스크를 들어 올렸다. 서로마 제국의 쇠퇴에 따라, 유럽에서 정교한 기중기의 사용은 800년 동안 자취를 감췄다.

중세의 항구에서 고정된 하역 기중기가 개발되었다. 기중기는 13세기 네덜란드와 14세기 영국의 항구에서 처음 사용되었다. 이때 기중기에 부착된 밧줄 물레는 직경이 6.5m에 달했다. 이때까지도 들어 올리는 속도보다 더 중요한 점은 얼마나 무거운 화물을 들어 올릴 수 있느냐에 있었다. 가장 강력한 밧줄 물레가 달린 하역 기중기는 최대 3m 직경의 물레가 두 개 달려 있었고, 서너 명의 남자가 작동시켰다. 중세의 건설 공사에 사용되는 대부분의 기중기는 수직으로만 물건을 들어 올릴 수 있었다. 14세기에 드디어 측면으로 회전할 수 있는 선회 기중기가 등장했다. 지렛대 원리를 추가한 T형 탑 형태의 기중기는 17세기에 등장하며 이후 건설 기중기의 일반적인 형태로 자리를 잡았다.

19세기에는 세 가지 중요한 혁신이 나타났다. 첫 번째는 기중기를 만드는 데 목재 대신 주철을 사용했다. 또한 자연 섬유나 밧줄 대신 금속 체인이 발명되었고, 철제 와이어로프가 널리 이용되기 시작했다. 마지막으로 증기엔진의 발명으로 물건을 들어 올리는 속도를 증가시킬 수 있게 되었다. 하지만 20세기 초까지 곳곳에서 손으로 작동시키는 기중기들이 여전히 널리 이용되고 있었다. 톱니바퀴들이 기중기에 결합되면서 더욱 강력한 힘을 발휘했는데 네 명의 힘으로 60톤까지 끌어 올릴 수 있었다. 2009년 9월 기준으로 오늘날 세계에서 가장 강력한 기중기는 2만 톤의 인양 능력을 보유하고 있다.

석탄과 석유, 원자력의 시대가 끝난다면 어떻게 될까. 더 이상 깊고 어두운 지하에서 철광석을 채굴하는 것이 어려워진다면, 철광산업의 발전과 함께 시작된 산업혁명의 결과로 이루어진 현대의 기계들의 운명은 어떻게 될까. 견고하고 내구성이 높고 강력한 충격을 견딜 만한 우수한 금속 재료들이 사라진다면 어떻게 될까. 다시 우리는 부드럽고 유연하고 질기지만 마모되고 썩을 수밖에 없는 밧줄과 매듭에 의존하게 될까.

최악의 상황을 가정하지 않는다 해도 밧줄과 매듭으로 만든 기계와 기술은 여전히 다시 호출할 충분한 가치가 있다. 밧줄과 매듭은 우리의 손에 남겨진 가장 오래된 기억으로 넉넉하게 삶과 세상을 엮고 묶어 벅차도록 위대한 기념물들을 여전히 들어 올려 세울 수 있을 것이다. 굳이 거창한 것이 아니더라도 작고 소소한 공간과 주변의 사물들을 단단히 붙들어 매어 인간의 삶을 풍족히 채워갈 것이다.

4부

절망의 시대,
희망의 기술

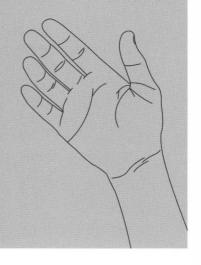

13장 설국열차와 기술사회

> 복원력은 엄청난 문제 앞에서 성장하는 능력이다. 복원력은 상호작용이자
> 관계다. 우리는 관계를 발전시킴으로써 복원력을 개발한다. 사람들과 상황
> 을 만나 말을 주고받고 감정을 느끼면서 우리는 자기를 끊임없이 뜨개질하
> 고 있다. 한 코를 빼 먹으면 삶 전체가 풀어져 버릴 듯하지만, 사실은 한 코
> 라도 남아 있으면 처음부터 다시 시작할 수 있다. 긍정적 정서와 유머는 복
> 원력의 핵심 요소다. 삶의 고난이나 트라우마에 잘 대처하는 사람들은 역경
> 속에서 의미를 발견하고 그것을 유익한 계몽적 경험으로 여길 뿐 아니라 웃
> 을 방법을 알아내기도 한다. 복원력이 있는 사람들은 현재 상황이 괴롭더라
> 도 미래에 어떻게 나아질지 늘 상상할 수 있다.
>
> — 보리스 시륄니크 『불행의 놀라운 치유력』

봉준호 감독의 〈설국열차〉는 귀농한 이후 7년 만에 극장에서 본 영
화다. 대학 시절 보았던 첸카이거 감독의 〈패왕별희〉 이후 다시 영화 속
우화와 상징, 비유와 직유, 은유의 세계로 빠져들게 만들었다. 〈패왕별
희〉가 우아하고 은밀하게 말을 건다면 〈설국열차〉는 거칠고 직설적인
선동이다. 선동의 결말은 기술적 해결책의 파괴와 탈출이다.

영화의 배경은 멀지 않은 미래. 심각한 온난화를 해결하기 위해
CW-7이라는 냉매제를 살포한 부작용으로 지구에 인공적 빙하기가 찾
아온다. 지구의 모든 생물체는 절멸한다. 이제 무한동력 엔진과 인공 생
태계를 갖춘 채 순환궤도를 끊임없이 달리는 설국열차에 오른 탑승자
들만이 지구상의 유일한 생존자들이다. 설국열차는 폭력적인 위계질서
로 유지되는 폐쇄적 계급사회로, 영화는 처참한 환경 속에서 억압받던

꼬리 칸 사람들이 절대 권력을 상징하는 엔진 칸을 장악하기 위해 반란을 일으켜 한 칸 한 칸 전진해 나가는 과정을 보여준다. 우여곡절 끝에 결국 설국열차의 탑승객 중 단 두 명의 아이만이 차갑고도 아름다운 자연 세계로 발을 내디디며 영화는 막을 내린다.

'CW-7'과 기술적 해결책

근래 들어 매년 여름이 되면 우리는 기후 온난화를 실감하고 있다. 영화 속에서 대기 중에 살포한 'CW-7'과 같은 기술적 해결책은 이미 중국에서 시도되고 있다. 섭씨 44도까지 치솟은 폭염을 식히기 위해 중국 정부는 액화탄산이나 요오드화은과 같은 응결핵을 대기 중에 살포하여 인공 강우를 시도했다. 미국의 GE사에서 인공 강우를 연구한 이래 40년이 지났다. 인공 강우는 기후 통제 프로젝트의 일부로 미 국립과학재단NSF에 기상 통제에 관한 연구비를 계속 지급하며 연구를 독려하고 있다. 러시아, 호주, 네덜란드, 중국, 일본도 마찬가지다. 인공 강우는 최근 세계기상기구WMO가 관장하는 최우선 기후 통제 사업으로 채택되었다. 또 다른 인공적인 기후 통제의 사례들은 여러 곳에서 발견된다. 우박 피해를 자주 받고 있는 중국이나 러시아는 우박을 억제하기 위해 대공포탄에 구름 씨를 넣어 우박을 형성하는 구름 속에 쏘아 올리기도 하고 로켓을 쏘아 구름의 성격을 바꿔 우박으로부터 농작물의 피해를 줄이려 한다. 이 같은 인공적인 기후 통제는 자연의 질서에 도전하는 위험한 거대기술로서, 인공적으로 기후를 통제할 수 있다 하더라도 장기적으로 생태계 전반에 어떤 영향을 가져올지 아무도 그 결과를 예측할 수 없는 무책임한 시도이다.

설국열차에서 'CW-7'이라는 기술적 해결책은 빙하기라는 최악의 결과를 낳았다. 월포드가 빙하기를 예측하고 미리 만들어 놓은 무한동력 엔진과 자급적 인공 생태계를 갖춘 설국열차 역시 기술적 해결책이지만 결국 내부 반란으로 붕괴되고 만다. 마지막에 살아남은 두 아이를 자연 생태계로 맞이하는 북극곰을 보여준 것은 결국 자연만이 우리의 대안이자 마지막 보루라는 것을 상징하는 것은 아닐까.

핵발전소는 이 시대의 거대과학이 만들어 낸 하나의 기술적 해결책이다. 원전 마피아들은 핵발전소를 온실가스를 감축할 수 있는 '녹색청정' 에너지라 우기고 있다. 후쿠시마 핵발전소에서 누출된 방사능은 일본을 넘어 아시아의 땅과 대기와 드넓은 태평양을 오염시켜 버렸다. 권력과 산업, 거대과학이 제시하고 있는 온갖 기술적 해결책은 우리 주변에 넘친다. 홍수를 예방한다던 4대강은 물의 흐름을 막고 심각한 녹조로 몸살을 앓고 있다. 이런 거대한 기술적 해결책들에 대해 우리와 우리의 다음 세대는 끊임없이 의심하고 질문하고 저항할 수 있어야 한다. 영화 속에서 환경단체들은 CW-7의 살포를 반대했지만 그들은 소수에 불과했고 살포를 막을 정치적 힘도 없었다. 현실의 우리는 기술적 해결책에 대해 근본을 묻는 비판적인 지성과 집단적인 힘을 키울 수 있어야 한다.

설국열차에서 뛰어내리기

100량의 열차 칸을 이은 설국열차는 빙하기의 궤도 위를 아슬아슬하게 내달리는 소수 생존자들의 패쇄 사회다. 생존을 위해서 열차는 악착같이 달려야 하며 결코 멈추어서는 안 된다. 그 속에는 프리드리히 엥겔스가 쓴 『영국 노동계급의 상황』 속에 표현된 산업혁명 초기의 열악한 도시 빈민굴을 떠올리게 만드는 꼬리 칸과 반란자를 가두는 감옥이 있다. 저질 패스트푸드와 식품산업을 떠올리게 만드는 단백질 블록 공장, 산업적 축산과 도축을 상징하는 정육 냉동칸, 기후와 관계없이 실내에서 재배 환경을 인공적으로 제어하는 식물공장, 인공 양식장을 떠올리게 만드는 수족관, 현대적 기간산업과 시스템을 떠올리게 만드는 물 공급시설, 부유한 앞 칸 사람들을 위한 고급 객실과 식당, 치과, 양장점, 체제의 영속성과 위계사회를 세뇌하며 시스템 밖에는 죽음밖에 없다고 세뇌하는 교실, 구매되는 치유의 공간 사우나, 수영장, 마약과 술과 환락에 취한 클럽, 열차를 끌어가며 권력의 정점에 있는 윌포드가 사는 맨 앞의 무한동력 엔진 칸. 이 모든 것이 현대 자본주의 사회의 축소판이다.

물을 정수하는 열차 칸에 대해 생각해 볼 필요가 있다. 물 공급 칸의 물은 자본주의의 안락을 상징한다. 피비린내 나는 쟁투를 거친 반란자들에게 꼬리 칸의 현자 길리엄은 사람들에게 피를 씻고 이곳을 장악하자고 말한다. 피투성이가 된 몸을 물로 깨끗하게 씻고 나면 다시 피 튀기는 싸움에 선뜻 나서기란 쉽지 않다. 취업과 생존 경쟁 끝에 일자리가 생기고 어느 정도 경제적 안락이 주어지면 투쟁 의식은 사라진다. 좀 더 나은 조건에 만족하며 체제에 안주한다. 길리엄과 같이 매우 현실적인 노동운동가들의 모습을 어렵지 않게 보아왔다. 설국열차의 독재자 메이슨 총리는 물은 열차의 앞 칸에서 뒤 칸으로 공급된다고 말한다. 금융 시스템을 기획하고 운영하는 자들은 화폐를 마음대로 찍어내고 통제한다. 그렇게 찍은 화폐를 흔들며, 임금을 조건으로 만인을 노예로 부린다. 만약 반란자들이 물 공급 칸을 장악하고 안주했다면 열차 밖을 향한 요나와 티미의 탈주는 결국 없었을 것이다. 다음 세대들이 이 체제에 안주하게 만들어서는 안 된다. 지금 체제를 의심하고 불안해하며 이 체제와 불화하게 만들어야 한다. 생존의 조건을 제어하는 앞 칸이 만들어 낸 시스템의 본질을 파악하게 만들고 닫힌 문을 열게 해야 한다. 폭주하는 열차의 밖, 새로운 가능성이 기다리는 땅으로 나가도록 만들어야 한다.

'도시'라는 문제

근대의 과학과 기술로 성장한 산업기술사회는 수많은 인공 생태계를 만들고 있다. 이미 현대의 도시는 거대한 인공 생태계에 가깝다. 현재 진행 중인 도시 설계자들의 구상을 보면 놀라지 않을 수 없다. 리비전 댈러스Re:Vision Dallas 프로젝트처럼 산과 들을 모사한 이른바 에코 빌딩들, 열대우림의 거대 고목을 모방한 인공 거대수巨大樹 프로젝트 등 최근의 도시 설계의 경향은 디스토피아적 SF영화에서나 보아왔던 인공 생태도시를 구현하고자 하고 있다.

도시는 다중적인 상상의 누적된 결과물이다. 현대의 건축가들이 꿈꾸고 있는 인공 자연 구상들을 보면서 도시 바깥의 피폐해지는 지역과 변방을 생각해 본다. 대도시가 빨아들이는 전기를 공급하기 위해 막무가내로 밀어붙인 송전탑 건설로 파괴된 밀양이라는 변방과 또 다른 밀양들을 생각해 본다. 설국열차는 보여준다. 기술적으로 구현된 인공 생태계의 균형은 언젠가 깨지고 내부의 문제로 폭발하며 붕괴될 것이라고…. 점점 인공 생태계로 변해가는 '도시의 문제'가 아닌 '도시'라는 문제에 대해 생각해야 한다. 이러한 시각은 현대 문명에 대한 반성적 사고를 요구한다.

존재를 바꾸는 공간들

공간은 단순히 물리적이고 객관적인 실체가 아니다. 공간은 인간의 실존을 규정하고 성격 짓는 강력한 환경이다. 꼬리 칸에 살면서 단백질 블록 생산 칸에서 일하고 있는 아저씨는 꼬리 칸에 있던 예전의 그 사람이 아니다. 단백질 블록 칸이라는 공간의 목적, 기능, 그 공간에 있는 사람들에 대해 정해 놓은 임무에 길들여진 그는 더 이상 그곳을 떠나려 하지 않는다. 현대의 수많은 공간들이 우리의 삶을 규정하고 있다. 우리는 공간의 목적, 기능, 그 속에 숨은 강제를 눈치채야 한다. 그럴 때 비로소 그 공간을 벗어나거나 공간을 바꾸거나 그 공간을 파괴할 엄두를 낼 수 있다. 음악가인 꼬리 칸의 노인은 앞 칸으로 옮겨가 상류 지배층을 위한 연주자가 된다. 온실 식품공장 칸의 중산층 부인은 열차 안의 반란과 혼란한 상황 속에서도 무감각하게 바느질만 하고 있다. 꼬리 칸에서 붙들려간 흑인 꼬마 티미는 엔진 속에서 인간 부품이 되었다. 열차 안에서 태어난 교실 칸의 아이들은 '7인의 반란자들의 죽음'에 대해 들으며 열차라는 시스템 밖으로 나가면 당장 얼어 죽는다는 위협에 세뇌된다. 반란은 꿈에서조차 상상하지 못하는 트레인 베이비train baby로 자라난다. 우리 사회의 청소년들이 겪는 무기력은 무엇 때문일까. 1970~80년대 청년들처럼 반란과 혁명을 꿈꿀 수 있는 힘을 기대할 수 있을까.

평소엔 윌포드의 권력과 설국열차 내의 위계질서의 영속성을 설파하지만 반란자들에게 사로잡히자 신념 없는 기회주의자의 모습을 드러내는 설국열차의 총리 메이슨은 우리 사회의 정치인들을 보는 듯하다. 정치권력을 표현하고 있는 메이슨 주변에는 파쇼 독재를 떠올리게 하는 프랑코 형제와 일본의 군국주의를 상징하는 일본인 남녀 장교들이 따라다닌다. 아베 총리가 내세운 평화헌법 개정을 통해 자국 내의 불안과 위기를 외부세계로 돌리며 서서히 전쟁국가로 변모해가는 일본을 보면 섬뜩하다. 메이슨의 뒤에는 대중 앞에 모습을 드러내지 않고 설국열차를 지배하는 절대자, 엔진 칸의 윌포드가 있다. 그는 설국열차라는 기술사회를 만든 장본인이다. 윌포드Willford라는 이름은 성장과 진보를 믿으며 앞으로ford는 '앞으로'라는 뜻이 있다 나가는 자의 의지will를 상징하는 것은 아닐까. 정치인의 뒤에는 자본주의와 기술사회를 조종하는 진짜 권력자들이 있다.

설국열차는 와트의 증기기관으로 시작된 산업자본주의와 기술사회를 상징한다. 기차가 달리는 궤도는 직선적 발전만을 상정해 왔던 서구의 역사관을 보여주는 듯하다. 그러한 역사관 속에서 반복되는 반란과 혁명은 무의미하고 결국 열차는 궤도에서 이탈하며 붕괴되고 만다. 봉준호 감독은 과거 국가권력을 목표로 했던 모든 혁명과 반란은 시스템 속의 반복되는 기획일 뿐이라고, 진정한 혁명은 설국열차로 표현되는 반생태적이고 반인륜적이며 지속가능하지 않은 산업자본주의, 기술사회라는 시스템 자체를 파괴하는 것이라 말하고 있다. 이제 경제적 성장과 기술적 진보에 대한 과도한 의지는 철회되어야 한다.

반란의 지도자들

꼬리 칸의 늙은 현자 길리엄은 과거 꼬리 칸의 식량위기 상황에서 자신의 팔을 식량으로 내놓아 식인의 광기를 잠재운 헌신적인 인물이다. 그는 산업자본주의와 기술사회를 상징하는 설국열차의 부조리와 한계를 누구보다 잘 알고 있다. 하지만 불행하게도 설국열차라는 현재의 시스템을 대체할 뚜렷한 다른 대안을 갖고 있지 않다. 누가 엔진 칸을 점

령하더라도 현재의 시스템이 크게 나아지지 않을 것이라는 월포드의
논리를 넘어서지 못한 채 설복 당했기 때문이다. 결국 폐쇄된 인공 생태
계 안에서 생존 균형을 유지하기 위해 반란을 통해 인구를 조절하는 데
협조할 수밖에 없는 인물이다. 전쟁이나 전염병으로 인구를 조절하지
못하면 대기근이 올 것이라고 주장한 맬서스의 '인구론'이 떠오른다. 산
업자본주의 너머를 보지 못하고 체제내화 되어버린 개혁적 지식인과 사
회운동 지도자, 좀 더 급진적이지만 결국은 산업기술 자본주의 프레임
에 갇혀 있는 노동운동과 새로운 비전을 제시 못하는 구시대적 변혁운
동이 떠오른다.

17년째 춥고 배고픈 빈민들이 살고 있는 열차의 맨 뒤 꼬리 칸에서 살
고 있던 커티스는 수년 동안 준비해 왔던 다섯 번째이자, 마지막일지도
모를 반란을 일으키는 혁명의 지도자이다. 그는 용맹하고 강인한 인물
이지만 협조자를 가장한 월포드의 첩자에 의해 조정되는 줄 알지 못한
다. 비판적이고 저항적인 사람들조차 은밀하게 조정하는 이 체제의 이
데올로기는 강력하다. 이런 비밀스런 조정이 어디서 일어나는지 잘 찾
아보아야 한다. 한 칸씩, 한 위계질서의 닫힌 문들을 부수며 최종적으
로 절대 권력자 월포드를 죽이고 열차 맨 앞의 엔진 칸을 장악하는 것
이 커티스와 꼬리 칸 사람들이 일으킨 반란의 목표였다. 자신이 권력을
잡으면 꼬리 칸의 빈곤과 고통, 설국열차 내의 폭력을 끝장낼 수 있다고
생각했을 것이다.

국가권력을 바꾸면 세상은 바뀔까? 막상 무한동력 엔진으로 상징되
는 거대기술과 산업자본의 정점에서 길리엄이 그랬던 것처럼 지배자 월
포드의 이데올로기—시스템은 영원하다. 설국열차라는 사회체제의 유
지를 위해서는 위계와 폭력의 지도력이 필요하다—와 권력의 유혹—

다음 지도자는 커티스가 되어야 한다—에 설복당할 뻔한다. 따뜻한 마음을 가진 커티스는 자신의 팔이 부러지는 고통을 견디며 엔진 속 부품이 되어버린 티미를 구해내고 마지막으로 살아남는 요나와 티미를 열차의 폭발로부터 보호하고 죽음을 맞이한다.

한편 남궁민수는 설국열차의 유일한 보안설계자이다. 아마도 그는 과거 7인의 반란에 그의 딸 요나와 함께 참여했다가 살아남아 감옥 칸에 갇히게 된 인물인 듯하다. 남궁민수는 커티스의 반란을 도와 닫힌 객차의 문을 여는 역할을 담당한다. 그는 설국열차라는 기술사회의 본질을 이해하고 있는 유일한 반역적 엔지니어이다. 열차의 차창 너머, 즉 현 체제의 바깥으로 시선을 돌려 녹고 있는 빙하를 지속적으로 관찰해왔던 인물이자 그의 딸에게 시스템 밖을 보여주는 거칠고 저항적이고 비판적인 엔지니어이자 지식인이다. 마지막 엔진 칸의 문 앞에서 반란의 지도자 커티스가 엔진 칸의 문을 열어 달라고 하자 남궁민수는 단호하게 거절한다.

"내가 열고 싶은 것은 바로 저 문이다"라면서 열차 밖으로 통하는 문을 가리킨다. '진정한 혁명은 권력의 쟁취에 있지 않다. 설국열차와 같은 시스템의 파괴와 함께 권력을 무위로 만드는 것, 당장은 고통스러울지라도 시스템 밖에 있는 자연 속에 희망이 있고 생태적 전환을 만들어야 한다'라고 말하는 것 같다. 남궁민수는 커티스에게 설국열차 바깥의 기온이 올라가고 있다는 증거와 밖으로 나가도 죽지 않고 살 수 있다는 시스템 밖의 희망을 이야기한다. 아득한 인류의 역사에서 산업기술사회, 자본주의의 역사는 기껏 2백 년이 조금 넘었을 뿐이다. 이 체제와 시스템은 결코 절대적이지 않다. 우리가 살고 있는 이 세계, 산업기술사회 시스템 밖의 희망에 대해 누가 말하고 있을까.

남궁민수는 결국 밖으로 난 문을 폭발시키고 자신은 열차 밖으로 나가지 못한 채 딸 요나와 티미를 보호하며 최후를 맞이한다. 기술사회의 밖을 내다보고 희망의 탈주를 기획하기 위해서는 남궁민수와 같이 기술의 비밀을 이해할 수 있어야 한다. 현대 산업기술사회는 아이러니하게도 사람들로 하여금 자신의 삶에 필수적인 기술들로부터 멀어지게 하고 겁먹게 만든다. 기술사회로부터 벗어나기 위해 기술 축소, 기술 전환, 탈기술을 시도할 엄두를 내야 한다. 그러기 위해 아이러니하게도 우리는 현대 산업사회가 사람들을 정작 기술로부터 멀어지게 하는 다른 의미의 탈기술화에 저항하여, 기술에 대해 이해하고 우리 삶에 필수적인 자급적이고 주체적인 기술의 주인이 되어야 한다. 용기 있는 실천력과 비판적 지성을 갖춘 저항적 기술자가 될 필요가 있다. 거창하지 않더라도 단순히 자기 삶과 공동체의 필요를 스스로 채울 수 있는 기술자라면 좋겠다. 다른 희망을 찾자고 소리칠 사람이 필요하다.

마지막 생존자

봉준호 감독은 냉정하게도 설국열차의 탑승자들에게 일말의 동정과 연민도 주지 않았다. 환락과 부유를 만끽하던 앞 칸 사람들은 물론이고 그동안 고통받아왔던 꼬리 칸 사람들도, 기술사회의 미래인 트레인 베이비들도 설국열차의 폭발과 탈선으로 모두 죽음을 맞이한다. 어쩌면 구세대들에게, 체제에 세뇌된 트레인 베이비들, 우리 사회의 모범생들에게는 희망은 없다고 말하는지 모른다. 다만 닫힌 문 너머에 있어 아직 알 수 없는 곳이지만 예민한 통찰력을 갖고 있던 아이이자 아버지 남궁민수와 함께 창밖의 녹고 있는 빙하를 보았던 요나와 엔진 속에서 인간 부품이 되었다가 반란의 지도자 커티스에 의해 구원 받은 티미, 두 명의 아이만이 설국열차 밖으로 탈출한 생존자이다. 이렇게 새로운 세상을 열어갈 아담과 이브의 자격은 동양인과 흑인 아이에게만 주어졌다. 더 이상 서구의 정신에서 희망을 가질 수 없다는 선언일까. 우리가 살고 있는 폭주하는 기술사회 밖으로 다음 세대들이 탈주할 수 있도록 우리는 요나의 아버지 남궁민수처럼 아이에게 무엇을 보여주어야 할까. 어떻게 커티스처럼 그들을 구원하고 보호해야 할까. 엔진 칸 앞까지 그 처절한 도전에 나설 반란자들은 누구일까.

영화를 보고 난 후 나 자신에게 묻는다. 나는 과연 몇 번째 칸에 타고 있는 걸까. 또 이 열차는 어디로 달려가고 있는 건가. 나는 무엇을 해야 하나. 지금 여기 산업기술사회의 어느 열차 칸 속에 살고 있는 나로선 질문을 멈추지 못한다. 그리고 뛰어내리기 전에는 결코 만질 수 없는, 빠른 속도로 지나는 창밖의 풍경을 바라보며 오래전 반항자의 이야기를 아이들에게 속삭이려 한다.

14장 도시를 바꾸는 희망의 기술

> 그 문제를 만들었을 때 우리들이 사용한 것과 같은 사고방식으로는 그 문제를 해결할 수 없다.
>
> — 아인슈타인

삶의 변화는 단지 머릿속의 지적 이해로부터 일어나지 않는다. 실제 경험으로부터 온몸과 마음에 생생하게 느껴지는 감각, 즉 '실감'은 모든 과정을 무시하고 단번에 사람을 확 바꾸어 버린다.

나는 2012년 초특급 태풍 볼라벤이 지나는 길목이던 전남 장흥에 살고 있었다. 태풍으로 수백 년 된 거대한 소나무가 뿌리 채 뽑혀 집 앞 마당에 쓰러졌다. 애써 만든 생태 화장실도 기둥이 부러지면서 완전히 박살이 났다. 사랑채 앞의 창고는 볼라벤 때 30도 기울었다가 다음 태풍 덴빈 때 10도 정도 다시 자릴 잡아 20도쯤 기운 상태로 불안하게 서 있었다. 한 달 후에야 이웃의 도움을 받아 원래 상태로 바로 세울 수 있었다. 태풍이 지나는 동안 지붕과 나무벽은 터져 나갈 듯 말 그대로 풍선처럼 부풀어 오르며 삐걱거렸다. 테라스 지붕은 통째로 뜯긴 채 100m 밖으로 날아가 버려 전실 마루는 온통 물바다였다. 집 밖엔 지붕에서 떨어져 나온 칼날 같은 슬레이트 조각들이 날아다녔다. 다행히 흙부대로 지은 사랑채와 본채는 잘 견뎌 주었다. 태풍이 지나가면서 나흘 동안 전기가 끊겼다. 아무것도 할 수 없었다. 전등은 물론 컴퓨터, 세탁기, 냉장고를 사용할 수 없게 되었고, 관정 모터가 돌지 않아 화장실도 사용할 수 없었다. 요리와 씻는 일은 빗물을 받아 사용해야 했다. 전기가 끊기자 모든 것이 멈춰 버렸다.

그때 실감한 것은 바로 전기와 산업적으로 생산된 현대 문명의 이기에 의존하는 생활의 허약함이었다. 공포와 무력감과 답답함은 '실감'이라는 말로 도저히 표현할 수 없을 정도로 충격적인 실제 상황이었다. 글과 인터넷을 통해서만 듣던 기후 변화를 구체적 '공포'로 실감했다. 하지만 그것과 동시에 또 다른 종류의 경험도 했다. 어둠에 대해 우리는 부정적인 선입견을 갖고 있지만 잠깐의 답답함이 지나자 칠흑 같은 어둠이 주는 포근함과 고요함을 발견했다. 빛과 함께 소음도 사라졌다. 그동안 미처 듣지 못했던, 집 안을 가득 채운 크고 작은 전자음과 전동음들이 사라지고 나니 적막과 어둠 속에서 바람 소리와 폭우 소리, 풀벌레 소리, 아내의 목소리가 살아오면서 새로운 감각들이 살아나기 시작했다. 참으로 놀라운 경험이었다.

우리에게 다가오고 있던 위기를 머리로만 이해하는 것이 아니라 구체적인 실감을 통해 자신을 둘러싼 모든 사물을 분별하고 판단하게 하는 근본적인 인식을 뒤집는 실제가 되었다. 이때부터 현대 문명이 직면한 위기에 대해 보다 예민하고 진지하게 접근하게 되었다.

F.E.W의 시대

위기의 증언과 예견은 곳곳에 넘쳐 난다. 이화여대 최재천 석좌교수는 서구 물질문명의 몰락을 예견하고 있는 리처드 덩컨의 올두바이 이론Olduvai theory을 소개하며 21세기에 가장 부족해질 자원으로 식량food, 에너지energy, 물water을 꼽으며 'F.E.W의 시대'라 말했다. few는 부족하다는 뜻이다. 올두바이 이론을 통해 리처드 덩컨은 화석연료를 기반으로 시작된 산업문명사회는 끝내 100년을 넘기지 못할 것이라고 예측했다. 화석연료의 채굴량이 수요를 감당하지 못하는 시점은 2007년이며 머지않아 대규모 정전을 시작으로 경제와 사회 전반에 걸쳐 걷잡을 수 없는 붕괴가 시작되어 2030년 즈음에는 석기시대로 되돌아갈 것이라는 극단적인 예견을 밝혔다. 하지만 나는 인류가 석기시대로 되돌아갈 것이라고 생각지 않는다. 인류가 이룬 과학적 성취와 위기 대응 노력이 석기시대로 돌아가는 것에 저항할 것이다. 올두바이 이론의 또 다른 충격적 예견은 에너지 위기로 인해 화석연료에 의존하던 농업의 생산량이 급격히 감소되어 극심한 식량 위기를 초래한다는 것이다. 그 결과 전 세계 인구가 급격히 감소하게 될 거라 말한다. 한마디로 굶어 죽는 사람들이 속출할 것이라는 무시무시한 '생존 위기'에 대한 경고이다.

로마클럽The Club of Rome이 발표한 인류와 지구의 미래에 대한 보고서 역시 우리를 긴장케 한다. 로마클럽은 1968년 이탈리아의 기업인 아우렐리오 페체이의 주도로 설립된 비영리 연구기관이다. 세계적 석학과 기업가, 유력 정치인들이 참여해 인류의 미래에 대해 연구하고 매년 한 차례 회의를 열고 있다. 로마클럽은 1972년 MIT의 연구자들에게 의뢰해서『성장의 한계』라는 보고서를 작성케 한다. 이 보고서의 시나리오는 자연이 제공하는 것보다 인간이 계속해서 더 많이 소비하면서 2030년에는 세계 경제 붕괴와 함께 급속한 인구 감소가 일어날 수 있다고 예측했다. 보고서가 발표될 당시 이 시나리오의 비관적 예견에 대해 격렬한 논쟁이 있었다. 그로부터 30년이 지난 2008년 호주의 물리학자인 그레이엄 터너는『성장의 한계』의 예견이 과연 맞아 들었는지 1970년에서 2000년 사이의 실제 자료들을 가져와 비교해 보았다. 그 결과『성장의 한계』의 예측이 사실과 거의 일치한다는 점을 발견했다.

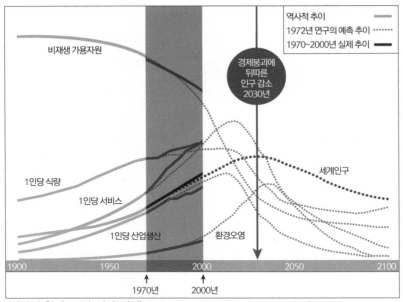

전설적 추이 ————
1972년 연구의 예측 추이 ············
1970~2000년 실제 추이 ━━━

비재생 가용자원

경제붕괴에
뒤따른
인구 감소
2030년

1인당 식량

세계인구

1인당 서비스

1인당 산업생산

환경오염

1900   1950   2000   2050   2100

↑   ↑
1970년   2000년

〈성장의 한계 30년 뒤의 평가〉 그레이엄 터너, 호주 연방과학기술연구원(2008)

　『성장의 한계』가 제시한 시나리오를 요약하면 이렇다. 화석연료를 포함한 비재생 가용자원은 1970년대를 기점으로 이미 급격히 감소하고 있다. 1인당 식량증산 폭은 이미 감소했고 21세기 초반을 거치며 급격히 감소하게 될 것이다. 즉 식량 위기에 직면한다. 1인당 산업생산량 역시 성장을 멈추고 급격히 축소된다. 1인당 제공받던 서비스 역시 급격히 줄어든다. 산업 경제는 붕괴된다. 세계 인구는 2030년을 기점으로 감소한다. 요약하면 '죽느냐 사느냐'는 생존 위기가 닥친다는 뜻이다. 이렇게 위기를 말하면 대부분의 사람들은 무의식적으로 이 위기를 회피하려 한다. 회피는 우리가 선택해야 하는 문제 해결의 태도가 아니다. 위기를 직면하고 실감해야 한다. 위기를 예측하고 있는 우리가 대응할 수 있는 희망의 시간이 아직 남아 있기 때문이다.

에너지는 점점 귀해진다

인류의 위기에 대응하기 위해 적극적으로 대안을 전파하고 있는 오스트레일리아의 커뮤니티 솔루션Community Solution이라는 단체가 있다. 이 단체가 발표한 지난 2,000년 동안의 인구 변화 자료를 살펴보았다. 전 세계 인구는 1800년 이전까지만 해도 10억 명을 넘지 않았다. 1800년에서 1900년 사이에 인구가 급격히 증가하면서 23억 명으로 늘어났다. 그 이후 2000년까지 60억 명으로 증가했고, 2013년 이미 71억 명을 넘었다. 왜 200년이라는 시간 동안 이렇게 급격히 인구가 폭증한 것일까. 1698년 증기 엔진이 발명된 후 산업혁명이 시작되면서 생산력이 급격히 증가했다. 1859년엔 최초의 유정이 미국에서 발견된다. 석유라는 에너지를 맘껏 사용할 수 있게 된 것이다. 이에 따라 농업에서 석유를 이용하기 시작했고 이른바 '녹색혁명'으로 알려진 종자 개량이 이루어졌다. 사상 유례없이 먹을거리가 풍부해졌다. 하지만 서서히 석유에 의존한 관행농업이 불가능한 시기가 닥쳐오고 있다. 설상가상으로 기후 변화까지 발생하며 전 세계의 식량 위기는 점점 현실이 되고 있다. 다만 선진국들은 자본으로 식량을 독점하며 식량 위기를 잠시 피해 가고 있을 뿐이다.

우리나라의 식량 자급률은 23% 내외다. 세계경제가 붕괴되기 시작하면 식량을 구할 돈은 어디서 구할 수 있을까. 설령 돈이 있다 해도 식량 안보가 중요해지면 맘대로 식량을 구할 수 없게 된다. 몇 년 전 러시아가 밀 수출을 제한해 곡물가가 폭등했던 사례는 우리가 처한 현실을 실감케 한다.

이런 암울한 미래에 대한 예측을 부정하고 싶을 것이다. 석유 생산이 정점에 도달했다는 것을 부정하고 싶을 것이다. 핵 발전, 신재생 에너지, 메탄 하이드레이트, 수소 전지 등 다른 대체 에너지를 대안으로 제시하며 낙관론으로 위기에 대한 경고를 간단히 무시하는 이들도 있다. 우린 이미 후쿠시마 원전 사고를 지켜보았다. 핵 발전이 안전하고 경제적인 대안이 될 수 없다는 것을 후쿠시마의 절망적인 소식과 증언들을 통해 그 어느 때보다 실감하고 있다. 수소 전지와 액화 수소 가스는 어떨까. 수소를 분리하는 데는 전기가 필요하다. 수소 전지는 에너지를 수송하고 저장하기 적절한 형태로 변환할 뿐이다. 변환 과정에서 에너지 소모 등을 고려하면 결코 근본적 대안이 될 수 없다. 풍력과 지열에너지의 경우 이를 경제적으로 얻을 수 있는 지역은 제한되어 있다. 원거리 송전 과정에서 에너지 손실이 일어난다. 지열을 경제적으로 이용할 수 있는 곳은 지구의 10% 내외이고, 지열을 이용 가능한 육상 지역은 더더욱 적다. 최근에는 지열, 즉 지하 온수가 고갈된 사례들도 소개되고 있다.

태양에너지는 넘치도록 풍부하지만 태양 전지에 필요한 실리콘 산업은 거대 자본들이 독점하고 있다. 태양 전지에 들어가는 실리콘은 고가의 원자재이다. 석영이나 모래로부터 실리콘을 만들어 내는 데 엄청난 에너지가 들어가는 장치 산업이기 때문이다. 메탄 하이드레이트는 심해 유정만큼이나 깊은 수천 미터 해저를 채굴해야 얻을 수 있는 에너지이다. 채굴 비용이 높고 채굴 과정에서 발생할 수 있는 지각 변동 위험역시 높다. 목재를 포함한 바이오매스는 현재 인구가 과용하고 있는 에너지 수요를 감당할 수 없다. 고대 그리스에서 기피했던 석탄을 산업혁명을 기점으로 적극적으로 사용하기 시작한 이유는 급격히 증가한 인구로 인해 풍부했던 유럽의 목재 자원이 고갈되었기 때문이라는 사실을 간과해서는 안 된다. 다양한 재생 에너지를 적극적으로 이용하는 것을 부정하지는 않는다. 오히려 적극적으로 모색해야 한다. 다만 재생 에너지의 이용은 사회 전반의 에너지 사용량을 대폭 축소하는 것을 전제로 할 때만 의미가 있다. 지금과 같이 값싼 에너지를 펑펑 쓰는 시대는 거의 끝나가고 있다. 우리는 세계가 직면한 이러한 위기 속에서 기술적 대안을 찾고 있다.

'도시'라는 거대기계

도시는 에너지 위기에 매우 취약한 구조이다. 우리는 에너지 위기의 시대에 도시에서 사는 사람들의 안전과 생활의 지속성을 위해 어떤 변화가 필요할 것인지 진지하게 묻기 시작해야 한다. 그 질문에 앞서 '도시'라는 문제를 직면해야 한다. 현대 도시는 석유와 핵 발전에 의해 작동하는 거대기계라는 사실을 깨닫고 도시에 대한 인식을 바꿔야 한다. 사람들은 종종 도시가 거대기계라는 점을 인지하지 못한다. 비행기를 타고 도시 상공에서 내려다본다고 생각해 보자. 도시를 밝히는 수많은 가로등과 전등은 열병합발전소나 핵발전소에서 공급되는 전기에 의해 작동한다. 전조등을 켜고 거미줄 같은 도로를 따라 흐르는 자동차 행렬은 무엇에 의존하고 있을까. 바로 석유이다. 고층의 아파트와 백화점과 빌딩의 엘리베이터는, 집집마다 가득한 가전제품들은, 주택의 냉난방 장치들은 또 무엇에 의존하고 있는가.

'구조화된 공간으로서 도시 그 자체와 그 속에 있는 기기들이나 구성 요소들은 다른 차원의 문제가 아닌가', '도시 그 자체를 기계로 보는 것은 과도하지 않은가' 등 반론이 있을 수 있다. 도시는 물론 구조화된 공간이다. 인간이 사는 공간은 사용하는 주 에너지원의 생산, 운송, 이용, 부산물의 폐기에 적합하게 구조화된다. 나무를 주 에너지원으로 사용했던 시기의 도시는 현대 도시와 다른 구조와 구성 요소를 갖고, 그 형태 역시 다르다. 현대 도시는 나무를 주 에너지원으로 사용했던 시기의 구조로 돌아갈 수 없다. 만약 도시에서 목재를 사용하기 위해서는 압축 성형 등 생산 과정에서 많은 에너지 소모에도 불구하고 도시에서 운송과 이용이 편리하도록 펠릿의 형태로 가공해서 사용해야 한다.

만약 도시로 공급되던 에너지가 차단된다면 과연 어떤 일이 벌어질까. 마치 플러그를 빼버린 컴퓨터나 세탁기처럼 현대 도시는 당장 모든 작동을 멈추게 될 것이다. 상상 이상의 재앙이 일어날 수 있다. 물론 이러한 극단적인 상황은 좀처럼 일어나지 않겠지만 도시에서 에너지 사용을 감소해야 한다는 압박은 점점 더 가중될 것이다. 그 압박은 보통 가격 상승으로 나타난다. 심한 경우 공급 제한의 형태로 나타난다. 부분단전은 앞으로 가장 흔히 경험하게 될 압박의 한 형태가 될 것이다.

접시를 닦을 사람

위기에 직면한 도시의 문제를 해결할 방법을 명확하게 제시하는 한 장의 그림이 인터넷 SNS를 통해 전파되고 있다. 카펫과 같은 모습으로 표현된 농촌의 녹지가 도시를 덮어 버리는 그림이다. 지속가능한 학교 Sustainable School이라는 웹사이트에는 지속가능한 학교를 위한 구성 요소들을 한 장의 그림으로 표현해서 올려놓았다. 이 그림 속에는 지속가능한 학교를 만드는 71가지 방법들이 소개되어 있다. 이 방법들은 그대로 지속가능한 도시를 만드는 방법이라고 말할 수 있는데, 다양한 생태기술, 적정기술, 전통기술과 생활의 변화를 포함하고 있다. 하지만 지금의 도시 자체를 그대로 두고는 이러한 방법들을 도저히 적용할 수 없다. 도시가 바뀌어야 한다. 이 방법들은 지금의 도시를 전복할 것을, 부분적인 변화가 아닌 '도시' 그 자체의 전면적 변화를 요구하고 있다.

환경에 많은 관심을 두고 있는 적지 않은 사람들이 도시가 변화하길 원하고 있지만 속내를 들여다보면 대다수가 이러한 변화를 두려워하거나 주저하면서 막상 필요한 실천을 하지 않는다. 서양 속담에 "모두가 지구를 구하자고 말한다. 그러나 어머니의 접시를 닦는 사람은 없다"라는 말이 있다. 많은 사람들이 거대 담론을 이야기하기 좋아하지만 가까이 있는 구체적 실천을 하는 사람은 드물다는 얘기이다. 환경 보호와 생태적 삶에 대한 대중적 관심이 예전보다 많아졌다. 탈핵을 이야기하고 정부의 에너지 정책을 비판하는 사람들도 늘었다. 그러나 실천은 그만큼 따라주고 있지 않다. 탈핵이나 에너지전환을 자신들과 직접 관련된 생활의 문제가 아닌 누군가 해결할 정책적 사안으로 밀어내고 있기 때문이다. 한편으로는 앞서 소개한 그림처럼 도시가 농촌화되길 희망하면서 또 한편으론 그것을 당장은 불가능한 꿈으로 유보하면서 구체적으로 기획하고 실천하려 들지 않는다. 의식과 생활의 괴리를 어쩔 수 없는 일로 접어 두자고 한다. 왜 그럴까. 이 방법들은 우리의 시간과 노력을 필요로 하고, 익숙한 생활 방식을 버리고 불편함을 감내할 것을 요구하기 때문이다. 그만큼 우리는 에너지와 산업문명이 주는 '편리'에 중독되어 있다. 많은 사람들이 환경, 생태, 탈핵, 기후 변화와 같은 지식들을 소비하며 자족하는 것에 머물러 있다. 자신의 삶을 조금씩 바꾸려 하지 않는다. 이것은 우리가 지금 갖고 있는 문제의식과 모순되는 이중적 태도이다.

도시는 몽상과 비전의 결과

2009년 미국 댈러스의 부동산 업자들이 리비전 댈러스Re:Vision Dallas

라는 도심 개발기획을 국제 공모했다. 이 공모전에 당선된 포르투갈 건축회사 아틀리에 데이터 앤 무브는 '포워딩 댈러스Forwarding Dallas'라는 도시 개발시안을 제안했다. 이들은 건물 그 자체로 인공적인 계곡과 산을 구현하고 건물 경사 벽면과 지붕에 채소와 식물을 심을 수 있는 녹화 공간을 조성하고 재생 에너지를 사용하는 도심 빌딩 단지를 개발하는 계획을 제출했다. 이 기획은 2011년부터 실제로 건축이 추진되고 있다.

자동차 산업이 몰락하여 쇠락하고 있던 미국의 공업 도시 디트로이트에서도 새로운 시도가 시작되었다. 한츠 농장Hantz Farms이라는 도시 농업 벤처기업이 디트로이트시와 협의하여 도시의 빈터 21만 4천여 평에 335억 원을 투자해 풍력발전기와 경마장을 포함한 휴식 시설, 크리스마스트리용 조림, 도시 채마밭, 도시 조림장으로 구성된 도시 농장을 만들고 있다. 물론 이러한 시도는 보편화되기 어렵다. 도시 전환의 구체적 실천 사례 중 하나로서 참조해 볼 만하다.

『유체도시를 구축하라!』의 저자 이와사부로 코소는 도시를 만들어온 힘은 지배자든 자본가든 시민이든 각자가 꿈꾸었던 유토피아적 몽상에 있다고 말한다. 지금 거대 자본들은 도시에서 의심스러운 녹색 공간을 조성하기 시작했다. 도시 거주민들은 어떤 비전과 꿈으로 도시를 바꾸어 가야 할까. 과연 우리는 도시 텃밭 외에 어떤 기획과 시도를 하고 있나. 최근 서울과 여러 지방에서 공터에 허가를 받지 않고 몰래 식물이나 작물을 심는 게릴라 가드닝guerilla gardening과 게릴라 파밍guerilla farming이 시도되고 있다. 또한 건물의 옥상정원과 도시 양봉도 시도되고 있다. 도시에서도 보다 창조적이고 과감하고 근본적인 시도가 필요하다.

어느 시기나 상상은 미래를 현실화하는 가장 강력한 동력이었다.

1910년대 사람들은 과연 현재와 같은 도시를 상상할 수 있었을까. 오랜 시간에 걸쳐 도시민들의 크고 작은 꿈들과 개발업자와 랜드 마크를 만들고 싶었던 정치인들의 욕망 등 수많은 몽상들이 합쳐져 현대의 도시를 만들어 왔다. 위기의 도시에서 우리는 앞으로 어떤 몽상과 상상을 실천해야 할까. 생태적이며 지속가능한 도시로의 전환이라는 꿈이 아닐까.

문제를 정확히 파악하면 해결 방안도 분명해진다. 도시 문제의 본질은 현대 도시가 화석에너지와 핵 발전에 의해 작동하는 거대기계란 점이다. 이 거대기계의 분야별 에너지 소비 비율을 살펴보면 주택분야 22%, 상업분야 18%, 산업분야 32%, 교통분야 28%이다. 그렇다면 도시 문제를 해결할 방법은 무엇일까. 당연히 이러한 각 분야의 에너지 소비를 줄이고, 도시를 인간적 도구로 작동하며 에너지와 식량에 있어 자급률이 높은 삶의 공간으로 바꾸는 것이다. 우리는 이 모든 분야의 에너지 소비를 줄일 수 있는 주체적인 결정력을 갖고 있다는 사실을 확실히 자각해야 한다. 또한 우리는 "그 문제를 만들었을 때 우리들이 사용한 것과 같은 사고방식으로는 그 문제를 해결할 수 없다"는 아인슈타인의 말에 귀 기울여야 한다. 우리가 막대한 에너지 소비를 일으키는 것들을 만들어 냈을 때와는 다른 방식으로 생각하기 시작할 때 현재의 도시 문제를 해결할 실마리를 찾을 수 있다.

손발동력 전환 프로젝트

이제는 생활의 전환이 필요하고 다양한 손발동력, 즉 비전력 도구들이 요청되고 있다. 서울 동작구에서 모범적으로 에너지 절약운동을 전개한 성대골절전소운동과 서울 성북구가 추진하고 있는 성북절전소운동은 주목할 사례들이다. 광주녹색연합은 절전소운동의 일환으로 소규모 동호회를 꾸려서 손발동력 전환 프로젝트를 기획한 바 있다. 손발동력 전환 프로젝트를 생각하게 된 계기는 이렇다. 전남 장흥 용산면은 바다에 가까운 분지이기 때문에 여름철이면 안개와 습기로 생활하기 힘든 지경이다. 이 때문에 제습기를 구매해서 사용했는데 누진세가 붙어서 예전에 비해 전기세가 몇 배나 많이 나왔다. 제습기가 그렇게 많은 전기를 소비하는지 미처 몰랐다. 그때 '이렇게 전기를 많이 사용하는 내가 바로 핵발전소를 지지하는 사람이었구나' 자각하게 되었다. 핵 발전은 우리의 에너지 생활과 결코 분리될 수 없다. 우리의 무의식은 핵 발전과 나의 일상생활을 분리된 사건으로 파악하려 한다. 생활을 바꾸려면 불편을 감내해야 한다는 것을 너무나 잘 알고 있기 때문이다. 표면적 의식과 무의식, 그리고 생활이 매번 일치하지 않는다. 생활을 바꾸는 일이 결코 쉽지 않은 일인 것은 분명하다. 그만큼 이미 우리 생활이 대량의 에너지를 소비하는 기술 환경에 의해 규정되어 왔기 때문이다.

전기 제습기를 대체할 수 있는 방법은 전통에서 찾을 수 있다. 기공이 많고 잘 건조된 숯은 좋은 제습제이다. 황토 구슬이나 제오라이트 입자 역시 수렴성이 높은 제습제이다. 무수 소금, 즉 함수율이 17% 이하인 마른 소금이나 염화칼슘 역시 제습제로 사용할 수 있다. '물먹는 하마'에 들어 있는 알갱이가 바로 염화칼슘이다. 염화칼슘만 따로 구해서 제습제를 자가 제작하면 좀 더 저렴하게 이용할 수 있다. 숯이나 황토 구슬, 제오라이트는 볕에 자주 말려서 사용해야 한다. 무수 소금이나 염화칼슘은 습기를 빨아들이면서 녹아내리는데 이때 녹은 물을 볕에 말리면 입자들만 남게 되어 모아서 다시 사용할 수 있다. 매우 습하고 더운 여름철에는 제습제만으로는 한계가 있다. 주택에 충분한 환기

구조를 만들 필요가 있다.

화석에너지를 사용하지 않는 손발동력 전환 도구들은 아직 충분치 않지만 이미 개발되어 보급되고 있다. 인도에는 이마에 지혜의 눈이 하나 더 있는 번개의 신이자 전쟁의 신인 인드라Indra라는 이름을 가진 발로 돌리는 페달 세탁기가 있고, 한국인 여성이 개발하여 남미에 보급된 페달 세탁기도 있다. 아프리카에는 정말 간단한 원리로 만든 지렛대 세탁기도 있다. 우리나라에도 '숲과 에너지'라는 단체에서 만든 자전거 세탁기가 있다.

전기 식기건조기는 햇빛건조기로 대체할 수 있다. 햇빛건조기는 식기건조기뿐 아니라 음식물건조기로도 사용할 수 있다. 전기 믹서기는 수동 믹서기로 대체할 수 있다. 이런 대체품을 직접 제작하거나 저렴한 제품들이 여럿 나와 있으니 구입하면 될 것이다. 나는 집에 전기로 작동하는 커피 그라인더와 수동 그라인더 둘 다를 가지고 있는데 수동 그라인더만을 사용하고 있다. 그동안 원두를 볶을 때 전기 로스터기를 사용해 왔지만 이것 역시 고장이 난 후로는 고치지 않고 수동 로스터기를 이용하고 있다. 전기 로스터기는 분해해서 전기 열원을 사용하지 않는 로스터기로 개조하려고 한다.

전통 음식 보관법과 주방의 풍경

나는 냉장고가 불편하다. 우선 냉장고 특유의 차갑고 눅눅하고 퀴퀴한 냄새가 싫다. 부패를 방지하기 위해 넣어둔 냉장고 안에서 도리어 변질되어 버리는 음식물이 아깝다. 사실 대부분의 냉장고에서 미생물 오염이 심각하다는 점은 잘 알려진 사실이다. 냉장 보관 기간이 길어질수록 음식물의 영양과 신선도는 현저히 낮아진다. 냉장 보관이 대중화되면서 음식물 폐기 비율은 오히려 증가했다. 2012년 7월 자원순환사회연대가 발표한 자료에 의하면 냉장고에 보관했던 채소류 12.5%, 과일류 5.7%, 냉동식품류 4.1%가 그냥 버려진다고 한다. 전기 소비가 큰 대표적인 주방가전이라는 점도 냉장고에 거부감을 갖게 된 이유 중 하나다. 밤이면 냉장고 컴프레서의 진동음이 한가로운 휴식을 방해하며 괴롭힌다. 무엇보다 커다란 냉장고가 주방의 풍경을 죄다 사라지게 만든 주범이기 때문이다. 주방가전이라는 말이 없던 시절 소박했던 주방엔 그래도 풍경도 있었고, 주방 특유의 기분 좋은 냄새도 있었다.

냉장고에 대한 나의 이런 편견에도 불구하고 현재 집에는 여전히 냉장고가 윙윙 소음을 내며 돌아가고 있다. 구태여 변명을 하자면 내가 사는 곳이 바다에 가까운 분지라서 연중 습기가 무척 많고 특히 무더운 여름에는 음식물이 쉽게 부패하기 때문이다. 여름이면 어느 곳인들 다를까. 이런 날씨에 달리 음식물을 보관할 방법을 찾지 못하는 아내의 곤란을 보다 못해 냉동고를 하나 더 장만하고 말았다. 내 처지가 이러니 전기절약이니 비전력 도구니, 참 할 말이 없다. 이렇게 종종 생활은 의식을 배반한다. 냉장고에 대한 이런 불편함을 내색하면 아내는 단박에 혀를 끌끌 차며 이렇게 말한다. "주방일 하는 여잘 생각해야지. 대안을 찾아요. 대안을! 요즘 같은 삼복더위에 냉장고 없이 어떻게 살아요!" 아내 말이 백번 옳다는 생각이 들다가도 고개는 갸우뚱해진다. 최초의 국산 냉장고인 금성사의 '눈표 냉장고 GR-120'이 등장한 때가 1965년이다. 당시에는 600가구당 한 대 정도만 보급되어 있을 정도로 냉장고 가격이 비싸 대부분의 서민들은 냉장고 없이 여름을 지내지 않았던가. 그때는 도대체 냉장고도 없이 어떻게 음식을 보관했을까.

가만히 어릴 적 기억을 되살려 본다. 가난했던 시절이라 어머니는 식재료나 음식을 넉넉히 쟁여놓을 형편이 아니었다. 대다수 서민이 그랬을 것이다. 어머니는 부패하기 쉬운 생선이나 육류는 식사를 준비하기 두어 시간 전에 인근 시장에 직접 나가 사오시거나 동네 어물전이나 정육점에 나가 사오도록 심부름을 시켰다. 오래 보관하는 식재료나 음식의 종류는 지금보다 훨씬 적었다. 장기 보관하는 음식은 김치나 장, 장아찌와 건어물과 곡류 등 몇 가지 종류로 제한되었다. 서울 변두리 마을에는 음식을 보관하는 크고 작은 항아리로 가득한 장독대가 집집마다 있었다.

귀농을 하니 봄여름에는 마당의 텃밭에서 식사 직전에 채소를 바로바로 따 먹을 수 있다. 채소를 냉장고에 보관하는 일은 좀처럼 없다. 채소는 냉장고에 보관한다 해도 쉽게 물러지고 만다. 철따라 나는 신선한 먹거리에 입맛도 저절로 변해서 마트의 물건에는 눈길이 잘 가지 않는다. 기후 탓이기도 하고 냉장고에 길든 습관 때문에 여전히 단기 저장을 위해 냉장고를 사용하고 있다. 하지만 제철 음식을 먹게 되면서 냉장고에 장기 저장하는 식재료나 음식의 종류는 확실히 줄어들었다.

2013년 '세계환경의 날'을 맞아 유엔환경계획UNEP에서는 특별한 공모를 실시했다. 전 세계에서 9억 명이 굶주림에 시달리는 오늘날, 매년 전체 음식 생산량의 30% 이상, 무게로 13억 톤에 달하는 음식물 쓰레기가 발생한다고 한다. 이런 윤리적·경제적·환경적 문제를 환기시키고, 음식물 쓰레기의 절감을 위해 전 세계적으로 활용 가능한 전통 음식 저장법을 공모한 것이다.

한자리에 모인 전 세계의 전통적인 식재료의 저장법은 다양한 삶의 방식만큼이나 가짓수를 헤아리기 힘들 정도였다. 소금에 절이는 염장법, 각종 발효법, 햇볕과 바람에 말리는 건조법, 생선이나 고기를 나무

연기로 쐬면서 말리는 훈연법은 가장 오래, 대중적으로 사용되어 왔다. 무 같은 뿌리 작물은 땅에 묻어두고 잘 건조된 양파나 양배추, 그 밖의 음식이나 과일은 지하 저장고나 음식 저장용 토굴에 저장한다. 이런 매장법도 세계적으로 널리 이용되는 방법이다. 알코올 성분으로 부패를 막기 위해 술을 담기도 했다. 식물성 기름이나 동물성 지방으로 습기나 공기 접촉을 차단해서 음식물의 부패를 막는 법도 널리 사용되었다. 허브나 살짝 익힌 채소를 올리브유에 저장할 수도 있다. 일종의 올리브유 절임이라고 할까. 젤리나 묵도 산소 농도를 감소시켜서 세균의 성장을 억제하는 음식 보존 방법이다. 동물성 젤라틴이나, 한천, 칡 등이 주로 이용된다. 젤리나 묵을 만든 후 다시 건조하면 더 오래 보관할 수 있다.

한편 잿물을 이용해서 식재료를 보관하는 곳도 있다. 북유럽의 노르웨이, 스웨덴, 덴마크에는 잿물을 이용한 루테피스키Lutefisk라는 생선 요리가 있다. 주로 대구를 자작나무를 태운 잿물에 절여 보관하는 것인데 우리의 삭힌 홍어와 비슷한 암모니아 냄새가 난다고 한다. 올리브를 보관할 때 예전에는 잿물을 이용하기도 했다고 한다. 잿물은 염기성이 강하기 때문에 다루는 데 조심해야 한다. 가열 진공해서 병입하는 방법도 있다. 식재료를 담을 유리병을 중탕 가열한 후 뚜껑을 밀봉해서 진공 상태를 유지하거나 식으면 굳어지는 동물성 기름이나 버터를 가열한 후 덮어서 공기 접촉을 차단한다. 설탕 절임도 대중적인 보관법이다. 과일이나 산나물 등을 설탕과 혼합하여 발효 추출액으로 만드는 효소도 일종의 설탕 절임이라 할 수 있다. 산성액 보관법에는 소금이나 간장, 식초 혼합액 또는 식초를 사용한다. 식초 대신 레몬즙, 신맛의 포도주를 보관수로 사용할 수도 있다. 장아찌나 피클이 이에 해당한다.

전통 보존법은 아니지만 간단한 가정용 진공포장기를 이용하여 보관하는 방법도 시도해 볼 만하다. 전통적으로 곡물은 잘 말린 후 밀봉된 통에 담아 바람이 잘 통하는 서늘한 그늘에 두었다. 요즘은 입구가 좁은 플라스틱 통이나 페트병에 담아두면 되는데 벌레가 생기지 않아 좋다. 망개잎, 연잎, 차즈기, 들깻잎 등 방부성이 높은 식물의 잎으로 음식을 감싸면 음식이 금방 상하는 것을 막을 수 있다. 또 애초부터 방부 성분이 든 재료를 음식을 만들 때 첨가할 수도 있다.

전통적인 음식 보존법은 풍토를 반영한다. 조선시대 조리서인 『음식디미방』에는 한반도의 기후와 식재료의 특성을 반영한 전통적인 요리와 음식, 식재료의 보존법이 나온다. 이 책에는 게나 조기를 왕겨 옹기에 넣어 보관하거나 재, 흙, 참기름, 밀가루 등을 이용한 다양한 보존법이 소개되어 있다. 한국전통지식포털과 전통향토음식문화연구원 홈페이지에서 『음식 디미방』과 그 밖의 고서에 나와 있는 다양한 전통 음식 저장법이나 조리법을 찾아볼 수 있다.

세계에는 독특한 음식 보존법들이 즐비하다. 페루의 '추뇨Chuo'는 잉카 제국 이전부터 즐겨 먹었던 음식이다. 감자를 밤에는 차게 두고 낮에는 햇볕 아래 놔두는 과정을 반복하여 수분을 제거한다. 얼렸다 말린 추뇨는 10년 이상 보관 가능하며 요리를 할 때는 물에 불려 먹을 수 있다. 일본이나 우리나라에서는 예로부터 된장에 오이나 가지 등을 박아두고 먹었다. '천년의 계란'이라 불릴 정도로 보존성이 높은 중국의 피단은 강한 염기성을 이용한 보존 음식이다. 계란을 흙, 재, 석회, 왕겨를 섞어 담은 옹기에 몇 주에서 몇 달 동안 묻어두면 짙은 밤색 젤리 형태의 독특한 식감과 높은 보존성을 갖게 된다.

식재료나 음식의 특성을 무시한 획일적인 냉장 보관은 산업화의 획일성과 닮았다. 음식물의 냉장고 보관은 대개 음식물의 질과 풍미를 저하시킨다. 이에 반해 전통적인 저장법은 그 자체가 요리의 시작이라 할수 있다. 식재료의 특성을 고려한 저장 과정에서 독특한 풍미와 맛이 만들어진다. 지역풍토에 적응해서 식재료와 음식을 보존하는 방법으로 부터 발전한 향토 음식은 토착의 풍미를 만들어 낸다.

잘 보관된 곡물, 잘 말린 건어물과 묵나물, 갖가지 색으로 절임한 장아찌의 색상, 항아리와 갖가지 주방 기구들이 음식 냄새와 어우러져 펼쳐내던 주방의 풍경은, 현대적인 주방 공간 안에서 모두 주방가전으로 대체되거나 냉장고 속으로 사라져 버렸다. 주부들은 타샤 튜더Tasha Tudor의 책을 보며 복고적 주방과 이를 모방한 레스토랑과 카페의 인테리어에 환호한다. 풍경이 있는 주방에 대한 근원적이며 본능적인 갈망이 있기 때문이다. 그럼에도 삶의 편리를 쫓아 구매한 커다란 냉장고와 전자제품으로 구성된 주방을 쉽게 포기하지 못한다.

우리는 편리를 선택한 대신 잃어버린 심미적이고 정서적인 부엌이라는 공간과 식재료의 특성을 반영하여 보존하고 조리하는 오래된 지혜를 복원해야 한다. 물론 도시, 특히 아파트 생활자라면 쉽지 않은 일임에는 분명하지만 불가능한 것도 아니다. 베란다는 좋은 건조와 보관의 공간이 될 수 있다. 재활용 스티로폼으로 단열한 나무 박스 안에 흙을 담고 여기에 장독을 묻을 수도 있다. 아파트 화단이나 정원 일부에 공동 장독대를 만들 수도 있다. 아파트 공동 지하실은 잘만 가꾸면 훌륭한 지하 식품저장고로 활용할 수 있다. 도시 텃밭은 음식 보존에 대한 새로운 상상력을 불어넣어 줄 것이 분명하다. 아파트 주방에서도 충분히 가능한 전통 음식 저장법들은 많다. 이미 이를 실천하는 사람들이 속속 등장하고 있다. 가능한 방법들을 찾아 실천하다 보면 적어도 냉장고를 점점 더 키우기보다는 작은 냉장고에도 만족할 수 있을 것이다.

"혹시 적정기술 냉장고는 없어요?"라는 질문을 종종 받는다. 여러 번 개발된 사례는 있지만 아쉽게도 습하고 무더운 한반도의 여름 기후에 그 많은 음식물을 안전하게 보관해 줄 만한 적정기술 냉장고는 아직 없다. 이런 냉장고를 찾기에 앞서 우리의 생활 방식과 조리 문화를 바꾸어 보는 건 어떨까. 경작 가능한 땅을 구해 텃밭을 가꾸고, 불필요하게 저장하는 음식이나 식재료의 가짓수나 양을 줄여야 한다. 제철에 나는 식재료를 먹는다면 냉장고에 장기 보존할 필요가 없다. 식탁 위 재료들이 세계화된 만큼이나 전 세계의 전통적인 음식 저장법과 보존성 높은 조리법 또한 우리 생활 속으로 불러와야 한다.

냉장고에 대한 내 나름의 대안을 생각해 보았다. 금년부터 항아리를 땅에 묻고 식품을 보관할 토굴부터 만들 생각이다. 토방엔 대나무로 시렁도 만들어야겠다. 이렇게 하다 보면 주방은 점점 오래된 풍경을 되찾을 것이다. 아무래도 아내와 함께할 일이 점점 많아진다.

조명 에너지의 절약과 대안들

조명은 주택 에너지 소비의 11%, 상업 건물의 경우 26%를 차지한다. 깜깜한 밤에는 어쩔 도리가 없다고 해도 적어도 주간에는 태양 반사 채광관이나 천창을 이용하면 전등을 대체할 수 있다. 이 솔라 튜브Solar Tube 기술은 아프리카에서 페트병에 물을 담아 지붕에 꽂아서 주간 조명으로 활용한 아주 간단한 적정기술로부터 출발한다. 최근 유럽에서는 솔라 튜브를 개량해서 패시브 하우스의 주간 조명 장치로 쓰고 있다. 구조는 아주 간단하다. 지붕에서 실내 천장까지 관을 관통시킨다. 이 관 안에 햇빛을 반사할 수 있는 알루미늄 주름관을 삽입한다. 지붕 외부에는 빛은 받아들이면서 빗물이 들어오지 않도록 투명한 반구형

캡을 씌운다. 채광관의 실내 방향 끝에도 역시 유색 반투명의 평판으로 막아 주면 된다.

비전력 도구의 대부분은 적정기술의 결과물이다. 생활 가전들을 비전력 도구로 전환하는 과정을 통해 적정기술은 기술 그 자체에 머무는 것이 아니라 우리로 하여금 기술에 대한 이해와 태도, 삶을 변화시킬 것과 기술의 결과물을 선택하는 데 보다 신중해질 것을 제안한다. 이런 제안을 통해 적정기술이 추구하고자 했던 철학과 정신이 비로소 구현될 수 있다. 이는 적정기술이 제3세계 원조용을 넘어 우리 사회 속에서 새롭게 자리매김하기 위해서도, 위기에 처한 현대 산업문명에 근원적 물음을 던질 수 있기 위해서도 필요하다.

냉난방을 위한 적정기술

냉난방은 주택 에너지 소비의 43%, 상업 건물의 경우 27%를 차지한다. 이 문제를 해결하지 않고 에너지 위기 시대의 도시 생활은 지속성을 확보할 수 없다. 냉난방 에너지를 줄이기 위한 핵심은 특별한 에너지 장치가 아니다. 바로 '작은 집'이다. 미국의 경우 1940년부터 2000년까지 가구당 거주 인원이 약 3.6명에서 2.7명 정도로 줄었다. 그에 반해 주택 면적은 약 90평에서 200평으로 늘었다. 1인당 차지하는 면적이 2배 이상 증가한 것이다. 집이 클수록 냉난방 에너지를 많이 소모하는 것은 당연하다. 작은 집에 살지 않으면서 냉난방 에너지를 줄이는 데는 한계가 있다.

주택 에너지 효율화 부문에서 철저한 단열, 기밀을 특징으로 하는 독일식 패시브 하우스에 대한 관심이 높아지고 있다. 1973년 1차 오일쇼크 이후 건축 분야에서 에너지 자급 문제가 대두되었다. 이때 미국의 건축가 A. 바웬이 천창, 축열벽, 이중 지붕, 자연 환기, 나무 그늘, 연못 냉각,

온실, 집열판 등 이미 개인들이 자발적으로 시도하고 있던 소박한 적정 기술들을 종합하여 패시브 하우스를 제창했다. 약 90% 이상 냉난방 에너지를 절감할 수 있어서 좋은 대안이긴 하나 국내 건축 시장에서 패시브 하우스는 최소 건축비가 평당 600만 원에서 1,000만 원 수준이기 때문에 서민들의 대안이 되기 어렵다. 매년 새로 지어지는 주택은 약 50만 호 정도인데, 이 중 패시브 하우스는 국내에 소개된 지 10년이 넘었지만 정작 인증을 받은 주택이 2013년 현재 40여 채를 넘지 않는다. 출발은 개개인의 시도였지만 요즘 패시브 하우스는 철저하게 공급자인 건축사의 입장과 전문가주의를 바탕에 두고 추진되고 있기 때문에 비용이 높고 보급은 더디다.

무엇보다도 우리가 관심을 가져야 할 분야는 1,400만 호가 넘는 기존 주택의 냉난방 에너지 대안이다. 보편적이고 서민적인 대안을 찾기 위해서는 개인들의 창조적이고 소박한 기술로 돌아갈 필요가 있다. 에너지관리공단에서 추진하는 '창호 틈새 바람잡기 개선사업'과 같은 작은 일부터 가볍게 시작할 수 있다. 두꺼비하우징 같은 사회적 기업에서는 주민들을 대상으로 단열 시공에 대한 교육이나 워크숍도 진행하고 있다. 이런 워크숍을 자신들이 사는 지역에서 시작하면 좋을 것이다. 지난 겨울 유독 추워서인지 일명 '뽁뽁이'라 불리는 값싼 에어 캡이 창호 단열재로 불티나게 팔렸다. 심지어 '패션 뽁뽁이'까지 등장했다. 이런 소박한 시도는 추워진 겨울을 견뎌 내려는 개인들의 자발적인 발상에서부터 시작했다.

건축물 냉난방 분야의 적정기술들을 주목해야 한다. 햇빛온풍기는 상대적으로 저렴할 뿐 아니라 자가 제작할 수 있는 난방 대안이다. 비슷한 원리를 가진 태양굴뚝은 여름철 환기와 냉방을 위해 개발한 적정기술이다. 영국 대안기술센터의 한 건물은 전면이 햇빛온풍기와 축열벽을 겸한 구조물로 만들어졌다. 최근 독일의 패시브 건축물들이 이러한 구조를 속속 적용하고 있다. 태양굴뚝은 햇빛온풍기와 같이 햇빛에 가열될 때 발생하는 일명 굴뚝 효과라 불리는 대류 현상을 이용하는 환기장치이다. 이 장치를 이용하여 집 안의 더운 공기를 밖으로 내보내고 실외의 차가운 공기를 집 안으로 끌어들일 수 있다. 이것이 태양 집열효과를 이용한 축열벽과 다른 점은 태양굴뚝은 냉방을 위해 실내와 접한 부분을 단열 처리하지만 축열벽은 난방을 위해 단열재가 아니라 태양열을 저장할 수 있는 흙이나 돌 등 축열재를 사용한다는 점이다. 게비온철망에 큰 자갈을 채우거나 페트병에 물을 채워 축열벽을 만들 수도 있다. 이 같은 원리를 이해한다면 주변의 저렴한 재료를 이용할 수 있다.

햇볕 거실은 가장 단순한 자연 난방방식이다. 겨울철에는 거실 통창 앞에 두터운 비닐을 덮어 임시로 온실을 가설할 수도 있다. 만약 이를 고정해서 설치할 경우에는 여름철에 뜨거운 열기를 외부로 보낼 수 있도록 환기장치와 그늘막이 필수이다. 이외에도 최근엔 로켓매스히터와 고효율 나무가스화보일러, 로켓 화목난로 등 고효율 화목난방에 대한 관심이 늘고 있다. 이미 유럽에서는 도시에서 사용 가능할 정도로 연기 배출량을 줄이면서 적은 나무 연료만 가지고도 충분히 실내 난방을 해결할 수 있는 고효율 화목난방장치와 보일러들이 등장했다. 국내에서도 '나는 난로다'와 같은 자작 화목난로 만들기 경진대회나 워크숍 등을 통해 고효율 화목난방장치들의 기술적 원리와 제작 방법을 지속적으로 보급하고 있다.

패시브 냉방 적정기술에서는 그늘과 환기를 중요하게 생각한다. 사실 냉방에 있어서는 단열보다 '그늘'이 더 경제적이다. 냉방은 건물이 태양열에 뜨거워지지 않도록 그늘을 만드는 데서부터 시작해야 한다.

우리는 여름을 시원하게 지내기 위해 당연히 알아야 할 생활 과학을 알기도 전에 에어컨이나 제습기를 구입해서 사용하고 말았다. 건축물을 직사광선에 그대로 노출시킨 채 단열만 하는 것은 어리석다. 어릴 적 생각을 해보면 에어컨이 흔치 않던 시절이라서 그런지 많은 사람들이 햇볕이 집 안으로 들어오지 않도록 갈대나 대나무로 엮은 발을 문과 창밖에 걸어 두었다. 창밖의 차양은 빗물을 차단하기 위해서라기보다 햇볕이 집 안으로 들어오지 않도록 만든 구조물이다. 차양이나 처마의 길이, 창이나 문의 높이는 햇볕을 여름에는 차단하고 겨울에는 집 안으로 깊숙이 들어오도록 만들었다.

햇볕을 막기 위해 가림막을 실내에 설치할 경우 냉방에 그다지 도움이 되지 않는다. 이럴 때는 창밖에 가림막을 만들어 햇볕을 막아 그늘을 만들어 주어야 한다. 창밖에 설치한 블라인드나 검은 방충망, 차양 포렴은 효과적으로 볕을 차단한다. 값싼 농사용 차광막을 이용해서 여름철 직사광선에 의해 가열되기 쉬운 남서쪽 벽에 그늘을 만들어 주기만 해도 냉방에 큰 도움이 된다. 이미 미국인들은 그늘의 중요성을 인식하고 투시성 음영 스크린과 같은 다양한 가림막 제품들을 만들어 냈다. 덩굴식물을 이용해서 건물 외벽에 그늘을 만들어 줘도 냉방에 큰 효과가 있다. 보다 적극적으로는 이중 지붕이나 이중 외벽이 패시브 하우스에 이용되기도 한다. 이런 방식이 비용이 높다면 한 일본 건축가가 시도한 것처럼 일명 '썬라이트'라 불리는 저렴한 폴리카보네이트 패널을 이용해서 볕이 많이 드는 벽면 외부에 이중 외피를 만들 수도 있다.

환기는 자연 냉방 적정기술에 있어 핵심이다. 우선 집 안의 환기 지도를 그려 볼 필요가 있다. 문과 창문의 위치, 시원한 바람이 어디로 들어

오는지, 그리고 집 안에서 데워진 공기는 어디로 나가는지…. 차가운 공기는 무거워서 아래로 내려앉기 때문에 차가운 공기를 끌어들이는 흡입구는 북서면 그늘진 곳의 낮은 곳에 있어야 하고, 뜨거운 공기는 가벼워서 위로 올라가기 때문에 가열되기 쉬운 남동쪽 높은 곳에 배기구가 있어야 한다. 다세대주택이나 아파트의 경우 계단 공간을 적절하게 이용하면 태양굴뚝을 만들 수 있다. 계단이 있는 공간의 최상단부를 개폐할 수 있도록 개구부를 만들고 각 집 안에는 계단 공간 쪽으로 배기구를 만든다. 그러면 집집마다 데워진 공기가 계단 공간을 통해 개구부로 빠져나가 건물 전체에 자연스런 공기 흐름이 만들어진다. 보다 적극적인 환기를 위해 태양굴뚝을 건물 출입구가 있는 정면 쪽으로 설치한 대형 빌딩도 등장하고 있다. 태양굴뚝의 전면부는 태양열을 끌어들이기 위해 투명 재질로 만든다. 이곳이 햇볕에 가열되면서 강한 상승기류, 즉 굴뚝 효과가 생기면 건물 내부의 공기를 빨아들이며 자연스럽게 환기가 일어난다.

다층 구조에서는 두 가지 태양굴뚝 시공 방식이 있다. 전체 층을 하나의 태양굴뚝으로 연결하는 방법과 각 층마다 개별적인 환기 구조를 만드는 방법이다. 이때 주의할 점은 태양굴뚝으로 연결되는 각 층의 배기구는 각 층의 하부에 있어야 한다. 태양굴뚝 내부의 뜨거워진 공기보다 상대적으로 밀도가 높은 공기가 공급되어야 기압 차로 인해 환기가 일어나기 때문이다. 종종 실내 상부에 배기구를 만드는 실수를 하기도 하는데 이 경우 오히려 원활한 환기를 방해한다.

기화열을 이용하는 것은 대중적인 냉방 적정기술인데, 수분이 기화하면서 주변의 열을 빼앗아 냉방 효과를 얻는 방식이다. 박스 종이를 골판이 보이도록 잘라 붙여 기화판을 만들어 공장이나 축사, 계사, 학교 건물, 주택 창문에 부착하고 이곳에 주기적으로 물을 뿌리면서 다른 쪽에서선 태양굴뚝이나 환기팬으로 공기를 빨아들여 외부의 공기가 이곳을 통과하면서 냉각되는 장치이다. 아쉽게도 이 장치는 여름철 습도가 높은 지역에서는 도리어 실내 습도를 높일 수 있기 때문에 환기 장치와 더불어 적절히 사용할 필요가 있다. 적정기술은 그늘과 환기의 이용과 같은 생활 과학을 전문가들로부터 우리 삶의 공간으로 다시 불러들이면서 시작된다. 정보 공유를 확대하여 생활 과학, 시민 과학, 공공 과학 영역을 활성화시켜야 한다.

차 함께 타기와 자전거의 변신

우리는 교통 운송 분야에서 약 28%의 에너지를 소비한다. 1987년부터 2012년까지 차량의 주행 거리는 지속적으로 증가해 왔다. 집과 직장과의 거리도 점점 늘어났고 세계화로 인해 물품의 운송 거리도 증가했다. 생필품과 식료품의 운송 거리도 마찬가지다. 그만큼 이 분야에 들어가는 에너지의 총량은 지속적으로 늘어났다. 차량별 탑승 인원도 현격하게 줄었는데, 2008년 통계를 보면 평균 1.2~1.3명 수준이다. 탑승 인원을 늘리는 데 우선 집중할 필요가 있다. 버스, 지하철 같은 대중교통을 이용하는 것은 당연하다. '자가용 함께 타기'와는 다른 접근법이다.

정규 노선을 탄력적인 스케줄에 따라 운행하는 소형 자율 버스jitney를 도입할 필요가 있다. 이는 택시 운전면허나 버스 영업면허 없이 자율적으로 운송 영업을 할 수 있도록 허용하는 제도이다. 개인들이 필요할 때 자신들의 이동 경로에 따라 '함께 타기'를 유료화하는 것이다. 이미 제3세계들에서 시행되고 있을 뿐 아니라 유럽에서도 스마트폰의 드라이브 콜drive call 앱을 통해 운영되고 있다. 이런 간단한 정책만으로도 교통 분야에서 소모되는 에너지의 80%를 감축할 수 있다. 이 제도는 기존의 기득권을 가진 택시업계나 버스업계의 저항에 부딪힐 것이므로 도입이 쉽진 않겠지만 에너지 위기가 본격화될 때는 어쩔 수 없이 채택하게 될 제도이다. 이미 에너지 위기를 겪은 쿠바에서도 도입되었다.

자전거는 현대가 재해석한 수레이자 마차이다. 최근의 자전거 혁명은 실용적이면서 기발한 자전거를 개발하려는 노력과 자전거를 주요한 교통수단으로 도입하고 있는 전환 도시들의 노력에 바탕을 두고 있다. 쇼핑 카트를 앞에 부착한 자전거, 유모차와 연결한 자전거, 짐차로 만든 세발자전거, 십여 명이 함께 페달을 굴리는 합승자전거, 기존 자전거에 부착하는 자전거트레일러, 자전거마차 등 자전거의 확장성과 효용을 높여주는 기발한 자전거들이 속속 등장하고 있다. 이러한 대안 자전거들을 개발하고 사용할 수 있도록 앞장설 사람들이 필요하다. 적정기술은 오래전부터 자전거의 활용과 변용에 많은 관심을 가져왔다. 이제 좀 더 적극적으로 대안 교통수단으로서 자전거의 창조적 변형에 관심을 기울여야 할 때이다.

생산 영역의 탈환

산업 분야는 전체 에너지 소비량의 32%를 차지하고 있지만 이제까지 개인들이 손을 쓸 수 없는 분야로 여겨졌다. 하지만 우리 같은 소비자들이 이 분야에 대해 가장 강력한 통제력을 갖고 있다는 점을 생각해야 한다. 구매하지 않으면 생산도 없다. 에너지 위기와 함께 닥쳐올 산업 경제의 붕괴와 위축은 원가 상승, 서민들의 소비 축소와 맞물려 악순환을 만들 수 있다. 산업 분야의 에너지 소비 축소는 이미 과잉 생산되어 넘쳐나는 공산품들을 재활용하거나, 디자인을 추가하여 가치를 높이는 재활용 방법인 업 사이클링, 수공예, 자가 제작DIY 등 스스로 생산 활동을 하는 것으로 시작할 수 있다. 이것을 공동체 장터를 이용해서 나누고 교환하고 확산시킬 수 있다.

> 이쑤시개로 할 수 있는 일들을 최대한 많이 생각해 보라. 단시간에 많은 아이디어를 내놓을 수 있는 사람은 의미 있는 아이디어를 창출해 낼 가능성이 높다.
>
> — J. P. 길퍼드(심리학자)

> 창의성은 완전히 다른 종류의 사고를 요구하는데, 이러한 사고는 다양한 방향으로 뻗어가며 문제에 대한 해답을 만들어 내는 확산적 사고를 특징으로 삼는다.
>
> — 캐서린 콜린(교육심리학자)

확산적 사고, 창의적 사고를 통해 문제를 해결할 수 있는 능력을 우리는 종종 직관과 통찰의 의미로 부르기도 한다. 우리 삶에 필요한 여러 도구들을 직접 만들어 사용하는 문화를 확산시킨다면 자연스럽게 사회 전체의 창의성, 직관, 통찰력은 높아질 것이다. 지금과 같은 대중소비는 창조력의 감옥이다. 많은 사교육비를 들여 창의성을 키우려는 억지보다 자가 제작, 수공예, 리사이클링, 업 사이클링을 생활화하는 것이 훨씬 더 효과적이다. 대중들이 손쉽게 접근할 수 있는 적정기술은 자가 제작의 문화를 통해 사회 전체의 창의력을 높이는 주요한 수단이 될 수 있다.

예전에 몇몇 친인척과 지인들의 이삿짐 정리를 도와준 적이 있는데 대부분 10년 동안 한 번도 사용하지 않은 물건들이 짐의 20~30%를 차지하고 있었다. 이것을 전 국민으로 확대해 보면 20~30%의 물건이 과잉 생산되고, 소비되었다는 얘기이다. 최근 한 다큐멘터리 프로그램을 보니 미국인들이 구매하는 음식물의 40%가 과잉 구매이고 결국 쓰레기로 버려지고 있다고 한다. 하물며 공산품은 어떨까. 굶주리고 추위에 떨고 있는 이들, 최소한의 에너지가 공급되지 않아 고통 받는 이들이 수없이 많은데 과잉 생산에 귀중한 에너지를 소비하는 것을 무엇이라 말해야 할까. 우리는 이 잘못을 중단시킬 힘을 갖고 있다.

오랜만에 서울로 올라와 도시의 한가운데 서 있다. 이 거대한 시스템 속에서 절망과 희망은 늘 번잡하게 교차한다.

15장 요나와 환경기술의 배반

> 자원 사용의 효율성을 증가시키는 기술적인 발전은 그 자원의 소비 속도를 줄이는 대신 늘리는 경향이 있다.
>
> — 윌리엄 S.제본스(경제학자, 1835~1882)

체제내화된 '에코의 함정'을 조심해야 한다. 환경단체들이 심층적으로 검토하지 않은 채 채택하고 있는 많은 환경 전략과 실천들을 기업, 정부, 미디어들이 때로 적극적으로 지원하고 협력한다. 왜 그럴까. 그들이 추구하는 목표와 이익에 딱 맞아떨어지기 때문이다. 이런 환경운동은 성경에 나오는 고래 배속에 갇힌 요나의 상황과 같다. 요나가 할 일은 고래 배속을 청소하는 일이 아니라 그 속을 빠져나오는 일이다. 산업기술과 자본, 정부는 그 시스템 내부에 있는 사람들이 좀처럼 변화시킬 수 없는 구조를 구축하고 있다.

에너지 절약의 패러독스

에너지 효율화의 필요성에 대해 정부와 기업, 시민단체 사이에 이견은 없어 보인다. 과연 '에너지 효율화'는 우리가 직면하게 될 에너지 위기의 대안이 될 수 있을까? 아니다. 19세기 영국 석탄업계를 연구하던 경제학자 제본스는 자원 사용의 효율성을 증가시키는 기술적인 발전은 그 자원의 소비 속도를 줄이기보다 늘리는 경향이 있음을 밝혀냈다. 이것을 제본스의 패러독스Jevons Paradox라 말한다. 이 이론에 따르면 에너지 효율화로 결국 더 많은 에너지를 사용하게 된다.

에너지 효율화의 한계를 지적하는 또 다른 이론이 있다. 1980년대에 나온 하줌-브룩스의 가설Khazzoom-Brookes Postulate이 그것이다. 효율성이 향상되면 어떤 한 가지 일에 필요한 에너지 비용이 감소되고 사람이나 기업들은 같은 양의 에너지로 더 많은 일을 할 수 있다. 이에 따른 결과는 두 가지다. 첫째, 감소된 에너지 비용을 다른 분야에 쓴다. 둘째, 에너지 소비 공정이 더 효율적이 될수록 경제적인 이익이 이전보다 더욱 커진다. 여분의 자금 투자처를 결정할 때 더욱 에너지 집약적인 사업을 선택하게 되고 그 결과 에너지 효율성이 도리어 에너지 사용을 증가시킨다.

'에너지 절약' 역시 정부, 기업, 시민단체들이 큰 이견 없이 추진하는 실천 활동이다. 과연 그동안 에너지절약운동을 통해 에너지 소비, 전력 소비는 줄었을까? 역시 아니다. 시민영역이건 기업부문이건, 정부를 비롯한 공공영역이든 전력 소비는 꾸준히 늘어 왔다. 지속적으로 전력을 이용하는 전력 장치와 도구의 수와 다양성이 증가한 까닭이다. 몇 십 년 전만 해도 지금처럼 많은 가전제품과 전력 장비와 도구들을 사용하지 않았다. 이것부터 생각해 봐야 한다.

안일한 에너지 절약이나 에너지 효율화가 대안이 될 수 없다. 에너지 효율화나 에너지 절약을 넘어서야 실효성 있는 대안을 만들 수 있다. 에너지절약운동은 결국 산업자본주의 내에 체제내화된 실천에 지나지 않는다. 전력을 이용하는 기술과 도구 장치들을 축소하고 가전제품을 비전력화할 수 있는 기술들에 관심을 돌려야 한다. 보다 근본적인 대안은 지금과 같이 화석에너지와 전력 소비에 의해 작동되는 기술을 축소하는 것뿐이지 않을까.

상상력도, 고민도 부족한 '에너지의 날'

에너지 절약을 촉구하며 매년 여름 개최되는 '에너지의 날' 행사는 상상력도 고민도 부족하다. 3년 전 처음으로 전환기술사회적협동조합의 이름으로 참석한 에너지의 날 행사에는 잘 알려진 환경단체들과 소규모 지역단체들이 대거 참여했다. '뭔가 특별한 게 있을까' 하여 여러 부스들을 살펴보았지만 결과는 '실망'이었다. 논란이 여전한 수소 에너지 장치를 가지고 나온 기업, LED 절전등, 태양광 조리기, 태양 전지를 이용한 몇 가지 장난감들, 그리고 온통 자전거발전기를 응용한 제품들이 주류였다. 자전거발전기를 돌려 솜사탕 만들기, 자전거발전기에 연결한 믹서기로 주스 만들기, 자전거발전기에 연결한 오디오 장치와 오락기 등. 언뜻 보기에는 그럴듯한 제품들이었다. 하지만 여기에도 함정은 있었다. 이 행사는 에너지를 '절약'하자는 취지에도 불구하고 전기의 '이용'은 결코 포기하지 않고 있었다. 대안 에너지 장치들조차도 전기 생산을 전제로 삼고 있다. 왜 자전거발전기로 전기를 만들어 믹서기나 솜사탕 기계, 오디오 장치, 앰프를 작동시켜야 할까.

1970년대만 해도 자전거 페달을 밟아서 돌리는 솜사탕 기계가 흔했다. 이 행사에서 유일하게 발전기를 사용하지 않고 인간 동력을 직접 활용하는 자전거 세탁기는 예외였다. 사실 자전거 휠의 회전력을 그대로 이용하는 비전력 손 믹서기가 에너지 차원에서는 더 효율적이다. 자전거 휠의 회전력을 전력으로 변환할 때 에너지 손실이 일어나기 때문이다. 그 밖에 비전력 난방장치인 햇빛온풍기와 고효율 개량 화목난로와 화덕 정도가 색다른 전시물이었다.

'에너지의 날'에는 왜 '비전력 수동 기구들의 재등장'이 전시의 주제가 될 수 없는 걸까. 이런 에너지의 날에는 일본의 발명가 후지무라 야스유키 박사가 만들어 낸 '비전력 기구와 장치' 같은 근본적인 대안들이 전시되는 것이 맞는 이치일 것이다. 그는 『플러그를 뽑으면 지구가 아름답다』, 『3만엔 비즈니스, 적게 일하고 더 행복하기』 같은 책을 썼고 무려 천 개나 되는 발명특허를 가진 물리학자이다. 또 귀농한 후 전기를 전혀 사용하지 않는 각종 도구와 물건, 주택 등으로 꾸며진 비전력 테마파크를 만들었다. 후지무라 박사와 같은 아이디어와 열정, 근본적인 문제를 직시하는 자세가 우리에게 필요하다.

처음 참석했던 에너지의 날 행사가 에너지 전환에 대한 상상력도, 진지한 고민도 찾아볼 수 없었다면 너무 심한 혹평일까. 그날 행사에는 근본적인 생태적 전환의 비전은 보이지 않고 일종의 환경운동 '트렌드'만 보였다. '에너지 절약'을 위해 생긴 에너지의 날이 10년이 지났음에도 불구하고 에너지, 특히 전기 소비는 줄곧 증가해 왔다. 이 행사의 주요 후원기업들이 한전, 한국수력원자력, 남동발전 등 유수의 발전 기업들인 것은 우연일까. 환경운동이 체제내화될 때, 산업자본의 도구가 될 뿐이다. 환경운동은 산업기술사회에 대한 비판과 불화를 숙명으로 삼아야 한다.

태양광 발전의 함정

지속가능성을 주장하는 환경단체들의 대중적인 선언과 실천들은 과연 실효가 있을까. 지속가능성 전략에는 전기 절약, 에너지 효율화, 재생 에너지, 재활용, 녹색 경제 등이 포함된다. 지금까지 당연히 가치 있는 환경 활동으로 여겨져 왔던 전략들은 과연 실효성이 있을까. 이 불손한 의심의 근거는 무엇인가. 『사라진 내일』을 쓴 헤더 로저스가 『심층 녹색 저항Deep Green Resistance』에 기고한 그의 글, 「지속가능성이 지구를 파괴하고 있다」에서 재생 에너지의 산업적 가치 사슬을 심층적으로 검토하며 '에코의 함정'을 지적하고 있다. 그의 주장을 요약하면 이렇다. 태양광 발전은 가장 주목받는 친환경 에너지다. 그러나 태양광 발전 시설은 금속, 플라스틱, 희토류, 기타 전기부품들로 만들어진다. 따라서 광산과 생산 공장, 전쟁, 소비, 오염을 발생시킨다. 인도와 중국의 태양광 패널 공장 주변의 농장과 강에는 수백만 톤의 오염된 물이 버려지고 있다. 복합 실리콘 처리 과정에서는 독성 물질이 발생한다. 공장에서 발생한 오염된 폐기물은 중국의 땅속에 그대로 폐기되고 있다. 미국 UC 버클리의 객원교수인 오지 제너는 태양광 전지가 이산화탄소보다 환경 유해물질이 자그마치 2만 3천 배가 더 나온다는 연구 결과를 발표했다. 태양광 전지를 제조할 때 헥사 불화탄소$C2F6$, 불화질소$NF3$, 불화황$SF6$이 나오는데 이 세 가지 독성물질이 환경과 주변 거주민의 건강을 파괴한다. 이산화탄소가 야기하는 온실 효과의 폐해를 해소할 수 있다고 알려진 태양광 전지의 실상은 놀라지 않을 수 없다.

태양광 발전에 사용되는 실리콘 패널의 주재료들은 주로 아프리카 광산에서 공급되고 있는데 이 광산을 차지하기 위해 무자비한 전쟁과 살육이 벌어지고 있다. 중국에서는 태양광 패널 공장 주변의 농민들이 독성물질로 인한 질병, 환경오염, 강제 이주정책에 견디다 못해 저항하고 있다. 농민들은 이 태양광 패널 공장시설을 파괴하고 공장 가동을 멈췄다. 우리가 그토록 맹신하고 있는 태양광 발전보다 자신들의 건강과 생명이 더욱 중요했기 때문이다. 우리가 설치하는 태양광 패널이 어디서 생산되고, 어떤 영향을 끼치는지 다시 한 번 살펴보아야 한다. 태양광 패널은 내구연한이 30년 정도인데 재활용을 위해 처리하는 과정에서 다시 독성 물질을 배출한다. 태양광 패널 산업은 지멘스, 삼성, 보쉬, 샤프, 미쓰비시, 비피, 산요 등 주요 글로벌 기업들이 장악하고 있다. 지역의 중소기업들은 단지 패널 조립이나 설치 업체에 지나지 않는다. 한국의 경우도 마찬가지다. 태양광 발전을 홍보하고 있는 환경단체들은 태양광 기업들의 훌륭한 영업사원 역할을 자신들도 모르게 수행하고 있는 셈이다.

자전거발전기는 적정한가

결론부터 말한다면 자전거발전기는 적정하지 않다. 자전거발전기는 대안 에너지 장치라는 이미지와 달리 매우 비효율적이고 반환경적인 장치다. 자전거의 회전력을 이용하는 방식에는 두 가지가 있다. 하나는 회전력을 직접 기계 장치에 연결하는 방법이고, 다른 방법은 전기를 발생시키는 방식이다. 효율적인 발전을 위해서는 전자부품과 발전기의 모터, 에너지 손실을 최대한 줄일 수 있는 배선, 전기 충전을 위한 축전지 등에 대하여 가장 효율적인 방식을 이해하고 구현해야 한다. 문제는 자전거발전기가 우리의 생각보다 훨씬 더 비효율적이라는 데 있다.

자전거발전기의 비효율성은 에너지 손실에서 극명하게 드러난다. 발전기 자체에서 10~20%의 손실이 발생한다. 전압 정류 장치에서는 25%가, 축전지에서는 10~35%의 에너지 손실이 일어난다. 컨버터에서도 5~15%의 손실이 발생한다. 예를 들어 100W의 운동에너지를 입력하여 자전거발전기를 돌렸을 경우 발전기에서 80W로 줄어들고, 정류 장치에서 80W의 20%가 다시 줄며, 기타 손실이 더해져 결국 57.5W가 남는다. 57.5W는 다시 축전지에서 35%의 손실이 일어나 약 37.5W로 줄고, 컨버터에서 다시 15%의 손실이 일어나면 대략 32.52W만이 남게 된다. 따라서 자전거발전기의 에너지 효율은 32.5%이고, 에너지 손실은 최대

67.5%가 된다. 자전거 바퀴의 회전력을 직접 이용해서 세탁기를 돌리는 것이 자전거발전기보다 에너지 손실이 훨씬 적다. 사실 자전거발전기가 의미 있는 발전 장치가 되려면 축전지를 부착해야 한다. 하지만 축전지는 수명이 있고 주기적으로 교체해야 하는데 축전지를 생산하고 폐기할 때 화학 성분이 생태계를 파괴한다. 게다가 축전지 생산에 필요한 에너지까지 고려하면 자전거발전기가 환경적이라는 생각은 매우 의심스럽다.

한 연구 보고서에 의하면 150Wh워트시 용량의 납-산 축전지를 만드는 데 드는 내재 에너지는 3만 7,500Wh에 해당한다. 즉 150Wh 배터리 250개에 해당한다. 이것은 자전거 페달을 500시간 돌려야만 얻을 수 있는 에너지다. 축전지는 시간이 지남에 따라 열화현상으로 충전 효율이 지속적으로 떨어진다. 아마도 500시간을 돌리는 동안 축전지는 수명을 다하거나 자전거발전기의 다른 부품들이 고장 날 것이다.

1970년까지 대부분의 연구는 자전거의 회전력을 직접 이용하는 데 초점이 맞춰져 있었다. 최근 등장한 자전거의 회전력을 직접 이용하는 주방 장치나 마야페달에서 개발한 자전거 농기구들은 자전거발전기와 같은 정도의 에너지 손실을 일으키지 않는다. 조금만 현실의 적용을 진지하게 생각한다면 자전거발전기의 문제는 금방 파악할 수 있다. 그럼에도 현재 자전거발전기는 휴대전화나 노트북 배터리의 충전기로 사용하거나 가전제품을 구동시키는 데 사용된다. 그런 자전거발전기들은 다만 '보여주는 환경운동'이거나 '체험과 교육을 위해서' 이곳저곳에서 말 그대로 전시되고 있다. 이 또한 전기 중독 증세라 할 수 있다.

풍력 발전의 딜레마

대안 에너지로 인식되던 풍력 발전조차 종종 우리의 기대를 배반한다. 이제 사람들의 기대는 에너지 대안에만 머물러 있지 않고 지속가능한 행복한 삶에 뻗어 있다. 기업과 국가는 소형 발전에 비해 경제성과 효율성이 월등히 높은 대형 풍력 발전에 주력한다. 반면 환경 의식을 가진 엔지니어와 시민과 환경단체들은 직접 행동, 자가 제작, 주민 참여, 적은 비용 등을 이유로 종종 소형 풍력 발전에 쉽게 경도된다. 나도 후자에 속하는 편이었다. 하지만 대형 풍력 발전이든 소형 풍력 발전이든 바람이라는 자연 에너지를 이용하지만 너무도 쉽게 사람들의 행복을 위협하거나 기대를 저버린다.

귀농 전 시민단체 에너지전환의 간사로 일할 당시 '풍력 발전의 주민 수용성' 연구에 참여한 적이 있다. 이때 참조했던 독일 환경단체 연합조직의 연구 보고서는 대형 풍력 발전이 갖는 적지 않은 문제점을 지적하고 있었다. 대형 풍력 발전의 소음, 저주파로 인한 농작물과 가축에 끼치는 악영향, 철새들의 풍력터빈 충돌사고 등이다. 대형 풍력발전기로부터 사람이든 가축이든 농작물이든 적절한 이격 거리가 반드시 확보되어야 한다. 중앙 집중적인 전력공급 체계에서 자본과 국가에 의해 주도되는 대형 풍력발전소 건설은 송전탑 건설과 분리해서 생각할 수 없다. 보통 풍력발전소에는 150kv 송전선이 연결된다. 물론 밀양을 지나는 765kv 송전선로에 비해 전자파는 낮지만 송전탑 건설과 송전선의 연결 과정에서 종종 산림이 파괴되고 송전선로가 지나는 지역 주민의 재산권은 무시된다. 또한 오랫동안 정주하는 삶으로부터 생기는 지역민의 행복은 폭력적으로 파괴된다. 송전탑과 송전선로 건설로 인한 문제는 대형 풍력 발전일지라도 지역주민의 참여, 투자와 의사결정이 보장된 지역 분산형 발전 체계 속에서 상당 부분 해결될 수 있다. 하지만 풍력발전기 1기를 건설하는 데 25억 이상 드는 현실을 감안할 때 과연 한국의 어떤 지역주민들이 독일처럼 주체적으로 풍력발전기를 건설하고 소유할 수 있을까?

실망스런 소형 풍력발전기

기술은 종종 환상과 신화를 만들어 낸다. 아니 보다 정확히 말하자면 기술의 역사는 항상 미신과 함께 발전해 왔다. 대안 에너지기술이나 적정기술도 마찬가지다. 선의의 기술조차 종종 우리의 기대를 배반한다. 대형 풍력발전기든 소형 풍력발전기든 모두 문제를 갖고 있다. 대형 풍력 발전의 문제점이 부각되면서 언뜻 소형 풍력 발전이 그 대안으로 여겨질 수 있다. 소형 풍력 발전은 기술적 접근성이 낮아 자가 제작하기도 쉽다. 상업적으로 양산된 사례도 적지 않은데, 가격도 대형 발전기에 비해 훨씬 저렴하다. 그러나 소형 풍력발전기의 실상은 실망스럽기만 하다.

소음과 날개 파손 등 안전성 문제도 있지만 무엇보다 발전 효율이 매우 낮다. 설치비용에 비해 전기를 생산하여 회수할 수 있는 기간, 즉 페이백 타임payback time은 소형 풍력발전기의 수명보다 훨씬 길다. 예컨대 에너지 볼Energy Ball이라는 이름의 소형 풍력발전기의 페이백 타임은 지역이나 설치 높이에 따라 다르지만, 짧게는 50년 길게는 750년이나 된다. 이뿐 아니다. 소형 풍력발전기를 만들고 설치하는 데 투여되는 에너지, 즉 내재 에너지가 기기가 수명을 다할 때까지 생산할 수 있는 에너지보다 훨씬 크다. 개인 주택 지붕이나 정원에 소형 풍력 발전을 설치하는 것은 그럴듯해 보이지만 실제로는 제대로 작동하지 않는다. 도시에도 소형 풍력발전기를 설치하지만 충분한 바람이 불지 않는다. 보통 지상 75m 이상 높이의 풍력을 측정하여 작성한 풍력 자원지도를 근거로 풍력발전기를 설치하지만 도시에서 소형 풍력발전기를 그렇게 높게 설치하는 사례는 매우 드물다.

2008년 영국에서 발표한 워릭Wawrick 풍력 발전 연구보고서와 2012년 네덜란드가 발표한 제일란트Zeeland 소형 풍력 발전 연구보고서에 의하면 매우 명확하게, 거의 모든 경우 소형 풍력 발전은 재정적·생태적으로 적절치 않다고 밝혔다. 네덜란드 제일란트에서 실시한 현장 조사에 의하면 풍력 발전의 발전 효율은 발전기의 회전자 직경에 비례한다. 사실 이 조사에서 대부분의 소형 풍력발전기는 실망스런 결과를 나타냈다. 네덜란드는 가구당 평균 연간 3,400kWh의 전력을 소비하는데 이 정도의 전력을 감당하려면 제품마다 다르지만 소형 풍력발전기는 최소 2기에서 40기까지 필요하고 비용은 약 2~5만 유로에 이른다. 풍력발전기가 클수록 필요 발전기 수는 적고 풍력발전기가 작을수록 필요 발전기 수는 많아진다. 또한 소형일수록 급격하게 발전 효율이 떨어지고 대형일수록 발전 효율은 높아진다.

영국 워릭의 풍력 발전 연구에서도 마찬가지로 소형 풍력발전기일수록 효율은 낮았다. 소형 풍력발전기들은 제조업체가 표시한 발전율에 비해 최대 15~17배나 낮았다. 가장 나쁜 사례로 조사된 풍력발전기는 약한 바람일 때 풍력발전기가 돌아가지 않는 경우가 많아 평균 발전율은 최대 용량의 4.15%에 지나지 않았다. 심지어 대부분의 소형 풍력발전기는 예상치 못한 소음 문제를 발생시켰다. 대형 풍력발전기든 소형 풍력발전기든 모두 문제를 갖고 있다. 각광받고 있는 대안 에너지기술조차 이렇다니…. 기술을 효율만으로 평가할 일은 아니지만 어찌해야 하나, 생각은 오리무중이다.

　대안 에너지 분야를 선도하고 있는 독일에 다녀오면서 그들에 대한 부러움, 질투심과 함께 환경과 에너지 위기를 극복하기 위한 기술적 해결책에 대한 의구심이 교차했다. 잠시 에너지전환의 간사로 있을 때 국내 풍력발전소들을 둘러볼 기회가 있었는데 그때 대형 풍력 발전의 문제점과 소형 풍력 발전의 부실함을 동시에 목격할 수 있었다. 또한 태양광 발전을 위해 제3세계 실리콘 광산의 환경 파괴와 중국 주민들의 처참한 삶에 관한 기사를 보면서 경악하지 않을 수 없었다. 기술은, 비록 친환경적인 대안 기술일지라도 사려 깊게 조심히 다룰 날이 선 칼과 같다는 생각을 접을 수 없다. 기술은 도대체 인간에게 무엇인가. 결론은 점점 더 분명해진다. 에너지 대안의 핵심은 친환경 기술로 여겨지는 대안적 전기 생산 기술에 있기보다는, 전기 중독을 벗어날 수 있도록 도와주는 비전력 장치와 설비 도구들을 다시 우리 곁으로 불러와야 하는데 있다.

16장 자가 제작자 운동

어찌된 일일까. 물건을 사기만 하던 소비자들의 반란이 일어나고 있는 것일까. 산업적으로 양산된 제품에 질려버린 것일까. 필요한 물건을 자신이 직접 만드는 사람들이 점점 더 늘고 있다. 증가하는 귀농·귀촌 인구와 청년 실업자들이 활로를 찾아 수공예, 생활기술 분야에서 자가 제작자의 대열에 합류하기 시작했다. 자가 제작의 흐름은 그동안 예술과 공예 부분에 제한되었지만 이제 좀 더 전문성을 필요로 하는 테크놀로지 영역으로 확대되기 시작했다. 'DIY 테크놀로지'의 흐름은 개인들이 기본적인 전기, 전자, 컴퓨터, 조금은 전문적인 생산 설비와 제조 기술을 이용하여 다양한 제품을 취미로 만들거나 소량 생산한 제품을 판매하는 데까지 발전하고 있다.

제작자들의 창조적인 구상은 제조의 혁신을 가져온 3D프린터, CNC, 레이저 절단기, 3차원 스캐너, 설계와 디자인을 자유롭게 만드는 소프트웨어 등을 이용하여 만들어진다. 그리고 인터넷 커뮤니티를 통해 개인 제작자들은 다른 사람들과 디자인, 기술 정보, 경험을 공유한다. 때로는 각종 생산시설을 공유하는 메이커 스페이스^{Maker Space}라 불리는 작업장에 함께 모여 공동 작업하고 그 결과를 공유한다. 기술의 혁신은 개인의 구상이 제품화되기까지의 장애들을 제거하기 시작했다. 그동안 생산은 오로지 기업의 전유물이었고 대중은 단지 소비자일 뿐이었다.

본능적으로 만들기를 좋아했던 사람들은 이제 최첨단 미디어와 디지털 제조 기계들을 사용하면서 생산의 주체로 등장하기 시작했다. 물론 대량 생산은 여전히 금형 작업과 공장제 생산에 의존할 수밖에 없다. 하지만 이제 개인들은 얼마든지 소량 맞춤 제품과 시제품을 손쉽게 만들 수 있게 되었다.

제작자 운동 선언 The Maker Movement Manifesto

기업에 속하지 않은 개인과 지역공동체의 자가 제작자 운동을 촉발시킨 테크숍Techshop의 CEO 마크 해치Mark Hatch의 '제작자 운동 선언'에 공감하며 그 핵심적인 내용을 소개한다.

제작

만드는 일은 인간의 본성이다. 우리는 만들고, 창조하고, 느끼는 모든 것을 표현해야만 한다. 만드는 일에는 무언가 특별한 것이 있다. 제작물은 우리 자신의 일부분이며 우리 영혼의 일부를 구성한다.

공유

작품과 제작 방법과 지식을 다른 이들과 공유하면 제작자들이 모두 하나임을 느끼게 된다. 만들 수 없다면 나눌 수도 없다.

기부

당신이 만든 것을 다른 사람에게 선물로 주는 것보다 만족스럽고 이타적인 일은 없다. 만드는 일은 사물에 자신의 작은 일부를 넣는 일이며 기부는 누군가에게 자신의 일부를 주는 것이다. 그러한 일은 우리가 소유할 수 있는 가장 소중한 것이다.

배움

만들기를 배워야만 한다. 당신의 작업에 대해 더 많은 것을 배울 수 있도록 항상 노력해야 한다. 숙련된 기술자이거나 장인이 될 수도 있다. 그때에도 여전히 배우고, 배움을 갈망하고 자신을 새로운 기술과 재료와 공정 속으로 밀어 넣어야 한다. 일생에 걸친 배움의 길은 풍요롭고 보람 있게 '만들고 나누는 삶'을 보장한다.

장비

제작을 위해 적절한 도구와 장비를 가까운 곳에서 사용할 수 있어야 한다. 원하는 것을 만들기 위해 필요한 도구와 설비를 지역에 갖출 수 있도록 투자하고 개선시켜야 한다. 제작 장비들은 결코 값싸지 않고 다루기 어렵지만 강력한 성능을 갖고 있다.

놀이

만들며 즐겁게 놀자. 찾아내고 놀라워하고 흥분하고 자부심을 느끼게 될 것이다.

참여

제작자 운동에 동참하고 주변에서 만드는 일의 즐거움을 발견하는 이들과 만나자. 자신이 살고 있는 지역의 다른 (자가) 제작자들과 함께 세미나를 열고, 잔치를 열고, 행사를 개최하고 제작자의 날과 축제와 전시와 제작 수업에 참여하고, 함께 밥을 먹자.

후원

이것은 운동이다. 정서적이고 지적이고 재정적이고 정치적인 지원과 기관의 후원이 필요하다. 더욱 좋은 세상을 만드는 데 가장 큰 희망은 우리들 자신이다. 우리는 좀 더 나은 미래를 만드는 데 책임이 있다.

변화

(자가) 제작자로 살아가는 인생에서 자연스럽게 일어나게 될 변화를 받아들이자. 만든다는 일은 인간성의 근본이다. 우리는 만들면서 보다 나은 자신을 완성하게 될 것이다.

메이커 스페이스의 교육 철학

세계 각지에 개인 제작자들을 위해 생산 설비를 공유하는 1천 여 곳의 메이커 스페이스가 있다. 디지털 생산 설비가 갖춰진 공방이라 할 수 있다. 물론 테크숍과 같은 곳은 설비의 사용료를 지불해야 한다. 메이커 스페이스의 수는 지속적으로 증가하고 있다. 중국 상하이에는 100여 곳의 메이커 스페이스가 문을 열고 있다. 이들 메이커 스페이스는 지역 공동체가 만들지만 기업들이 만든 곳도 있다. 2012년 초 제작자 운동의 가능성을 간파한 오바마 대통령은 향후 4년간 미국의 학교 1천여 곳에 교육 목적의 메이커 스페이스를 만드는 계획을 발표했다. 교육과 제작자 운동의 결합을 시도한 것이다. 이런 상황 속에서 학교 사서들을 위한 사이트에 학교의 메이커 스페이스와 관련하여 자가 제작자 운동의 철학과 교육학적 토대에 대한 통찰을 담고 있는 글을 발표했다. 이들 주장의 핵심 내용을 소개한다.

교육 작업장Educational Maker Spaces, FabLab, Techshop의 (자가) 제작 교육

은 교육과 학습에 대한 접근 방법을 혁신할 수 있는 잠재력을 가지고 있다. 제작자 운동은 제작 학습을 통해 손의 철학과 구성주의 위에 학습을 구축한다. 손을 이용하는 제작 학습 환경에 구성주의 학습 원리를 응용한 프로그램이다. 제작 교육은 교사보다 오히려 학생의 필요로부터 시작하고 학생의 노력으로 강화된다. 이상적인 구성주의 환경에서 학생과 교사 사이의 경계는 흐려진다. 예를 들어, 한 학생이 열심히 디자인한 것을, 공유 솔루션을 통해 다른 학생이 사용한다. 학생들은 난제를 극복하기 위해 함께 일한다. 전통적인 교실에서는 학생과 교사가 구별되었지만 이제 학생들은 과제를 해결하기 위해 공동으로 적극적으로 협력하고 상호 학습한다. 교사는 단지 외부에서 관찰한다. 이 경우 교사는 학생들이 과제를 설정하고 개념의 획득을 쉽게 할 수 있도록 도울 뿐이다.

한편 작업장은 사고력을 키우고 기발한 창작을 위한 어른들의 놀이터이기도 하다. 이때는 학습이 주요 목적이 아니다. 반면 교육 작업장은 깊이 있는 질문을 통해 학습을 고무하는 목적을 가진 지적 놀이터로 활용된다. 교사는 질문, 사고력, 창조, 상상, 놀이, 호기심을 도구로 사용한다. 이러한 환경에서 학생들이 과제의 해결책을 발견한다. 장인은 조언자가 되며 새로운 길드와 같은 장인 시스템을 재형성한다. 교육 작업장은 교육의 새로운 패러다임을 위한 기초를 마련한다.

교육 작업장은 반드시 3D프린터와 CNC선반 같은 최첨단 고가 장비를 갖출 필요는 없다. 전문적인 작업장은 특정 장비를 사용할 필요가 있지만 일반적인 교육 작업장은 지나치게 복잡하거나 설비 중심적일 필요는 없다. 성능 좋은 최첨단 설비가 반드시 필요한 것은 아니다. 오히려 영감을 불러일으킬 수 있는 도구와 분위기가 더욱 중요하다. 이러한 정신이 결여될 경우 고가의 장치가 마련된 공간은 실패할 운명에 처하게 된다. 학생들이 작업장에 갖는 느낌이 매우 중요하다. 학생들은 작업장 공간에 매력을 느낄 수 있어야 하고 탐구할 과제와 관련된 영감을 받을 수 있어야 한다. 이 점이 공간을 마련하는 데 첫 번째 큰 도전이다.

어떻게 배움을 갈망하는 학생들을 모을 수 있을까? 호기심을 불러 일으켜야 한다. 호기심은 영혼에 깊이 도달하고 우리 인격 최고의 그리고 가장 매력적인 측면을 끌어낼 수 있는 가능성이 있다. 하지만 호기심은 늘 따라오는 두려움이 있다는 점에 주목해야 한다. 학생들이 엄두를 내어 시도할 수 있도록 자극하고 격려하고 도움을 주어야 한다. 실패를 두려워하지 않고 실패가 발전을 위한 밑거름이 되도록 해야 한다. 성공적인 작업은 몇 번의 작업으로 달성되지 않는다는 점을 자연스럽게 받아들이고 실패를 수용해야 한다.

기발한 생각이 넘쳐 나는 작업장에는 실패의 잔해들이 널려 있고 손상이나 파괴가 있을 수 있다는 점을 이해하는 문화가 필요하다. 나아가 작업의 놀라움을 넘어 직접 제작에 참여하고 연구자로서 보다 깊이 있는 질문을 하고 향상하고 지적 발견의 환희를 체험할 수 있게 해야 한다. 또한 학생들이 발견하는 독창적인 과제의 해결책을 높이 평가하고 칭찬해야 한다. 그러나 무엇보다 학생들이 상호간의 대화를 통해 과제를 명확하게 인식하고 발전하도록 돕는 것이 중요하다.

세계 최고의 기업, 엔지니어, 연구자들은 독자적이지 않고 공동 협력, 팀 작업의 힘과 과학의 힘을 잘 알고 있다. 한 개인이 어떤 해결책을 구현하는 것은 너무 복잡하고 어렵다. 유일한 실용적인 해결책은 다른 사람과 협력하는 것이다. 작업장은 어떤 개개인의 능력을 넘어 문제를 해결할 수 있도록, 참여자의 성장과 서로의 협력을 장려하기 위해 조직되어야 한다. 교육 작업장의 성공적인 운영을 위해서는 공간을 준비하고 관리하는 담당자를 두어야 한다. 담당자는 자문 역할을 하고 일종의 리더로서 인내, 포용, 협력, 학습, 조직, 기획, 기술 등을 갖추어야 한다. 또한 제작 운동의 철학과 윤리를 체득해야 한다. 종종 교육 작업장은 개인의 소유일 수도 있고 참여하는 교육생들의 공동 소유일 수도 있다.

자가 제작자들을 위한 커뮤니티

기술 정보와 경험을 공유하고, 공동 작업을 연결하고, 결과물을 공유하거나 판매할 수 있는 온라인 커뮤니티와 미디어가 주목을 받고 있다. 이들 커뮤니티와 미디어에서는 간단한 소품에서부터 로봇을 만드는 방법까지 다양한 기술 지식이 공유되고 소통된다. 앞으로 기술은 생산 기업보다는 개인들에 의해 주도될 것이다. 점차 개인 제작자들은 공유된 기술을 활용해서 유용한 도구와 제품을 만드는 일이 많아질 것이다. 『메이커Make』지는 전 세계 자가 제작 운동Maker Movement의 후원자이자, 자가 제작자들의 미디어를 표방하는 잡지다. 이 잡지는 제작자들의 축제인 '메이커 페어'를 주관한다. '인스트럭트블'은 자가 제작자 노하우를 공유하는 온라인 커뮤니티이다. 2000년 MIT의 사울 그리피스Saul Griffith와 동료들이 '싱크 사이클'이라는 개발도상국을 위한 기술개발 협업사이트를 개설하였다. 이후 2004년에는 '아이패브리케이트' 사이트를 개설한 후 현재의 다양한 DIY 프로젝트를 공유하는 사이트로 발전하였다.

장인과 도제의 길드와 가내수공업은 산업화, 기계화, 자본주의의 거친 물결 속에 공장제 생산에 자리를 내주어야 했다. 하지만 생산 문화는 아직 지엽적이긴 하지만 조금씩 바뀌고 있다. 개인들은 다시 막강한 소통의 도구와 최첨단의 기술로 재무장하고 산업혁명 이전의 세계로 다시 돌아가고 있는 것일까. 아니면 개인들의 창조적인 열정과 다수의 자발적이고 협력적인 창의의 결과는 역시 기업들에 의해 손쉽게 이용당하고 말 것인가. 또는 '메이커'라 불리는 창조적 소비자를 위한 3D프린트로 상징되는 '소규모 제조 설비' 시장의 창출을 위한 들러리로 남을 것인가.

이제 곧 장흥군 용산면 남하마을의 오래된 농협 창고를 개조해 작은 제작 공방이 만들어진다. 첨단 디지털 기술은 아니더라도 나로선 다만 농촌과 지역마다 적정기술, 대안 에너지, 생활기술과 공예 등 다양한 분야에서 자가 제작자들이 협력하는 농촌 생활기술공방rural tech space이 만들어지기를 기대해 본다.

17장 저항하는 적정기술

대규모 기계화, 화학 비료와 농약의 대량 사용이 빚어낸 농업의 사회 구조는
인간이 살아있는 자연과 진정으로 접촉하는 것을 불가능하게 만든다. 게다
가 이 구조는 사실상 폭력, 소외, 환경 파괴와 같은 근대의 가장 위험한 경
향을 지지한다. 여기서 건강, 아름다움, 영속성이 거의 진지하게 논의되는 일
조차 없다. 이것은 인간적인 가치가 무시되는 또 다른 사례이다. 경제주의라
는 우상숭배의 필연적인 산물이다.

 – 에른스트 슈마허 『작은 것이 아름답다』

적정기술은 왜곡되고 있다. 한국 사회에서 적정기술은 후진국을 위
한 국제원조의 도구나 대안 에너지기술, 딱 그 정도로 이해되고 있다.
적정기술이 유행처럼 확산되고 있지만 적정기술을 보급하는 데 앞장섰
던 사람으로서 조금은 무겁고 불편한 마음으로 적정기술의 과거와 현
재를 살펴본다.

ODA와 적정기술

2009년 한국은 OECD의 스물네 번째 회원국으로 가입했다. 그 이후
공공개발원조ODA가 의무가 되었다. 정부에게 있어 국제 무상원조사업
은 국격 향상과 외교를 위한 도구다. 정부의 무상원조 전담기관인 한국
국제협력단KOICA의 2015년도 전체 예산은 6천 4백억이다. 여기에 한국
수출입은행이 승인한 대외경제협력기금 1조 4천억을 포함하여 2015년
한국의 전체 국제 무상원조 예산은 2조 원에 이른다. 이런 국제 원조사

업은 대기업에게는 후진국의 자원 개발과 시장 개척을 위한 이미지 제고의 수단이 되고 중소기업에겐 경쟁 입찰을 통해 해외 사업에 참가할 수 있는 기회로 인식되고 있다.

적정기술이 국제 무상원조의 한 방편으로 주목받으면서 정부와 대기업의 투자와 지원이 확대되었다. 꿀이 있는 곳에 벌들이 모였다. 적정기술을 활용하거나 표방하는 관련 단체들이 급격하게 늘어나서 현재 100여 곳이 넘는다. 적정기술 연구개발 수행 능력이 있는 몇몇 단체를 제외하면 대부분 국제 선교, 자선, 원조 단체들이다. 국제원조를 위한 적정기술은 이들 단체들이 정부의 예산과 기업의 지원을 끌어모으기 위한 좋은 구실이 되었다. 진지하게 제3세계의 자주성과 지역성을 고려하며 적정기술을 연구 개발하고 보급하는 기관은 몇 곳에 지나지 않는다. 적정기술 붐이 일면서 최근엔 과거 IT 벤처붐이 일 때처럼 적정기술을 사업 아이템으로 삼은 사회적 기업이나 '스타트업Startup' 창업을 하려는 젊은이들이 늘어나기 시작했다.

제3세계의 척박한 오지에서 감동적인 드라마를 연출하고 있는 국제협력단체 활동가들과 청년들의 인도적 활동은 그 자체로 당연히 숭고하다. 그럼에도 불구하고 제국주의 시대 첨병이 되었던 선교사들의 이미지가 떠오르는 것은 왜일까. 여전히 인도적 원조를 뒤이어 제3세계에서 환경과 토착 공동체를 파괴하며 자행되고 있는 다국적 기업들의 자원 개발과 노동 착취가 떠오르는 것은 나의 시선이 삐딱하기 때문일까. 이 혼탁한 세상에서 어떤 선행도 어느새 회색이 된다. 인도적 지원이라는 명분에도 불구하고 적정기술은 본래의 의도와 다른 목적들을 위한 도구가 되었다.

서구적 산업화에 반대한 슈마허

적정기술의 아버지 슈마허는 산업주의를 근본적으로 반대하였다. 1955년에는 UN사절단 일원으로 미얀마를, 1961년에는 농촌개발 자문으로 인도를 방문했던 슈마허는 서구적 산업화와 기계화에 반기를 들었다. 그는 제3세계 농촌 사회의 자주적 경제 발전을 이끌어 내기 위한 기술로 '현대적 산업기술'이 아닌 '중간기술'이라는 새로운 개념을 창안했다. 그가 제안한 중간기술은 호미와 트랙터의 중간에 해당하며 인간이나 동물의 노동력을 최대한 활용하는 기술이다. 작은 규모로 생산 가능하며 지역의 상황에 적합한 기술이다. 1966년 슈마허는 중간기술 개발집단ITDG, Intermediate Technology Development Group을 설립하여 제3세계의 빈곤 문제를 해결하고 자립을 도울 수 있는 기술을 개발하는 데 주력했다. 1970년 이후 슈마허의 뒤를 이은 활동가들은 '중간기술'이라는 용어보다 '적정기술'이라는 용어를 주로 사용했다. 중간기술 개발집단이 만들어진 후 50년, 이곳 한국에서 적정기술은 안타깝게도 슈마허가 내세운 저항성이 지워지고 있다.

CAT의 이상주의자들과 대안기술

종종 반항적인 몽상가들과 이상주의자들은 새로운 비전을 제시한다. 대안기술의 세계적 메카인 영국의 대안기술센터 CATCenter for Alternative Technology은 제라드 모건-그렌빌Gerard Morgan-Grenville에 의해 시작되었다. 1974년 그는 황무지였던 미드 웨일즈의 버려진 채석장을 몇 안 되는 소수의 선구자들과 함께 개척했다. 현재 CAT에는 약 150여 명의 상근자와 자원봉사자들이 활동하고 있다. 이곳에는 지속가능한 사회를 위한 실천적 대안을 체험할 수 있는 방문자 센터와 교육, 연구기관이 있는데 매년 약 6만 5천 명이 방문하고 있다. CAT의 주 관심사는 생태적 생활, 생태건축, 숲 관리, 재생에너지, 에너지 효율성, 유기농업, 위생환경 등 폭넓은 기술 영역을 포괄하고 있다.

설립 25주년을 기념하여 발간한 회고록의 서명처럼 그들은 '정신 나간 이상주의자Crazy Idealists'였을지도 모른다. 그들은 1970년대에 이미 산업문명의 진군은 더 이상 희망이 없다고 믿었다. 장기적 생존을 위해서는 다소 근본적이고 혁명적인 대안들이 필요하다는 신념을 공유했다. 이들의 비전은 최소 16세기부터 시작되는 전통, 18세기의 기계파괴운동을 벌인 러다이트Luddites, 19세기 사회비판가였던 러스킨과 사회주의자이자 공예운동가였던 윌리엄 모리스에 이르는 영국의 반산업주의 전통의 이상과 낭만을 이어받았다. 이러한 전통은 20세기 중반 산업문명을 비판하면서 등장한 뉴레프트, 대안문화운동, 환경보호운동, 퍼머컬처, 협동조합운동, 영성운동, 여성해방, 탈학교, 평화운동 등과 영향을 주고받으며 되살아났다. 이 흐름들은 익명의 대중사회와 거대기술을 철저히 불신했다. 인간적 규모와 유연함을 강조했던 대항문화는 몽상가들과 이상주의자들을 매혹했지만 실천적이고 효과적인 구체적 대안을 갖고 있지 않았다. 반면 대안기술자들은 구체적 대안을 찾아 나갔다.

1971년 프랑스, 스웨덴, 영국, 미국의 환경단체들이 결집하여 생태근본주의를 표방하는 환경단체인 '지구의 친구들Friends of the Earth'을 설립했다. 이 단체는 현재 세계 최대의 환경단체 네트워크가 되었다. 1972년 로마 클럽의 연구결과 보고서인 『성장의 한계』는 자원과 에너지의 고갈로 인해 세계 인구는 감소되고 경제 성장은 축소될 것이라는 비관적 전망을 제시했다. 이 보고서가 발간된 지 40년이 지난 현재 이들의 예견은 대부분 적중했다. 이러한 가운데 1970년대 영국에서는 소위 '녹색운동'

에 대한 재정의 논쟁이 촉발되었다. 논쟁을 촉발한 이들은 현대산업사회가 생태의 지속가능성과 양립할 수 없으며 재앙을 향해 가고 있다고 주장했다. 당시 대다수 환경론자들의 설득력 있는 주장의 함의는 '탈산업사회'였다. CAT의 구성원들은 조금은 다른 각도에서 질문을 계속했다. 산업이 붕괴된 조건에서 과학과 기술을 포기하고 무엇을 할 수 있을까. 새로운 사회의 개혁과 지속가능한 세계의 재구성을 위한 도구는 무엇인가. CAT은 이 질문에 대한 실증적 해답을 찾기 위한 노력을 40년 동안 지속해 왔다. 비록 CAT가 근본환경주의 그룹들과 조금은 다른 비전을 갖는다 하더라도 그들이 고백하고 있는 영국의 오랜 반산업주의의 전통과 다양한 대항문화, 그리고 1970년 이후 촉발된 산업기술사회에 대한 근본적 문제 제기에서 촉발된 실천적 논쟁에 뿌리를 두고 있음은 분명하다. 문득 한국의 적정기술과 대안에너지운동은 현 산업사회에 대한 어떤 저항의 전통과 실천적 논쟁에 근거하고 있는 것일까 질문하게 된다. 또는 어떤 논쟁을 만들어 가며 실증적인 실천을 지속해 나갈 것인가 묻고 싶어진다.

좌파와 산업사회 내부의 적정기술

적정기술은 20세기 후반 좌파의 새로운 기획이었다. 랭던 위너가 『길을 묻는 테크놀로지』에서 지적하듯이 1960~70년대 최대 산업국가인 미국 내부에서 적정기술운동은 진보적인 정치운동의 후퇴와 산업기술사회에 대한 문제 제기와 함께 시작되었다. 미국에서 좌파에 속한 사람들은 이전의 선거들에서 패배하며 큰 타격을 입었고 지속된 시위와 조직 활동에 지쳐갔다. 이때 진보진영 일부가 새로운 모색과 활로로 정치운동을 포기하고 적정기술운동을 시작했다. 적정기술은 에너지 대안의 모색뿐만 아니라 새로운 개혁과 변화의 기운을 끌어내기 위한 시도였다. 1976년 농민 출신인 민주당의 카터가 미국의 39대 대통령으로 당선된 후 적극 지원하면서 적정기술운동은 활황기를 맞았다. 그러나 보수주의자인 레이건이 차기 대통령이 된 후 적정기술에 대한 지원은 급격히 철회되었고 서서히 적정기술운동은 퇴조했다. 미국의 적정기술 활동가들이 왜곡된 정치와 사회구조에 정면으로 도전하지 못한 결과였다. 또한 산업기술사회에 대한 근본적인 문제 인식과 전면적인 사회개혁과 생태적 전환을 목표로 삼는 활동을 하지 못한 결과였다.

2010년 이후 한국 사회에서도 미국의 상황과 마찬가지로 정치운동과 사회운동의 일선에서 멀어진 운동권 출신의 귀농·귀촌인들이 적정기술에 관심을 갖기 시작했다. 이들은 해외 원조기술보다는 산업기술사회에 대한 문제 제기와 농촌 사회의 에너지 위기에 대한 대응 차원에서 적정기술을 전개했다. 시간이 지나면서 적정기술은 부분적으로 반핵운동, 지역운동, 협동조합운동과 부분적으로 결합되고 있다. 한국 사회 내부의 적정기술운동을 주도한 개인들의 성향은 여전히 저항적인 면모를 보이고 있음에도 불구하고 현실은 아직 적정기술 보급과 교육에 급급하고 있는 상황이다.

생태적 전환과 개혁의 비전

2013년 4월 26일 일군의 적정기술 활동가들이 모여 전환기술사회적협동조합을 창립했다. 전환기술사회적협동조합은 에너지·경제·환경 위기에 처한 우리 사회의 생태적 전환과 지역의 자립적 순환경제 구축에 필요한 전통기술, 적정기술, 생태적 현대기술을 포괄하는 '전환기술'을 연구, 개발, 교육, 생산, 보급할 것을 목표로 삼았다. 즉 '적정기술' 단체이면서도 '전환기술'을 단체명에 넣으면서까지 사회의 생태적 전환과 개혁을 좀 더 분명하게 내세웠다. 이 점은 설립취지문에 분명하게 나타나 있다.

우리는 위기에 앞에 서 있다. 미래를 복원할 수 없는 수준으로 강탈한 결과다. 산업기술과 화석연료에 점점 더 의존하며 확대해 온 결과 이제 우리는 세계의 위기와 붕괴의 징후를 보게 되었다. 기후 변화, 에너지와 자원의 고갈, 환경 파괴, 식량 부족은 우리가 실감하고 있는 위기다. 이미 우리는 산업과 금융의 세계적 축소의 과정에 들어서 있다. 그러나 위기는 전환의 기회다.

우리의 눈은 희망의 빛을 잃지 않았다. 미래의 변화를 준비하며 꿈꾼다. 지금까지 익숙하던 세계의 종언 뒤에 다가올 공간과 시간. 그 속에서 변화된 우리의 삶이 그것이다. 자연과 생태농업을 근간으로 한 자급자족, 절제된 기술과 도구, 호혜와 협동의 경제 환경 속에서 자연 앞에 겸허하며 기쁨 속에 평화로운 창조적 본성을 회복한 사람들에 의해 운영되는 지역 공동체들, 지역의 풍토를 반영한 다양한 사회문화적 개성이 자유롭게 공존하는 생태사회로의 전환이란 비전은 희망의 미래를 지금 여기에 구현하게 하는 동력이다.

우리는 기술의 힘을 실감한다. 과학적 진보와 산업기술은 단순한 도구가 아닌 우리의 온 삶을 규정하는 환경이자 결정적 구조였다. 후쿠시마 핵 발전 사고는 산업 자본주의가 낳은 거대기술의 비극적 최후를 상징한다. 지금 여기서 그동안 우리의 기술에 대한 관점과 태도를 전복시킬 필요가 있다. 과학지식과 기술은 생명 공동체의 건전성과 안전 및 아름다움을 보존할 때 올바르다. 이러한 관점에서 오랜 과거의 언덕을 넘어 전승된 전통기술과 오늘날 오만한 과학지식에 대해 한계와 제약을 가하는 적정기술의 혼합은 생태순환사회로 변모하기 위한 최선의 전환기술이다.

전환은 급작스러운 사변이 아니라 과정이다. 우리 삶의 전환에 필요한 여러 도구와 장치들을 직접 만들어 사용할 때 창의적인 능력은 자연스럽게 고양된다. 생각하는 손을 가진 장인들의 노력과 대중들의 자발적 관여와 실천, 기술이 자연과 사회에 끼치는 영향에 대한 사회적 성찰을 조직할 때 위기는 미래를 희망할 수 있는 전환의 과정이 될 수 있다. 그동안 우리들은 재능 있는 젊은이들과 사람들이 생태사회로 전환하는 데 필요한 지식과 기술을 추구하고, 실험하고, 계획하고, 창조하고, 꿈꾸고, 보급하고, 활용하도록 격려하고, 지원할 수 있는 교육-연구 기관을 만들고자 뜻을 모아왔다.

(이하 생략)

설립 후 3년밖에 지나지 않은 신생 단체임에도 불구하고 전환기술사회적협동조합은 전국에 걸친 다수의 적정기술 협동조합들과 단체들이 탄생하는 밑거름이 되었다. 전환기술사회적협동조합은 생태적 전환과 사회개혁이라는 목표를 분명하게 표방하였지만 구체적인 방안과 실천에 있어 미숙했다. 아쉽게도 대중적인 확산의 과정에서 생태적 전환과 개혁의 목표는 유실되고 기술만 남았다. 그럼에도 설립취지문에 내걸었던 우리 사회의 생태적 전환과 개혁의 비전은 여전히 유효하다.

적정기술의 한계와 비판

적정기술은 현대 사회가 직면한 지구적인 문제의 기술적 해결책으로 중요성이 증가하고 있다. 그럼에도 불구하고 기술의 선택과 개발에 있어 적정기술은 늘 혼란스러우며, 좋은 뜻에서 열려 있다. 적정기술의 선택에 앞서 지역적 맥락과 환경적·사회적 요구를 읽을 수 있는 통찰력이 필요하다. 대부분의 적정기술운동은 산업 및 기술의 변화를 불러일으키는 데 실패해 왔다. 적정기술운동은 생태적 전환을 꿈꾸는 자들이 붙잡을 수 있는 많지 않은 희망 중 하나이다. 그러나 기술 습득의 방편으로 너무 치우쳐져 있다. '적절한' 기술 선택은 가능하지만 충분한 숙고와 질문을 통할 때만 가능하다.

적정기술운동에서 기술 선택에 대한 강조와 함께, 운동 내부에 문제를 발생시켰다. 첫째, '적정기술'의 의미에 대한 혼란이며 둘째, 적정기술을 사회운동의 흐름과 결합시키는 데 있어 불명확성이다. 사실 사회운동과 본질적으로 관련이 없는 이익 집단과 결합되는 현상도 나타났다. 셋째, 적정기술의 실무자들과 많은 지지자들이 있지만 정책적 영향을 끼치는 데 실패하고 있다.

적정기술에 대한 많은 비판이 내부로부터 제기되었다. 나 역시 비판자 중의 한 사람이다. 적정기술이 유행처럼 번졌지만 과연 얼마나 많은 이의 생활을, 얼마나 바꾸어 놓았는지 묻는다면 고개를 숙일 수밖에 없다. 종종 적정기술에 대한 교조적인 강조는 오히려 적정기술을 오해하게 만들었다. 이제 적정기술 활동가들은 자기비판과 반성을 하기 시작했다. 이러한 현상은 한국뿐 아니라 적정기술운동의 전 역사에서 줄곧 나타난 일이다.

적정기술은 산업사회에 대한 문제의식과 저항으로부터 시작되었다. 슈마허가 적정기술을 주창한 이래로 한쪽에서는 그 의도가 왜곡되거나 시장주의로 변모해 왔다. 다시 우리는 고도 산업사회에서 적정기술은 무엇이어야 하는지 질문해야 한다. 적정기술 활동가들은 보다 근본적인 사회의 생태적 전환에 기여하기 위해서 필요한 것은 무엇일까 자문해야 한다. 적정기술은 산업사회의 기술, 도구, 생산체제와 사회조직에 대한 문제의식을 담아야 한다. 기술에 대한 새로운 해석과 태도, 가치, 비전을 제시해야 한다. 멈추지 않는 질문과 답을 찾아가며 적정기술은 더 래디컬하고 더 저항적이어야 한다. 생태적 전환을 위해 우리가 추구하는 기술은 생태적 지속성, 지역 환경의 한계와 특성을 반영하며 자본의 이익이 아닌 자립적이고 자급적인 삶에 초점을 두는 기술이어야 한다. 더 이상 기업에 예속된 기술이 아닌 개인과 지역공동체의 자율적인 활동으로서 노동과 기술, 새로운 경제와 사회조직을 구축하는 사회 변화의 도구여야 한다. 그러기 위해서 적정기술은 점진적으로 기업에 속한 노동자들의 운동을 넘어서며 새로운 지평을 향한 도정에서 점차 그 실체를 형성해가는 노동운동이어야 한다. 그때 적정기술은 더 이상 지금의 적정기술이 아닌 것이 될 것이다. 지금의 적정기술운동에 과연 그러한 역할을 기대할 수 있을까. 아직은 아니다. 그러나 나는 여전히 근본을 묻는 질문을 멈출 수 없다.

라이프 스트로우는 적정기술일까?

라이프 스트로우life straw는 적정기술일까. 라이프 스트로우는 스위스 로잔의 사기업인 베스터가드 프란센Vestergaard Frandsen이 개발하여 공급하고 있는 휴대용 정수 장치이다. 아프리카나 동남아시아에서 오염된 물로 인한 질병과 사망을 예방하는 데 필수적인 적정기술 위생기구로 주목받고 있다. 플라스틱관 내부에 관 모양의 해면조직을 가진 중공섬유를 필터로 사용하는 간단한 구조로, 현재 2달러에 판매되고 있다. 이 금액은 가난한 아프리카인에게는 꽤 부담스런 금액이라서 대부분 인도적 호소에 감명 받은 서구 시민의 후원금으로 구입하여 배포된다. 하지만 라이프 스트로우에 사용되는 핵심 부품인 중공섬유 필터는 이 제품이 보급되고 있는 아프리카 지역에서 생산되지 않는다. 로컬테크local tech가 아닌 것이다.

잠깐 라이프 스트로우를 생산하는 베스터가드 프란센에 대해 살펴보자. 이 기업은 1957년에 설립된 작업복과 군복을 생산하던 섬유기업이었다. 2차 세계대전 이후 'Save The Children'과 같은 국제구호단체를 위해 재고 섬유를 구호용 담요로 만들어 공급하면서 성장했다. 이후 모기장, 정수필터 등 다양한 의료구호용품을 생산·판매하면서 국제적인 기업으로 급성장했다. 2007년 『Fast Company』 잡지가 선정한 가장 빠르게 급성장한 50대 기업에 선정되기도 했다. 이는 곧 적정기술 제품의 이익이 지역민들이 아니라 사기업인 이 회사에 집중된 결과다. 베스터가드 프란센의 홈페이지를 보면 열심히 '착한' 적정기술 회사로 포장하고 있다. 이 회사는 나쁘지 않은 회사일 수 있지만 분명 사적 이익을 추구하는 기업일 뿐이다. 적정기술은 이렇게 왜곡된다.

적정기술은 재료 수급, 생산, 기술 인력의 공급이 사용 지역에서 이뤄지고 있는지, 경제적 이익이 지역에 환원되고 있는지 점검해야 한다. 지역의 자원에 기반해야 한다는 적정기술의 본령에 어긋나지 않는 대안은 수없이 많다. 라이프 스트로우 같은 정수기에는 아프리카에 자생하고 있는 중공성 식물의 줄기나 가지를 외부 용기로, 직경이 좀 더 작은 다른 중공성 식물의 줄기를 숯으로 만들어 필터로 사용할 수 있다. 미세 톱밥을 포함한 흙 반죽으로 도기필터를 만들 수도 있다. 또 미세 기공조직을 가진 생나무 가지를 필터로 사용할 수도 있고 증발을 이용한 정수 방법도 가능하다. 정수 필터링의 원리를 구현할 지역 고유의 자재와 생산 방법을 찾고, 이 방법을 지역민들에게 교육하고 훈련하면 된다. 지역민들이 이 장치를 구입하지 않고 직접 만들어 사용할 수 있게 하거나 지역에서 생산하여 공급하도록 해야 한다.

> 적정기술이 지역성과 지역민의 살림을 고민하지 않는다면 자본의 이익을 위해 봉사할 따름이다. 적정기술은 기술의 지역성을 요청한다. 적정기술은 로컬테크여야 한다. 그렇지 않다면 곧 본래의 의도에서 벗어난 '유행 적정기술', '프로그램화된 적정기술'로 변질되고 만다.

탈기능화된 개인과 로우테크

적정기술이 로우테크로 이해되면서 적지 않은 오해를 일으킨다. 로우테크는 누구나 쉽게 배우고 익혀서 구현할 수 있는 기술적 접근성이 낮은 기술을 말한다. 한때 적정기술 활동가들 사이에 축열식 벽난로와 화목난로에 대한 논쟁이 있었다. 내화벽돌의 조적 방법을 익혀야 하는 축열식 벽난로나 용접을 배워야만 제작할 수 있는 고효율 화목난로는 적정기술이 아니라는 사람들이 나타났다. 지나치게 기술적 전문성을 강조하거나 기계 가공이 접목되기 시작한 것에 대해 정당하게 비판하는 이들도 있었다. 하지만 어떤 이들은 아마도 함석가위로 소꿉장난하듯 페인트 통이나 오려서 만들 수 있는 정도라야 적정기술로 인정할 부류였다.

리 호이나키는 그의 저서 『정의의 길로 비틀거리며 가다』에서 모든 일을 자신의 손으로 직접 할 수 있던 농부였던 아버지를 회고한다. 반면 '형광등도 못 가는 남편'이라는 말이 상징하듯 아이러니하게도 고도로 과학기술이 발달된 산업사회 속의 현대인들은 탈기능화되었다. 과연 현대인들은 한 사람이 생존하고 생활하기 위해 필수적인 기술 가운데 몇 가지나 자신의 손으로 해결할 수 있을까. 산업사회 속에서 지나치게 분업화되고 탈기능화된 개인들의 수준에 딱 맞춘 로우테크가 쓸모있는 적정기술일 리 만무하다. 분업화된 업무 외에는 아무것도 모르는 사람에게 맞춘 쉬운 기술이라면 취미 수준을 넘기 어렵다.

그들에게 우선 필요한 처방은 재기능화이다. 용접을 배우고 벽돌 조적법도 익혀야 한다. 목공과 같은 기본적인 기술과 기능들을 먼저 익혀야 한다. 이처럼 생활에 필요한 기본 지식과 기술들을 익히고 그 다음 기술의 난이도와 접근성을 따져 보아야 한다. 더욱이 로우테크는 개인보다는 지역사회의 기술적 접근성 차원에서 검토해야 할 문제다. 한 개인이 아니라 지역 공동체 차원의 로우테크인가를 따져 보아야 한다. 자급자족이 가능한 전통 지역사회는 장터를 중심으로 기술을 교류한 기술공동체였을 것이다. 우리가 만들어 가야 할 지역사회는 로컬테크와 로우테크의 공동체는 아닐까.

적정기술의 가격은 얼마일까

적정기술이 '값싼' 기술이라는 오해는 언제부터 생겼을까. 도대체 적정기술의 적당한 가격은 얼마일까. 많은 사람들이 적정기술을 제3세계의 가난한 원주민들을 위한 원조기술쯤으로 생각하고 있다. 원주민들이 하루 1달러를 벌기 어려운 지역이라면 적정기술의 적정한 가격은 얼마일까. 가능하면 1달러 이하라면 적당할 것이다. 나무가 귀해서 땔감 비용을 줄여야 하는 아프리카의 사막 지역이라면 연료 절감형 화덕이 해결책이다. 역시 싸야 한다. 동남아시아에서는 땔감은 풍부하지만 주방의 오염된 공기 때문에 호흡기 질환이 심각하다. 이곳에서는 연기를 실외로 배출하는 굴뚝달린 화덕이면 해결책이 된다. 역시 주민들의 주머니 사정을 고려해야 한다. 제3세계에서 어떤 문제의 기술적 해결책으로 실효가 있으려면 무엇보다 주민들의 경제적 수준을 고려하지 않을 수 없다. 여기까지는 뻔히 아는 교과서 같은 얘기다.

고도로 발전한 산업사회 내부를 향한 적정기술이라면 어떨까. 상황은 완전히 달라진다. 우선 적정기술을 통해 해결해야 할 문제의 내용이 확장된다. 적정기술 화덕과 화목난로를 예로 들어보자. 화목보일러에 쓸 나무하느라 허리가 휠 정도인 한국에서는 사용 편의 차원에서 연료의 절감과 열 이용률을 높이는 것이 주요 관심사다. 하지만 환경오염에 민감한 독일에서는 목재 연료의 절감이나 높은 열 이용률은 이미 철지난 이슈다. 장작을 태울 때 배출되는 배기오염을 최대한 줄일 수 있는 기술적 해결책이 이들의 주요 관심사다.

산업사회가 요구하는 확장된 문제를 해결할 수 있는 적정기술이라면 과연 제3세계 원주민을 위한 로켓화덕처럼 값이 쌀 수 있을까. 값싸기만 한 적정기술이 현대 산업사회가 요구하는 다양하게 확장된 문제들의 충분한 기술적 해결책이 될 수 있을까. 문제의 수준이 다르면 도구나 장비는 더 복잡해지고 보다 정밀해질 수밖에 없다. 제작비 역시 상승한다. 산업사회에서는 경제적 수준만큼이나 적정기술에 대해 허용할 수 있는 지불 비용도 높아진다. 그럼에도 산업적으로 양산되는 값싼 공산품에 길들여진 소비자들은 '값싼' 적정기술을 요구한다. 적정기술 제품의 생산자들도 값싼 적정기술의 강박에서 벗어나지 못한다. 어느새 값싼 적정기술은 사회적 맥락을 잃은 도그마가 되어간다. 이 문제는 무엇에서 출발하고 어떻게 접근해야 할까. 문제의 발견이 제일 먼저고, 그다음은 기술적 해결책이며, 그리고 가격이 제일 나중에 검토할 이슈다.

『길을 묻는 테크놀로지』에서 랭던 위너는 1970년대에 각광받던 미국의 적정기술의 한계를 지적한다. 그는 당시의 적정기술은 산업적으로 양산된 제품들에 비해 가격이나 품질, 사용 편의성 등에 있어 경쟁력이 없었을 뿐 아니라 환경 문제를 충분히 해결하지도 못했기 때문에 점차 외면당했다고 말한다. 고물상에서 주워온 LPG통이나 드럼통을 재활용해서 만드는 화덕이나 난로는 환경적인 면에서나, 경제적인 면에서 나름의 가치가 있다. 기술적 접근성도 낮고 제작비용도 적게 든다. 하지만 산업사회가 요구하는 환경기준 등 확장된 문제를 해결하는 데 고물상 적정기술로는 한계가 있다. 이것을 인정해야 적정기술의 불운한 과거를 극복할 수 있다.

값싸지만 내구연한이 극히 짧고 손쉽게 버려지는 대량 생산품의 쓰레기더미 앞에서 우리는 에너지와 자원의 고갈이라는 문제를 심각하게 고려해야 한다. 한 번 만들면 수십 년에서 백 년 이상 쓸 수 있는 내구성 있는 제품 생산이 재활용보다 우선 고려되어야 한다. 이것은 성장과 확장을 병적으로 추구하는 산업사회와는 맞지 않는 생산 방식이다. 30년 이상 사용할 수 있는 높은 내구성 때문에 결국 다른 회사에 인수될 수밖에 없었던 미국의 명품 화목난로의 대명사 애슐리Ashley를 떠올려본다. 내구성 있는 제품의 생산과 자본주의적 생산은 결국 불화할 운명이다. 적정기술을 표방한다면 불운과 불화를 예견하면서도 내구성이라는 잣대를 회피해서는 안 된다.

다시 적정기술의 가격에 대한 질문으로 돌아가 보자. 고작 한두 해 쓸 수 있는 제품과 몇 세대를 거쳐 사용할 수 있는 제품의 가격이 같을 수 있을까. 좀 비싸더라도 나는 주머니 사정이 허락하는 한 값싼 제품보다 비싸지만 내구성 좋은 제품을 선택할 것이다. 물론 산업사회 내에서도 제3세계와 마찬가지로 보편적인 기술적 해결책으로 실효성을 갖기 위해서는 적정한 가격을 정하는 일은 여전히 숙제일 수밖에 없다. '값싼 적정기술'이 더 이상 도그마가 되지 않도록 우리는 질문을 계속해야 한다. 지금 내가 살고 있는 이 사회에서 해결이 시급한 문제들은 무엇일까. 그 문제를 해결할 기술은 무엇일까. 그것을 구현한 제품의 적정한 가격은 어느 수준일까. 대중적 보급에 적절한 가격 수준은 어느 정도일까. 이것은 과연 적정기술일까.

적정기술은 경제개발의 수단인가

제3세계에서 적정기술은 경제 개발의 방편으로 여겨지고 있다. 그러나 이미 산업화되어 그 부작용으로 생태·환경적 이슈가 중요해진 소위 선진국의 적정기술운동은 더 이상의 경제 성장에 대해 부정적이다. 하지만 어느 지역이든 적정기술운동은 양적 성장보다는 성장의 과정이나 방법에 관심을 가진다. 급속한 양적 성장보다는 지속가능한 사회경제적 개발에 초점을 두는 것이다. 경제 성장이 더 필요한 지역에서도 성장에 대한 관심과 함께 그 한계와 자발적 제약을 의식한다. 그러나 시장주의의 세례 속에서 국제원조의 도구가 되어버린 적정기술은 경제 성장에 대해 매우 조심스러웠던 적정기술의 전통적 태도와 최소한의 고민조차 던져버린 듯하다. 반대로 냉정한 경제적 현실감을 갖추지 못한 적정기술 역시 오래 지속되거나 살아남을 수 없는 것이 현실이다.

적정기술을 통한 자립은 가능한가

지역 내의 자원에만 전적으로 의존하는 적정기술은 가능한가. 특히 산업화된 사회에서 지역의 자원이란 어떤 것들인가. 지역의 물적·인적·재정적 자원의 활용을 지나치게 강조할 때 함정에 빠질 수 있다. 또한 특정 지역에서 적정기술을 통한 지역 자립이라는 목표는 현실적이지 않다는 비판은 나름의 타당성을 갖는다. 예를 들어 전기 독립을 위한 태양광 발전기는 지역에서 조립은 할 수 있지만 핵심 재료인 태양광 전지판을 지역에서 생산하기는 어렵다. 신재생에너지나 폐기물의 처리에는 고도의 하이테크가 요구된다. 이 점에서 저렴한 기술과 쉬운 기술만을 강조할 경우 적정기술은 장벽에 부딪히게 된다. 적정기술의 적정함이 반드시 쉬운 기술이어야만 할 필요는 없다는 점을 간과했기 때문이다. 종종 지역의 자립을 위해서는 지역을 벗어난 광범위한 연구, 교육, 지원이 필요한 경우가 많다. 반대로 지역의 자원에 철저히 의존하여 경제적으로나 기술적으로 자립에 성공한 사례도 없지 않다. 상반된 사례만큼이나 애매하고 모호한 접근은 공존한다.

반기술주의인가 기술결정론인가

적정기술은 반기술주의적일까. 사려 깊은 활동가들은 과학과 기술의 가치를 인정한다. 산업기술사회에 대한 비판적 시각이 때로는 근대성 전체를 부정하는 것 같은 인상을 줄 수 있지만 근대성을 전면적으로 부정하지 않는다. 다만 통제되지 않는 기술과 기계의 변화가 인간의 삶 전반에 악영향을 끼치거나 인간적이고 생태적인 삶의 풍경들을 모두 기술적 체계로 압도해 버리는 것에 대해 저항한다.

적정기술은 절대 위장한 기술결정론이 아니다. 그럼에도 불구하고 기술이 사회를 형성하는 데 영향을 끼친다는 점을 간과하지 않는다. 동시에 의식적으로 기술 형성에 영향을 끼치는 정치적·사회적 실천의 필요성을 주목한다. 현대 기술은 이 기술에 조응하는 정치사회적인 제도를 확대·재생산하는 경향이 있다는 점 역시 놓치지 않는다. 기술이 경제 활동에 끼치는 막대한 영향을 감안할 때 기술 개발의 방향은 경제 권력과 결탁된 정치 세력에 의해 영향을 받는다는 점 역시 간과하고 있다. 한 사회의 지배적인 연구, 개발, 혁신, 기술 투자 등은 그 사회의 정치·사회·경제적 기관을 통해 구현된다. 경제적 종속은 기술 종속에 반영된다.

이것은 과연 적정기술이 맞는가

적정기술만큼 입맛대로 해석되는 기술은 없다. 비슷한 의미를 공유하고 있지만 구별되는 개념을 동시에 포함하고 있는 유사한 기술들 또한 다양하다. 예를 들면 이렇다. 대안기술, 적당기술, 중간기술, 공동체기술, 생태적 기술, 자급자족기술, 생활기술, 인간화된 기술, 인간의 얼굴을 가진 기술, 자유기술, 저자본기술, 값싼 기술, 작은 기술, 진보적기술, 급진적 기술, 부드러운 기술, 로우테크, 토착기술 등등. 다양한 명칭만큼이나 해석도 분분하다.

슈마허로부터 출발했지만 무수한 개인, 단체, 조직, 기관에 의해 회자되면서 적정기술은 새롭게 정의되어 왔다. 종종 그의 본래 기획과 달리 왜곡되거나 혼란을 더하기도 했다. 기술에 대한 철학적 태도나 이념적 접근, 사회운동 차원, 정치경제에 대한 입장, 경제개발 전략의 차이, 장치나 도구의 유형에 따라 다양한 의미로 적정기술이 다르게 언급되어 왔다. 어떤 이들에게 적정기술은 단지 특정 국가의 천연자원과 자본, 노동, 기술 더 나아가 사회적 목적에 부합하는 가장 경제적인 기술을 의미한다. 적정기술은 경제·사회·환경적 문제를 해결하기 위한 해결책으로서 기술적 혼합 처방일 수 있다. 또 더 이상 국가를 신뢰하지 않는 아나키스트들에게는 기업이나 국가에게 일임하지 않는 기술적 선택이다.

국제 원조기구나 해외 무상지원을 결정해야 하는 정책 당국에게는 제3세계 특정 지역과 문화에 대한 적용성이 높은 저투자, 저비용의 경제개발 기술이자 일자리를 만들어 내기 쉬운 경제개발 도구일 수 있다. 사실 한국에서는 이 부분만 지나치게 강조되고 있는 듯하다. 이런 다양한 의미 부여 때문에 혼란스러울 정도의 유연성을 가진 적정기술은 기술과 도구, 인간과 환경적 한계를 적절하게 조화시키는 예술이자 권리가 될 수 있다.

적정기술은 상대적으로 배우기 쉽고, 제작하기 쉽고, 유지 관리가 편한 기술이자 에너지 집약적이지 않은 기술이다. 화석에너지보다 대안에너지나 축력, 인력을 사용하는 장비나 도구로 이해된다. 적정기술은 사람의 손 기술과 숙련된 기능에 의존하고 소규모 기업 또는 지역공동체에 부합하는 기술이고 환경적으로 건강하고 자원을 절약할 수 있는 기술이다. 다양한 정의들이 가진 적정기술에 대한 공통된 핵심은 기술이 지역의 상황이나 환경 조건과 적절하게 조화를 이루는 데 있다. 지역적 맥락에서 직면하는 문제를 파악하고 그 해결책에 대해 질문하기를 멈춘 어떤 기술도 적정기술이 아니다.

실천적인 언어로서 적정기술은 기술 이상의 의미로 사용되었다. 혼란스럽기까지 한 의미 부여와 해석에도 불구하고 적정기술은 초기 유럽과 미국의 활동가들에게 있어 저항이자 신념이었다. 적정기술의 본고장인 유럽에서조차 한 번도 그 의미에 있어 충분한 합의를 보지는 못했지만 이질적이고 각양각색인 사회적 운동들의 상징이 되었다. 이처럼 적정기술은 완전히 합의된 정의가 없었음에도 최소한 특정 공간과 시간 속의 물리적이고 생태적인 환경과 사회적 맥락에 적합한 기술을 의미했다.

한국에 소개된 이후 최근 급격히 확산되고 있는 적정기술은 안타깝게도 그 역사성과 다양한 가치는 무시되고 있다. 너무 간단하게 '원조기술', '값싼 대안 에너지기술', '쉬운 기술' 정도로 여겨지고 있다. 이제 적정기술에 대해 보다 진지하게 논의하고 우리 사회에 걸맞은 이름과 의미를 찾아보아야 할 때다. 산업화된 기술이 망쳐버린 이 세계에서 생태적인 전환을 희망하는 우리에게 적정기술은 드문 기술적 성찰과 모색의 계기임이 분명하다. 설령 우리 역시 적정기술의 의미에 대해 합의점을 찾지 못한다 해도, 이것이 단지 잠깐 유행하는 기술이 되도록 놔버릴 수는 없지 않은가.

이것은 과연 적정기술이 맞는가. 이 질문을 멈추는 순간 적정기술은 더 이상 적정기술이 아니다. 어떤 지역사회에서 적정기술일 수 있는 기술과 도구가 다른 지역사회에서는 아닐 수 있다. 최근 국제원조기구인 엔젤스 헤이븐Angels Haven의 초청으로 아프리카 우간다에 적정기술 자문을 다녀왔다. 자문단 일행이 찾아간 곳은 우간다 서부의 오지인 미셴이 마을이었다. 제대로 된 공구도 찾기 힘든 곳으로 작은 쇠붙이마저 귀한 이곳에는 함부로 버려진 깡통이 있을 리 없었다. 한국에서는 제법 적정기술로 여겨지는 깡통 나무가스화 화덕이 이곳에서는 적정기술이 될 수 없다. 나는 그곳에서 흔한 흙과 돌, 잡풀과 나무 재, 나무 가지를 이용해서 이중구조를 가진 나무가스화 화덕을 주민들과 함께 만들었다. 지역의 현실에 대한 질문과 연구를 하지 않으면 결코 적정기술이 아니다.

적정기술 농기계와 농기계 자작운동

베이비부머 세대의 귀농·귀촌이 러시를 이루고 있다. 도시 텃밭을 경작하는 인구는 1백만 명을 넘어섰다. 이들은 주로 소규모 농사를 짓고 있다. 이러한 농업 인구의 변화는 소농에 맞는 소규모 농기구와 적정기술 농기계에 대한 수요를 만들어 내고 있다. 벌써 유럽의 텃밭용 농기구를 모방하여 제작하여 판매하는 이들이 생겨나고 있다. 적정기술 농기계 자작운동을 전개하는 팜핵이나 말에 현대적 농기계 장치를 부착한 세계적 적정기술 농기계 축제인 북미의 호스 프로그레스 데이즈와 현대적 우경 기술을 보급하고 있는 틸러스 인터내셔널, 2001년부터 중고 자전거 부품을 이용하여 자전거믹서기, 탈곡기, 분쇄기, 물 펌프 등약 2천 개의 발 굴림 구동기계를 제작하여 보급하고 있는 과테말라의 NGO인 마야페달에 대한 혁신적인 귀농·귀촌인들의 관심이 점점 커지고 있는 실정이다. 프랑스 농민들 또한 스스로 농기계를 제작하고 있다. 프랑스의 농부조합, 오픈소스 에콜로지와 같은 단체들은 농민의 농기계 자가 제작 워크숍을 적극 지원하고 있다.

OECD 평균의 38배나 되는 한국 농업의 에너지 이용 수준은 매우 심각한 지경이다. 이런 때 에너지 과잉 소비의 농업을 지속가능한 생태 농업으로 전환하기 위해서는 보다 혁신적인 도전이 필요하다. 농기계 기업에 종속된 농업에서 탈피하기 위해서도 농민의 소규모 농기계, 농기구 자가 제작운동이 한시바삐 시작되어야 한다. 농촌 지역의 소규모 농기계 수리소, 철공소 등 최소한의 생산 기반을 가진 기능인들을 교육하고 재조직할 필요가 있다. 이들과 농민들이 함께하는 농기계 자가 제작 워크숍 모델을 만들고 제작과 유통을 활성화할 수 있는 지원 정책도 필요하다. 도구와 기계를 바꿔야 에너지 문제가 해결된다.

기술공동체를 복원하자.

전통적인 농촌은 기술공동체였다. 이 점은 공동체에 관한 담론에서 종종 간과되어 왔다. 목수와 대장장이, 도공이나 와공, 토수, 갓바치, 염색 장인, 죽공예 장인 등등 지역사회 내의 생활에 필요한 기술들을 가진 장인들과 농민들은 서로 협력하고 교환하며 삶을 영위해 왔다. 이 점을 잊지 않은 유럽과 북미에는 농촌생활기술센터들이 민관에 의해 운영되고 있다. 한국의 농업기술센터가 산업적 농업을 지향한다면 농촌생활기술센터는 농촌의 생활을 바라본다. 우리의 농촌은 급격한 산업화 속에서 지역의 기술 자원을 거의 잃어버렸다. 농촌은 점점 지역 외부의 기업과 산업화된 현대적 기술에 생활을 의존하게 되었다. 에너지 위기, 경제 위기, FTA, 농업 인구의 감소 등 농업 환경은 급변하고 있다. 지금이라도 마을과 지역으로 기술이 돌아가지 않는다면 그 어떤 노력의 성과도 농촌에 남지 않게 될 것이다. 적정기술이든, 전통기술이든, 대안에너지이든 농촌 사회의 순환경제와 자립성, 협력, 지속성 증대와 자연과 인적 자원의 절제된 활용을 위해 사용되어야 한다. 농촌은 피치 못하게 지역 기술공동체를 복원해야만 하는 상황에 직면할 것이다.

우리 사회의 가장 급진적인 변화와 산업기계문명에 대한 근본적인 질문은 농촌의 기술공동체를 복원하는 데에서 시작될 것이다. 적정기술은 그러한 활동을 위해 선택해야 하는 기술적 도구 중 하나일 뿐이다. 적정기술은 50여 년 동안 무대 위로 호출될 때마다 어떤 문제와 위기에 대한 대응책이었다. 1960년대 슈마허가 '중간기술'이라는 이름으로 제창했을 때에도, 1970년대 제3세계 원조의 수단으로 부각될 때에도 적정기술은 빈곤 문제에 대한 대응이었다. 영국의 대안기술센터CAT나 미국의 카터 대통령에 의해 주도된 국립적정기술센터NCAT는 1973년 1차 오일쇼크를 겪은 후 심각한 위기의식에서 출발했다. 다시 적정기술이 부각되고 있는 요즘, 세계는 복합적 위기와 문제들의 소용돌이 속에 놓여 있다. 우리가 처한 위기와 문제를 직시하지 않고서는 오늘날 '왜 다시 적정기술인가'에 대해 제대로 이해할 수 없을 것이다.

도움을 받은 책

가스통 바슐라르 지음, 김웅권 옮김, 『몽상의 시학』(동문선, 2007).

김성원 지음, 『화덕의 귀환』(소나무, 2011).

김창길 외 지음, 『농업 농촌의 이해−21세기 농업 농촌의 재편 전략』(박영률출판사, 2006).

도넬라 H. 메도즈 외 지음, 김병순 옮김, 『성장의 한계』(갈라파고스, 2012).

랭던 위너 지음, 손화철 옮김, 『길을 묻는 테크놀로지』(씨아이알, 2010).

루이스 멈포드 지음, 김종달 옮김, 『기계의 신화 2』(경북대학교출판부, 2012).

루이스 멈포드 지음, 문종만 옮김, 『기술과 문명』(책세상, 2013).

루이스 멈포드 지음, 유명기 옮김, 『기계의 신화 1』(아카넷, 2013).

리 호이나키 지음, 김종철 옮김, 『정의의 길로 비틀거리며 가다』(녹색평론사, 2007).

리처드 세넷 지음, 김홍식 옮김, 『장인−현대 문명이 잃어버린 생각하는 손』(21세기북스, 2010).

마크 해치 지음, 정향 옮김, 『메이커 운동 선언』(한빛미디어, 2014).

버나드 루도프스키 지음, 김미선 옮김, 『건축가 없는 건축』(스페이스타임, 2006).

보리스 시륄니크 지음, 임희근 옮김, 『불행의 놀라운 치유력』(북하우스, 2006).

서유구 지음, 『임원경제지』(소와당, 2009).

요시다 타로 지음, 김석기 옮김, 『농업이 문명을 움직인다』(들녘, 2011).

올라브 H. 하우게 지음, 황정아 옮김, 『내게 진실의 전부를 주지 마세요』(실천문학사, 2008).

웬델 베리 지음, 안진이 옮김, 『지식의 역습』(청림출판, 2011).

에드워드 렐프 지음, 김덕현·김현주·심승희 옮김, 『장소와 장소상실』(논형, 1984).

「완주군 로컬에너지 전략수립 보고」(완주군, 2013).

이데카와 나오키 지음, 정희균 옮김, 『인간부흥의 공예』(학고재, 2002).

이반 일리치 지음, 권루시안 옮김, 『과거의 거울에 비추어』(느린걸음, 2013).

이언 샌섬 지음, 홍한별 옮김, 『페이퍼 엘레지-감탄과 애도로 쓴 종이의 문화사』(반비, 2014).

이와사부로 코소 지음, 서울리다리티 옮김, 『유체도시를 구축하라!』(갈무리, 2012).

이유진 지음, 『전환도시』(한울, 2013).

이익 지음, 『성호사설』(한길사, 1999).

프리드리히 엥겔스 지음, 이재만 옮김, 『영국 노동계급의 상황』(라티오, 2014).

한선주 엮음, 『수직』(디자인하우스, 1995).

『Crazy Idealists? The CAT Story』(CAT, 1995).

도움을 받은 인터넷 사이트

1장

데이비드 왓슨이 문명비판지 『Fifth Estate』에 기고한 「Against the Megamachine」. 데이비드 왓슨은 『Fifth Estate』의 주요 기고자 중 한 사람으로 본명이 알려져 있지 않은 아나키스트이다.

      http://radicalarchives.org/2010/09/06/dw-against-the-megamachine/

미국 레이몬드빌 농촌기술센터 http://raymondvilletx.us/Rural_Tech.html/

영국 국립농업대학교 농촌기술센터

      http://www.rau.ac.uk/study/training-courses/rural-skills/

영국 도르셋 농촌기술센터 http://www.dorsetruralskills.co.uk/

영국 코츠월드 농촌기술센터 http://www.cotswoldsruralskills.org.uk/

2장

라트비아 사회적기업 루드 러그 http://www.lude.lv/

래그러그 정보 제공 http://issuu.com/mvang/docs/mdc_rag_rug_booklet/

래그러그 정보 제공 http://littlehouseinthesuburbs.com/2008/11/secrets-of-no-sew-rag-rug.html/

래그러그 정보 제공 http://tipnut.com/crafty-rugs-mats/

래그러그 정보 제공 http://www.hand-woven-rugs.com/

래그러그 정보 제공 http://www.littlehouseliving.com/how-to-make-rag-rugs.html/

래그러그 정보 제공 http://www.rugmakershomestead.com/

래그러그 정보 제공 http://www.weavingtoday.com/media/p/10478/showcontent.aspx/

래그러그 정보 제공 http://www.wikihow.com/Weave-a-Rag-Rug/

래그러그 정보 제공(뜨개질) http://www.wikihow.com/Make-a-Crocheted-Rag-Rug/

리룸 http://www.reloom.org/

미국 해버포드 장인 길드 http://www.haverfordguild.org/

브리디티스와 에반스 홈페이지 http://www.brieditis-evans.se/

비닐을 이용한 래그러그 짜기
　　　http://www.homesteadweaver.com/plastic_instructions.htm/

스테파니 모톤 홈페이지 http://stephaniemortonhandweaver.com/

http://laserloom.tumblr.com/ 레이저 커팅한 허리띠 베틀의 상세 구조와 영상을 볼
　　　수 있다. 교육용으로 아주 좋다.

http://www.osloom.org/ 레이저 커팅 디자인을 pdf파일로 공개하고 있다.

3장

메릴랜드 대장장이 길드 http://www.bgcmonline.org/

브로큰 해머 포지 대장간 http://www.brokenhammerforge.com/

사르큇 대장간 http://www.sarqit.com/

애로우헤드 대장간 http://www.arrowhead-forge.com/

와일드 와이즈 숲학교 http://www.wildwise.co.uk/

존 니먼 대장간 http://www.neemantools.com/en/about-us/who-where-and-why/

캠프벨 민속학교 https://www.folkschool.org/

쿠바 아바나 대장장이, 철공예협회 https://www.abana.org/

테네시 과학기술대학교 애팔래치아 공예센터 https://www.tntech.edu/craftcenter/

파워 해머 학교 http://www.powerhammerschool.com/

4장

로우테크 매거진 오토마타 관련 http://www.lowtechmagazine.com/2010/11/automata-
　　　engineering-for-a-post-oil-world.html/

로우테크 매거진 핸드드릴 관련 http://www.lowtechmagazine.com/2010/12/hand-
　　　powered-drilling-tools-and-machines.html/

옛 기술 박물관 http://www.mot.be/w/1/index.php/MuseumNl/Museum/

오토마타 관련 사이트 http://dugnorth.com/links.aspx/

오토마타 관련 사이트 모음 http://www.kugelbahn.ch/3_link_automata.htm/

오토마타, 키네틱 아트 http://kugelbahn.blog.de/

키네틱 아티스트 테오 얀센 홈페이지 http://www.strandbeest.com/

현대 오토마타 박물관 http://www.alivola.it/00automata_web/Default.htm/

5장

영국 지속가능한 학교 http://suschool.org.uk/

와타나베 아키히코 홈페이지 http://d.hatena.ne.jp/musikusanouen/

적정기술을 다양하게 분류한 지식 저장소 http://akvopedia.org/

적정기술을 분류해 놓은 적정기술 백과사전 http://www.appropedia.org/

파라과이 자급자족학교 http://www.fundacionparaguaya.org.py/en/self_sufficient.php/

UN에서 운영하는 전통기술 검색센터 http://www.ipogea.org/

UN에서 운영하는 전통기술 지식은행 http://www.tkwb.org/

*대안학교를 자립적이고 지속가능한 공간으로 바꾸는 데 참조할 만한 사이트

고효율 나무화덕 관련 정보 http://stoves.bioenergylists.org/

나무가스화 관련 정보 http://gasifiers.bioenergylists.org/

대안 자전거를 중심으로 한 대안교통 기술 교육과 사례 http://www.catoregon.org/

북아메리카 벽난로협회 http://www.mha-net.org/

세계적인 적정기술센터 다양한 에너지, 적정기술 프로그램 운영 http://www.cat.org.uk/

아프리카 제작자 페스티벌 http://makerfaireafrica.com/

적정기술 라이브러리 http://villageearth.org/appropriate-technology/

주택 에너지 네트워크 http://www.hedon.info/

주택 혁신 연구소 http://www.toolbase.org/

천연 페인트 관련 사이트 http://www.earthpigments.com/

태양광, 태양열 이용과 관련된 다양한 기술과 사례 소개 http://www.builditsolar.com/

프랑스 흙건축학교 http://craterre.org/

호주 원주민을 위한 다양한 적정기술과 제품 소개 http://www.icat.org.au/

흙건축 http://www.earthbuildings.eu/

흙건축, 흙미장 등 교육 자료 http://www.lernpunktlehm.de/

DIY 교육협업 사이트, 다양한 에너지, 기술교육 정보 제공 http://www.webenergie.ch/

8장

영국 '토트네스 에너지 감축 행동계획' http://www.transitiontowntotnes.org/groups/building-and-housing/energy-descent-action-plan/
호주 '선샤인코스트 지속가능 실천계획' 기후 변화와 오일 정점 대책
http://www.sunshinecoast.qld.gov.au/sitePage.cfm?code=cc-strategy/

9장

틸러스 인터내셔널 http://www.tillersinternational.org/
팜핵 http://farmhack.net/
호스 프로그레스 데이즈 http://www.horseprogressdays.com/

10장

리와일드 포틀랜드 http://www.rewildportland.com/
뿌리학교 https://rootsvt.com/
원시기술 라이브러리 http://primitiveways.com/
원시기술협회 http://www.primitive.org/
한국고고학 콘텐츠연구원 http://www.archaeotent.com/
한빛문화재연구원 http://hbicp.or.kr/

11장

교통 네트워크를 축소하는 방법: 중국 외발수레 사례 http://www.lowtechmagazine.com/2011/12/the-chinese-wheelbarrow.html/
마야페달 http://mayapedal.org/
유럽연합 화물 자전거 Cycle Logistics 프로젝트 http://www.cyclelogistics.eu/
자전거 발전기는 지속가능하지 않다 http://www.lowtechmagazine.com/2011/05/bike-powered-electricity-generators.html/
초기 페달동력 기계의 역사 http://www.lowtechmagazine.com/2011/05/history-of-pedal-powered-machines.html/
페달동력 농장과 공장 http://www.lowtechmagazine.com/2011/05/pedal-powered-

farms—and—factories.html/

하자작업장학교 페이스북 https://www.facebook.com/hps20plus/

화물자전거가 유럽도시의 트럭을 대체하다 http://www.lowtechmagazine.com/2012/09/
jobs—of—the—future—cargo—cyclist.html/

12장

공중 삭도의 역사와 특장점 http://www.lowtechmagazine.com/2011/01/aerial—
ropeways—automatic—cargo—transport.html/

도플마이어 그룹 http://www.doppelmayr.com/en/

매듭법 참고 도서 http://www.lowtechmagazine.com/2010/06/how—to—tie—the—
world—together—online—knotting—reference—books.html/

인간 동력 기중기와 거중기 http://www.lowtechmagazine.com/2010/03/history—of—
human—powered—cranes.html/

잃어버린 지식, 밧줄과 매듭
http://www.lowtechmagazine.com/2010/06/lost—knowledge—ropes—and—
knots.html/

14장

유엔환경계획: 전통 음식 저장법 http://www.thinkeatsave.org/index.php/be—informed/
traditional—and—indigenous—food—preservation—methods/

전통향토음식문화연구원 http://www.koreanfoods.kr/

지속가능한 학교 프로젝트 http://blog.sustainschools.org/2014/02/07/new—survey/

한국전통지식포털 http://www.koreantk.com/

15장

네덜란드와 영국의 소형 풍력 발전 성능검사 결과
http://www.resilience.org/stories/2010—09—16/real—world—tests—small—
wind—turbines—netherlands—and—uk

『심층 녹색 저항』 녹색 기술 및 신재생 에너지에 대한 질문 http://deepgreenresistance.org/
en/who—we—are/faqs/green—technology—renewable—energy/

『심층 녹색 저항』 에세이 「지속가능성이 지구를 파괴하고 있다.」
    https://deepgreenresistancenewyork.wordpress.com/2013/07/15/sustainability
    -is-destroying-the-earth/
오지 제너 교수의 태양광 전지 연구보고서 http://www.thedailybell.com/news-
    analysis/3965/New-Book-Solar-Cells-23000-Times-Worse-for-
    Environment-Than-Carbon-Dioxide/
오지 제너 교수 홈페이지 http://www.greenillusions.org
워릭 도심빌딩 설치 풍력발전 결과 http://bergey.com/technical/warwick-trials-of-
    building-mounted-wind-turbines/
    http://www.renewwisconsin.org/wind/Toolbox-Homeowners/Warwick
    Urban Wind Trial Project.pdf/
워릭 풍력발전 성능시험 결과 http://www.warwickwindtrials.org.uk/resources/Warwick+
    Wind+Trials+Final+Report+.pdf/
인간 동력: 레크리에이션 활동의 에너지 충전 http://www.soe.uoguelph.ca/webfiles/gej/
    articles/GEJ_001-008-016_Gilmore_Human_Power.pdf/
제일란트 소형 풍력발전 실험 결과 http://www.zeeland.nl/digitaalarchief/zee0801257/
후지무라 야스유키 박사가 운영하는 비전력공방 http://www.hidenka.net/
후지무라 야스유키 박사가 운영하는 비전력도구 온라인 박물관 http://www.hidenka.net/
    zendenkaseihin/menu.htm/

16장

메이커 스페이스 http://makerspace.com/
메이커 페어 http://www.makerfaire.com/
인스트럭트블 http://www.instructables.com/
테크숍 http://www.techshop.ws/
티처스 라이브러리언 http://www.teacherlibrarian.com/

17장

영국의 농업노동자연맹, 오픈 소스 에콜로지 http://opensourceecology.org/
영국의 대안기술센터 CAT가 발간한 『Crazy Idealists? The CAT Story』 PDF 무료 다운로드

http://publications.cat.org.uk/main/book_content/Crazy%20Idealists%20
-%20The%20CAT%20Story/

프랑스 농부조합 농기계 자가 제작 동영상 http://www.dailymotion.com/user/Adabio_
Autoconstruction/2/

프랑스 농부조합 농기계 자가 제작 워크숍 http://www.latelierpaysan.org/